全国中等职业技术学校电工类专业一体化精品教材

# 电机变压器设备安装与维护

人力资源和社会保障部教材办公室组织编写

中国劳动社会保障出版社

## 简介

本书是全国中等职业技术学校电工类专业一体化精品教材，主要内容包括单相变压器的检修、三相变压器的维护与故障处理、特殊变压器的认识与检修、直流电动机的检修、三相异步电动机的安装与检修、单相异步电动机、同步电机运行与维护、特种电机维护。

本书由陈石胜、李永忠、龙飞文、罗勇为、谭伟婵、张志芳、王兴浩编写，陈石胜主编；王建审稿。

**图书在版编目(CIP)数据**

电机变压器设备安装与维护/人力资源和社会保障部教材办公室组织编写. —北京：中国劳动社会保障出版社，2010

全国中等职业技术学校电工类专业一体化精品教材

ISBN 978-7-5045-8458-8

Ⅰ.①电… Ⅱ.①人… Ⅲ.①变压器-安装-专业学校-教材②变压器-维护-专业学校-教材 Ⅳ.①TM40

中国版本图书馆 CIP 数据核字(2010)第 141331 号

**中国劳动社会保障出版社出版发行**

（北京市惠新东街 1 号 邮政编码：100029）

出 版 人：张梦欣

*

中国标准出版社秦皇岛印刷厂印刷装订 新华书店经销

787 毫米×1092 毫米 16 开本 14 印张 330 千字

2010 年 7 月第 1 版 2019 年 12 月第 11 次印刷

**定价：23.00 元**

读者服务部电话：（010）64929211/84209101/64921644

营销中心电话：（010）64962347

出版社网址：http://www.class.com.cn

http://zyjy.class.com.cn

# 前　言

为了更好地适应全国中等职业技术学校电工类专业的教学要求，全面提升教学质量，人力资源和社会保障部教材办公室组织全国有关学校的一线教师和行业、企业专家，在充分调研企业生产和学校教学情况的基础上，研发、出版了全国中等职业技术学校电工类专业一体化精品教材。本套教材充分吸收国内外职业教育教学的先进理念，借鉴一体化教学改革的最新成果，在体系构建和内容设置上具有突出特点。

一是教材体系完整，为教和学提供有力支持。

从电工类专业教学实际需求出发，构建既有通用基础平台又有不同专业方向平台的完整的一体化教材体系。其中，通用基础平台的教材包括《电工基础》《电子技术基础》《电工电子基本技能》《电子小制作》；专业方向平台的教材包括《电机变压器设备安装与维护》《电气控制线路安装与检修》《PLC 基础与实训》《楼宇智能化技术》《电气运行》《视频监控与安防技术》《楼宇综合布线》《继电保护装置及二次回路》等，适用于电气自动化设备安装与维修、楼宇自动控制设备安装与维护、变配电设备运行与维护等专业方向的教学。

从“助教”和“助学”的角度构建每门课程对应的教学资源，结构如下：

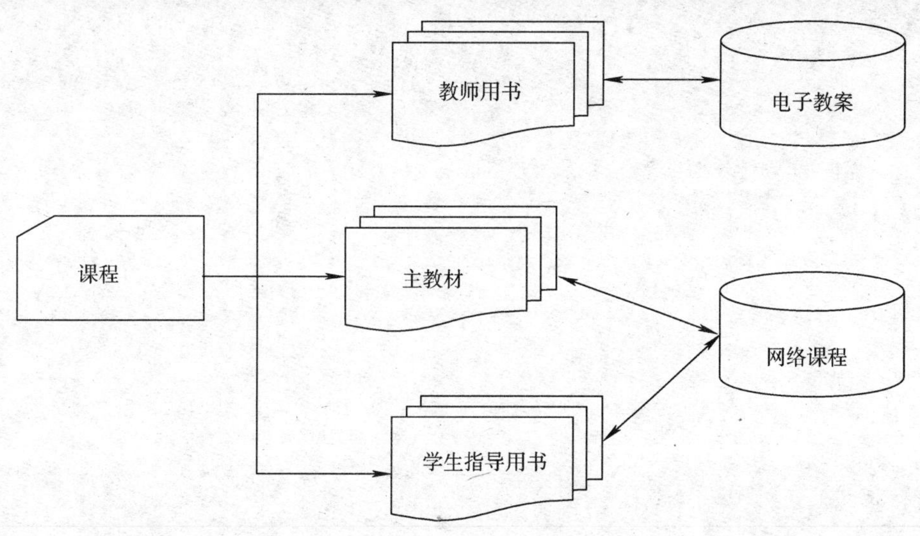


其中，主教材讲授各门课程的主要知识和技能，内容准确、针对性强，并通过课题的设置和栏目的设计，突出教学的互动性，启发学生自主学习。教师用书涵盖教材内容分析、教学过程建议、课堂活动设计等多个方面的内容，为教师提供全面的教学指导服务。在教师用书之后还附有教学用电子教案等多媒体教学素材光盘。学生指导用书除包含课后习题外，还设置了与教师用书配套的课堂活动设计内容，注重学生综合素质培养、知识面拓展和能力强化，成为贯穿学生整个学习过程的学习指导材料。网络课程根据主教材和学生指导用书开发，用于学生通过网络进行远程自学。

二是教材内容精良，为能力培养打造坚实平台。

在内容的选择和组织上，坚持以能力为本位，重视实践能力的培养。力求使教材内容涵盖相关国家职业标准中级的知识和技能要求。结合一体化教学理念，以典型工作任务为载体，整合相应的知识和技能，实现理论与操作技能的统一，使学生在一个个贴近企业的具体职业情境中学习，既符合职业教育的基本规律，又有利于培养学生分析问题和解决问题的综合职业能力。

在内容的呈现方式上，尽可能使用图片、实物照片或表格等形式将各个知识点和操作过程生动地展示出来，力求给学生营造一个更加直观的认知环境。同时，设计了很多贴近生活的导入和小栏目，以期激发学生的学习兴趣。

本套教材的开发得到了河北、江苏、陕西、河南、广西、广东等省、自治区人力资源和社会保障厅及有关学校的大力支持，在此我们表示诚挚的谢意。

**人力资源和社会保障部教材办公室**

2010 年 6 月

# 目　录

课题一

# 单相变压器的检修

## 任务1　小型变压器的检修与制作

### 学习目标

1. 了解单相变压器的功能、用途、基本结构和分类情况；
2. 学会小型单相变压器的拆卸、检测方法及制作工艺。

### 工作任务

小型变压器广泛应用于家用电器中，主要用做安全变压器，起到电气隔离与降低电压的作用。在维修家用电器时通常会碰到变压器被烧毁而无法修复的情况，解决问题的最好方法当然是买回同型号的变压器进行更换。但有时会因市场缺货或变压器参数的特殊性而无法买到同型号的变压器，此时就需要自己动手将烧毁的线圈拆除，用新的漆包线在原铁心上重新绕制一个参数相同的变压器更换被烧毁的变压器。

本任务将学习小型变压器的检测、拆装和制作。首先将一个单组输出双绕组的小型单相变压器（例如200 V/17 V/10 W）拆开，同时记录好相关参数；然后再重新绕制绕组的线圈，并将铁心和其他附件重新装好后进行测试。

## 任务实施

### 一、准备

| 材料或工具名称 | 图示 | 说明 |
|---|---|---|
| 标准变压器<br>及漆包线 | | 通过拆卸标准变压器，可以确定一次、二次绕组的线径及漆包线的选用 |
| 绝缘材料的选择 | a）牛皮纸　b）青壳纸 | 绝缘材料的选择应从两方面考虑：一方面是绝缘强度，对于绕组的层间绝缘应使用厚度为 0.08 mm 的牛皮纸，绕组的线包外层绝缘应使用厚度为 0.25 mm的青壳纸 |
| 量具 | a）万用表　b）兆欧表<br>测砧座　测微螺杆　固定刻度　可动刻度　旋钮　微调旋钮　锁紧装置　框架<br>c）千分尺（螺旋测微尺） | 分别用于测量变压器的绕组直流电阻值、绝缘电阻值及绕组线径 |

续表

| 材料或工具名称 | 图示 | 说明 |
| --- | --- | --- |
| 工具 |  a）胶锤（或木锤）  b）绕线机 | 胶锤用于拆卸变压器铁心，绕线机用于绕组线圈的绕制 |

## 二、标准变压器的参数测量

| 步骤 | 图示 | 说明 |
| --- | --- | --- |
| 兆欧表的开路试验 | 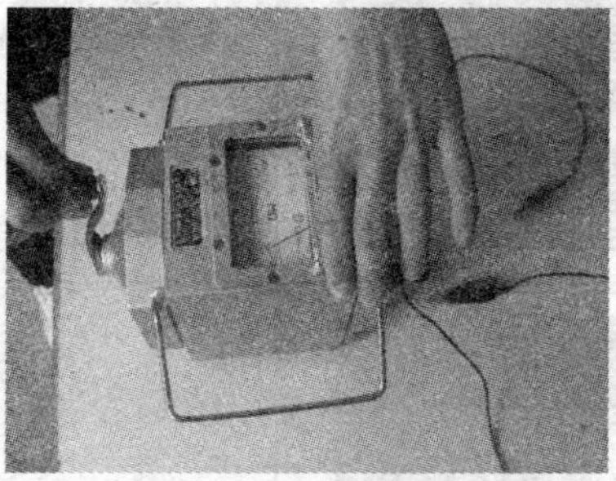  | 将兆欧表L线与E线自然分开，以120 r/min的速度摇动兆欧表。正常情况兆欧表的表针应指向无穷大，也以此证明兆欧表电压线圈正常 |
| 兆欧表的短路试验 | 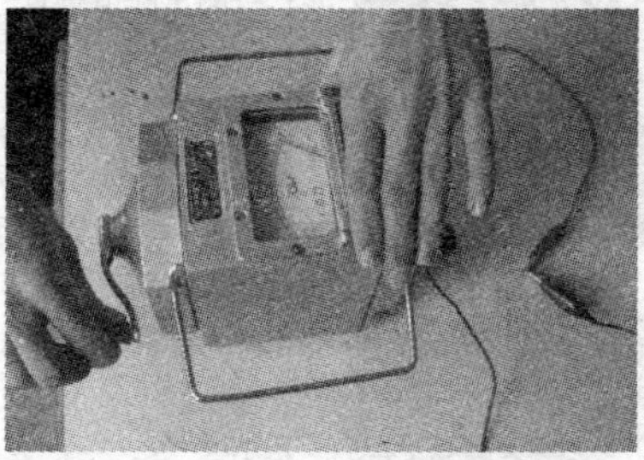  | 将兆欧表L线与E线短接，轻轻摇动兆欧表。正常情况兆欧表的表针应很快指向刻度0，也以此证明兆欧表电流线圈正常<br>注意：轻摇一下就行，当指针指向刻度0后就不允许继续摇动，否则此时的短路电流可能会将兆欧表的电流线圈烧毁 |
| 一次、二次绕组间绝缘电阻值的测试 |   | 用兆欧表测量一次绕组和二次绕组间的绝缘电阻值，如图所示，阻值接近“∞”<br>（用兆欧表测量各绕组间和各绕组对铁心的绝缘电阻值，400 V以下的变压器其绝缘电阻值应不低于90 MΩ） |

续表

| 步骤 | 图示 | 说明 |
| --- | --- | --- |
| 一次绕组与铁心间绝缘电阻值的测试 |   | 用兆欧表测量一次绕组对铁心（外壳）的绝缘电阻值，如图所示，阻值接近“∞” |
| 二次绕组与铁心间绝缘电阻值的测试 |   | 用兆欧表测量二次绕组对铁心（外壳）的绝缘电阻值，如图所示，阻值接近“∞” |
| 兆欧表读数情况 | 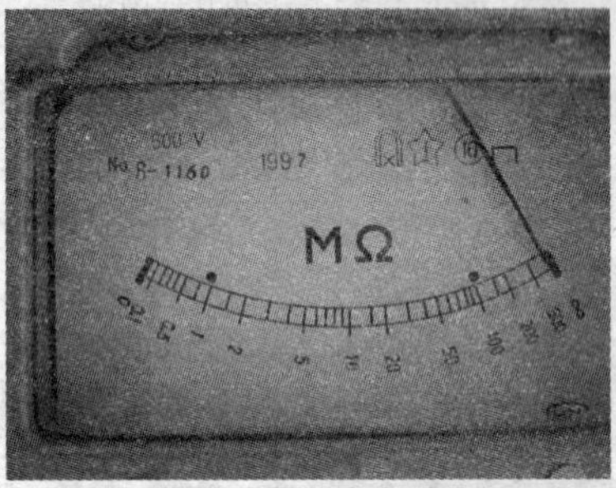  | 测量阻值接近“∞”时的表刻度 |
| 空载电压的测试 |   | 当一次电压加额定值 220 V 时，二次绕组的空载电压允许误差为±5%，现测得二次电压为 16.5 V，误差为 3%，在允许范围内 |

## 三、单相变压器产品拆卸

1. 对小型变压器的铁心和绕组进行拆卸。
2. 记录：骨架尺寸参数、绕组线圈的线径和匝数。

| 步骤 | 图示及说明 | |
| --- | --- | --- |
| 外壳拆卸 | <br>①用一字螺钉旋具将小型变压器卡住底板的四个卡脚撬起 | <br>②取出外壳底板 |
| | <br>③将整个外壳拆卸下来，并取出铁心 | 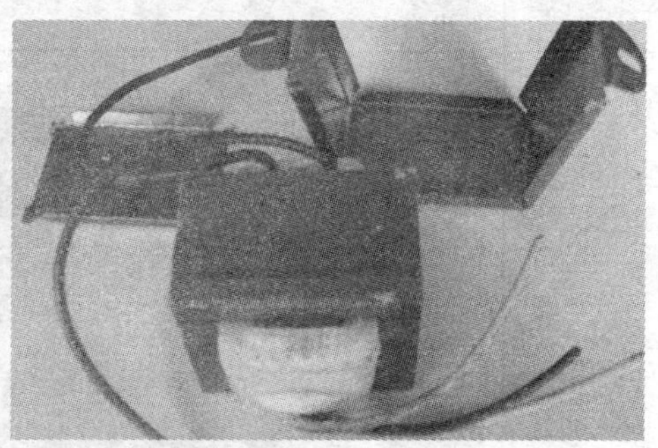<br>④拆卸后情况 |
| 铁心起拆<br>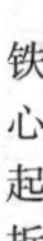 | 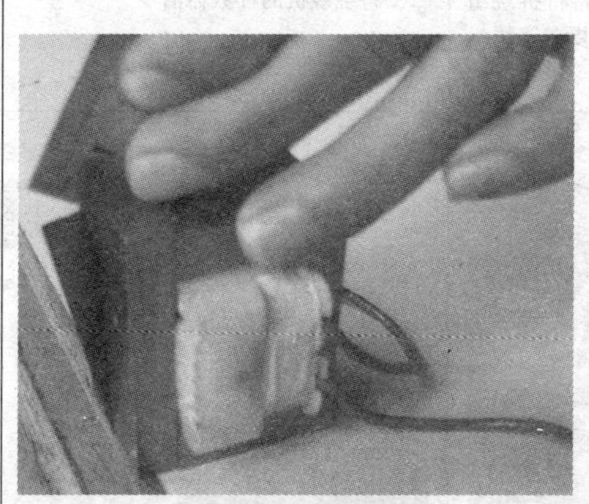<br>①将变压器置于 80～100℃的温度下烘烤 2 h 左右，使绝缘漆软化，减小绝缘漆黏合力，并用锯条或刀片清除铁心表面的绝缘漆膜。在变压器下方垫一木块，外边缘留几片不垫在木板上，在上方用磨制的断锯条对准最外面一层硅钢片的舌片 | 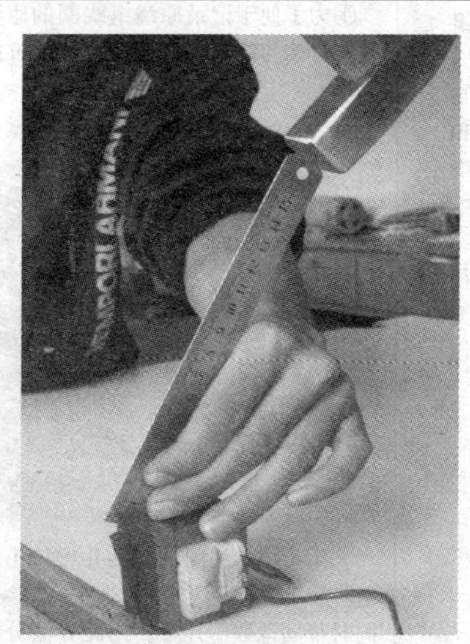<br>②用锤子轻轻敲薄铁片（图中为薄钢尺），将硅钢片先冲出几片来 |

续表

| 步骤 | 图示及说明 | |
|---|---|---|
| | 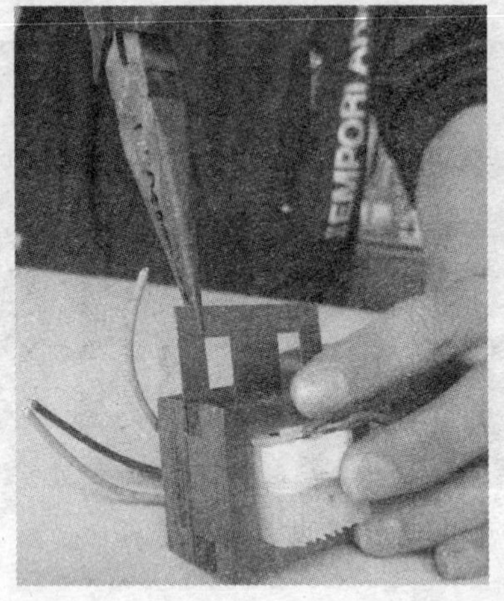<br>③将冲出的几片硅钢片沿两侧摇动，使硅钢片松动，同时将铁心边摇动边往上提，直到这片硅钢片取出为止 | <br>④重复上述两个过程，逐步取出最外面插得较紧的硅钢片<br>外层硅钢片取出后，铁心已不很紧固，其余部分可直接用手取出 |
| 绕组拆卸和绕组线径测量 | <br>①为了便于记录原绕组线圈的匝数，将待拆绕组连同骨架与绕制线圈方向相反的方向安装在绕线机上 | <br>②将绕线机的计数器清零 |
| | <br>③用手拉动线圈的线头并将拉出来的线绕在另一空骨架上。在骨架的拖动下，绕线机也被动转动，同时带动计数器计数。用此方法分别将一次绕组和二次绕组拆卸下来，并分别记录好一次绕组和二次绕组的匝数 | 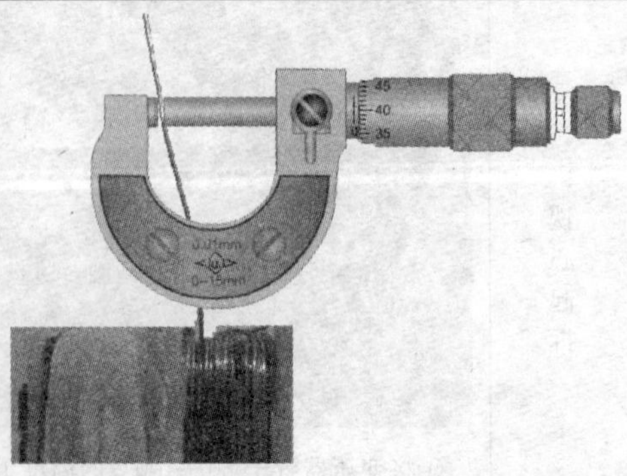<br>④用千分尺分别测出一次绕组和二次绕组的线径并做记录 |

**操作提示**

对有卷边和弯曲的硅钢片，可用木锤敲直展平后继续使用。注意不可用铁锤敲打，以免造成延展变形。若硅钢片表面发现锈蚀，应用汽油浸泡掉锈斑和旧有绝缘漆膜，重刷绝缘漆。

如果整个线包需要重新绕制，原有的漆包线和骨架均不再用用时，可采用破坏性拆法；将变压器铁心夹紧在台虎钳上，用钢锯沿着铁心舌宽面将线包连骨架一起锯开，即可轻易拆开铁心。

## 四、绕组制作

| 步骤 | 图示 | 说明 |
|---|---|---|
| 芯子的制作 | 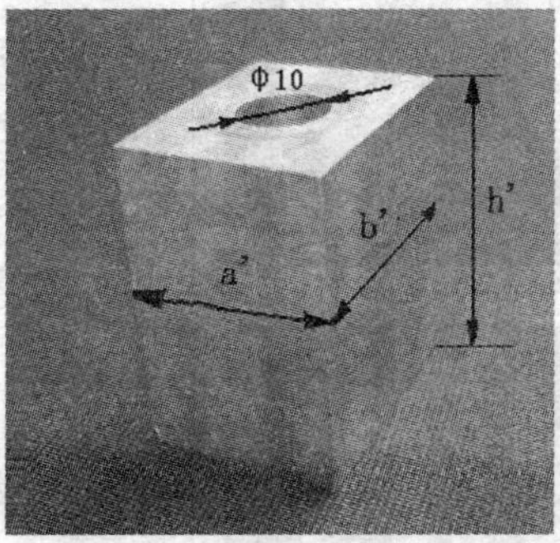 | 芯子是用来固定骨架并便于绕线用的，可以用木料或铝材制作 |
| 骨架的制作<br>(仿制或用原骨架) | 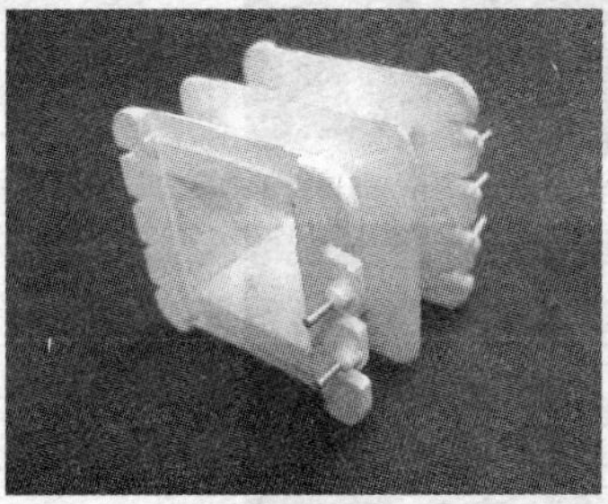 | (1) 制作方形底筒<br>(2) 用胶带粘牢底筒并定型<br>(3) 制作底筒挡板 |
| 套芯子 | 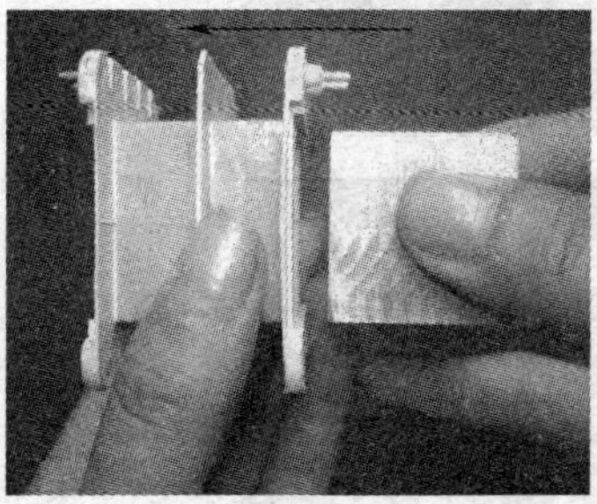 | 将骨架套上芯子 |

续表

| 步骤 | 图示 | 说明 |
|---|---|---|
| 固定芯子及骨架 |  紧固件 | 将带芯子的骨架穿入绕线机轴上，上好紧固件 |
| 计数转盘调零 |  | 将绕线机上的计数转盘调零 |
| 起绕 | 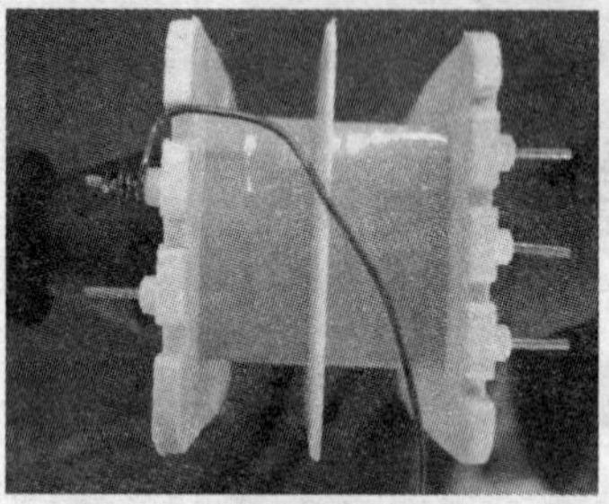 | 起绕时，在骨架上垫好绝缘层，将导线一端固定在骨架的引脚上 |
| |  | 导线需紧贴骨架，用透明胶将其贴牢 |
| |  | 绕线时从导线的反方向开始绕起，以便压紧起始线头 |

续表

| 步骤 | 图示 | 说明 |
| --- | --- | --- |
| 线尾的固定 | 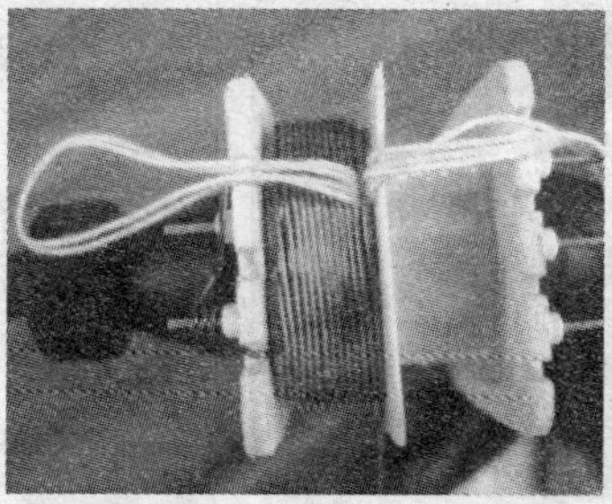 | 当一组绕组绕制到最后一层又开始顺绕时，要垫上一条对折的棉线，以防引出导线转弯处的棱角与顺绕导线产生摩擦而损伤 |
| | 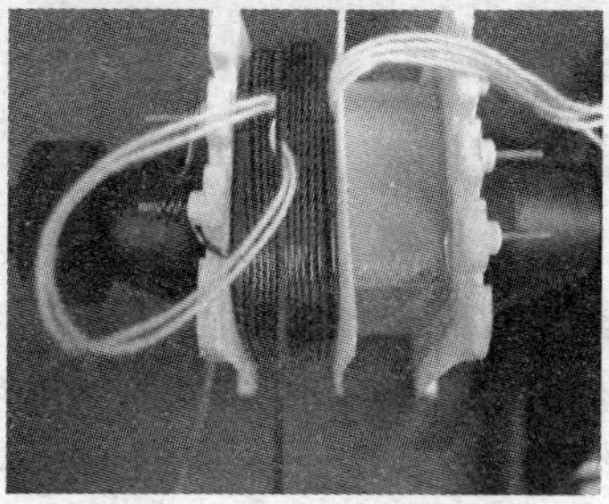 | 继续绕线到结束，将线尾插入对折棉线的折缝中 |
| |  | 抽紧绝缘带，线尾被固定，如图所示 |
| | 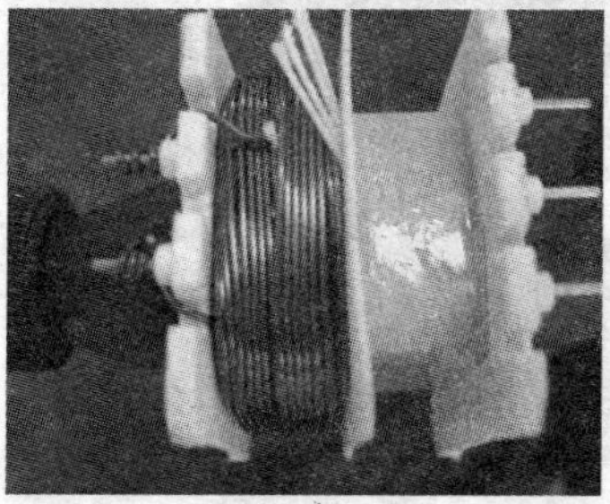 | 将线尾绕在引脚上，剪掉多余的漆包线 |
| 引出线的处理 |  | 当线径大于 0.2 mm 时，绕组的引出线可利用原线将表面的绝缘漆刮掉并绞合后，引出焊在引脚上即可 |

续表

| 步骤 | 图示 | 说明 |
| --- | --- | --- |
| 外层绝缘 |  | 线包绕制好后，外层绝缘用青壳纸缠绕2～3层，写上要求的电压值，用胶水粘牢 |

**操作提示**

导线要求绕得紧密、整齐，不允许有叠线现象。绕线的要领是：绕线时将导线稍微拉向绕线前进的相反方向约5°，如右图所示。拉线的手顺绕线前进方向移动，拉力大小应根据导线的粗细掌握，导线就容易排列整齐，每绕完一层要垫层间绝缘。

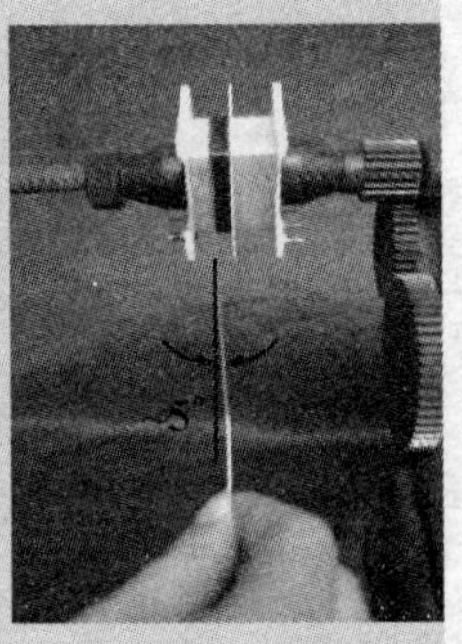


## 五、硅钢片的安装

| 步骤 | 图示 | 说明 |
| --- | --- | --- |
| 硅钢片安装准备 | 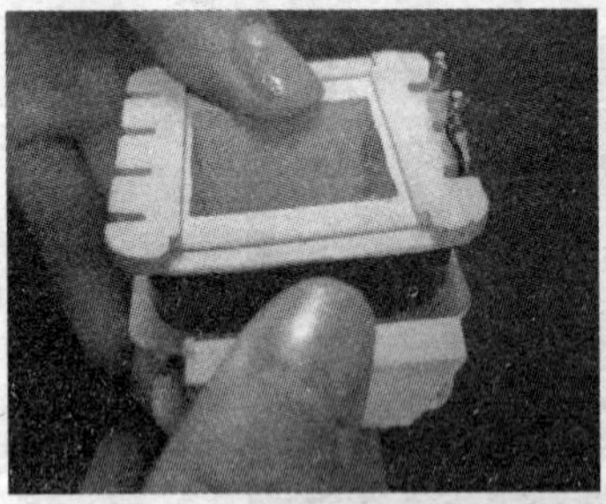 | 镶片前先将夹板装上 |
| 硅钢片安装开始 | 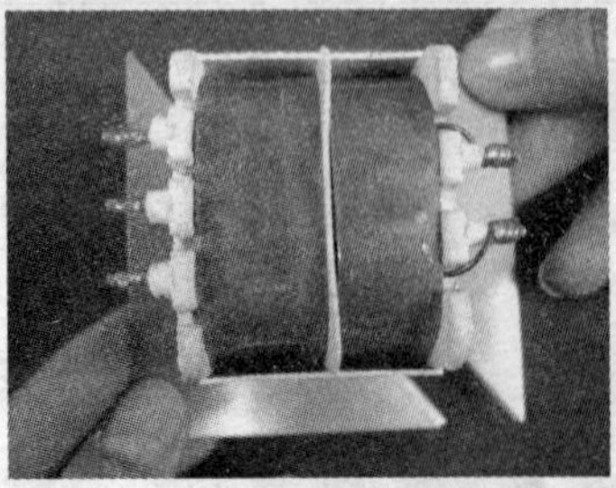 | 镶片应从线包两边两片两片地交叉对镶 |

续表

| 步骤 | 图示 | 说明 |
| --- | --- | --- |
| 硅钢片安装完成 |  | 当余下最后几片硅钢片时，比较难镶，俗称紧片。紧片需要旋具撬开两片硅钢片的夹缝才能插进，同时用木锤轻轻敲入，切不可硬将硅钢片插入，以免损伤骨架和线包 |

## 六、测试

测试方法同“二、标准变压器的参数测量”。目的是检验制作出来的变压器的电气性能是否达到要求。

## 七、绝缘处理

| 步骤 | 图示 | 说明 |
| --- | --- | --- |
| 绝缘处理准备 |  | 将线包用导线扎好 |
| 变压器身加热 |  | 放在烘箱内加温到70～80℃，预热3～5 h取出，以便绝缘清漆的渗透 |
| 浸漆 |  | 立即浸入1032绝缘清漆中，约0.5 h |

续表

| 步骤 | 图示 | 说明 |
| --- | --- | --- |
| 风干然后烘干 | | 取出后在通风处风干，然后在 80℃烘箱内烘 8 h 左右即可 |

## 任务小结

本任务主要学习小型变压器的检测、拆装、制作。通过对小型变压器的检测、拆卸、制作的实践，了解单相变压器的基本结构，学会小型单相变压器的拆卸、检测方法及制作工艺；通过学习本任务所设置的相关理论知识，掌握单相变压器的工作原理，如变压、变流、变阻原理和变压器中电路与磁路间的关系，掌握单相变压器的分类及各类型单相变压器的功能和用途。

## 一、单相变压器的主要功能及应用

单相变压器的主要功能有电源电压变换、电流变换和阻抗变换，广泛应用于各类电气系统和电器产品中，主要功能及应用如下：

| 主要功能 | 应用实例 | |
| --- | --- | --- |
| 用于电源电压调节以适用于不同电压等级的用电场合 |  | 在电子线路中，单相变压器可将交流电源电压 220 V 变为 42 V 以下安全电压，再由相关的整流、滤波电路将安全电压变为电子电路所适用的直流电源 |

续表

| 主要功能 | 应用实例 | |
|---|---|---|
| 产生高压电源以实现特殊的需要 | 汽车点火线圈　火花塞 | 应用在汽车上的点火线圈，将分电器送过来的低压脉冲变换为约 2 000 V 的高压脉冲送到火花塞 |
| 根据变压器的电流变换原理制造的电流互感器（特殊变压器），将电流按一定比例变为小电流信号进行测量或控制 | 数字式钳形电流表　机械式钳形电流表 | 钳形电流表的检测部件是特殊变压器，利用变压器的电流变换原理将大电流按比例缩小后进行测量 |
| 实现阻抗匹配，即使有源二端网络与负载连接时，其输出阻抗与负载阻抗相等，以得到最大的功率 | 音频信号分配变压器 | 音频信号分配变压器利用变压器的阻抗变换原理，将一路信号分成多路信号并使任一路输出都达到阻抗匹配 |

## 二、单相变压器的结构

单相变压器包括一只由彼此绝缘的薄硅钢片叠成的闭合铁心以及绕在铁心上的高、低压绕组两大基本结构。其中绕组是电路，铁心是磁路。

**1. 常用单相变压器的外形结构图**

图 1—1 所示为常用单相变压器的外形结构图。其中壳式单相变压器常用于单相交流电路中隔离、电压等级的变换、阻抗变换、相位变换或三相变压器组；芯式单相变压器常作为大、中型变压器，用于高压的电力变压器；自耦变压器常用于实验室或工业上调节电压。

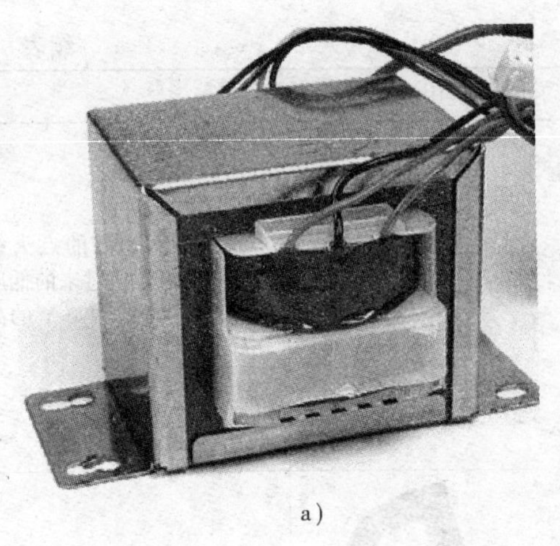

a)

b)

c)

图 1—1　常用单相变压器的外形结构图

a）壳式变压器　b）芯式变压器　c）自耦变压器

**2. 单相变压器铁心和绕组结构**

在图 1—2 所示芯式变压器中，其高压绕组必须置于外层，低压绕组必须置于里层，以增加高压绕组与铁心之间的安全距离。

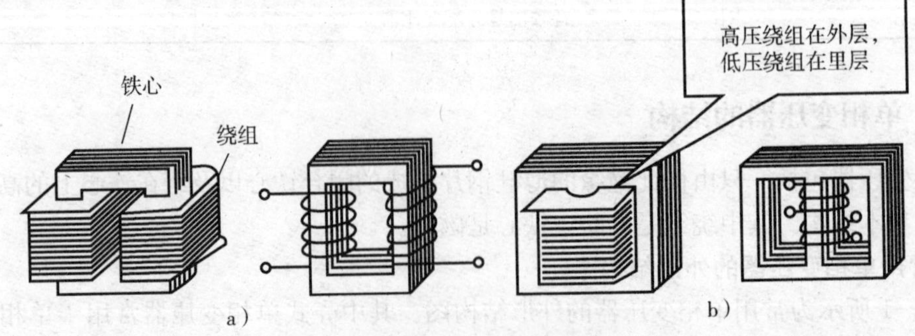


图 1—2　单相变压器铁心和绕组结构图

a）芯式变压器　b）壳式变压器

## 三、单相变压器的分类

单相变压器还有以下几种分类方式：

1. 按变比分，可分为升压、降压变压器、隔离变压器。
2. 按变换参数性质分，可分为电压变换器、电流变换器、感应式移相器、阻抗变换器。
3. 按绕组分，可分为单绕组变压器、双绕组变压器、多绕组变压器。
4. 按铁心结构分，可分为壳式、芯式（见图1—2）。

# 任务2　单相变压器的故障检修

1. 进一步掌握单相变压器的工作原理、常规试验方法和极性知识；
2. 学会单相变压器的检修方法。

如何判断和检测变压器故障现象、故障类别及部位、故障原因，是变压器技术管理人员及修理技术工人必须掌握的一种技能，只有熟知和牢固地掌握这种技能，对故障的判断与检测才能得心应手，处理和排除故障才能及时、准确、无误。

本任务将对废旧的小型单相变压器进行故障检查与判别，并通过分析故障现象与原因之间的关系，掌握小型变压器的修复方法。

## 一、单相变压器故障检查

各类变压器绕组、铁心、机械故障的判断与检测程序分为两大步骤。首先由现场值班维护人员对运行中的变压器出现的外部异常现象提出问题，维修人员用耳、目、手、鼻等感觉器官作初步判别，即用耳听其声、用眼观其色、用鼻嗅其味、用手摸变压器发热严重部位。其次由维修人员利用仪器、仪表对故障变压器的可疑部分做针对性的测量，找出故障点。具体检查方法及内容如下：

| 检查方法 | 图示 | 说明 |
| --- | --- | --- |
| 利用感觉器官判别检查 | | ①检查变压器有无异常响声及气味<br>②检查变压器高低压引线有无接触不良或断路，接头有无变色，套管有无破裂<br>③检查变压器绕组有无因接地或短路而造成的局部或大面积烧伤现象 |
| 直流电阻值的测量法 |  | 用万用表或电桥测量变压器一次、二次绕组的直流电阻值。注意小型变压器高压侧的直流电阻较大（10～200 Ω），而低压侧的直流电阻较小（1～20 Ω）。最好的参照就是与一个完好的相同变压器进行对照 |
| 绝缘电阻值的测量 | | 用兆欧表摇测绕组间和绕组对地间的绝缘电阻值。根据所测数值来判断各侧绕组的绝缘有无受潮，彼此之间及对地有无击穿等的可能。一般情况绝缘电阻都会很大（达几十兆欧以上，天气潮湿时也应大于 1 MΩ 才算合格） |
| 用送电检查法来判断变压器内部有无故障 | 即从变压器低压侧绕组施加电压，逐步升高到额定值，检测其空载电流及空载损耗值，从而判断变压器铁心的叠片有无故障、磁路有无短路、绕组有无短路等 | |

## 二、单相变压器的故障处理

### 1. 绕组故障

各类变压器的绕组，均由带绝缘层的绕组导线按一定排列规律，经绕制、整形、浸烘、套装而成。绕组故障主要表现在各部分绝缘老化，绕组受潮，绕组层间、匝间、相间、高低压绕组间发生接地、断路、短路、击穿或烧毁故障；系统短路造成的绕组机械损伤；冲击电流造成的绕组机械损伤等。

| 绕组故障类别 | 故障说明 | 故障排除方法 |
|---|---|---|
| 绕组绝缘老化 | 变压器在运行过程中，受到周围环境及温度等因素的影响，使其绝缘性能降低或击穿，造成短路及漏电等现象 | 将绕组加热后重新浸漆烘干，绕组严重老化的应重新绕制 |
| 绕组受潮 | 水是变压器绝缘系统的大敌，当绝缘系统中的含水量超过规定值时，将加速绝缘老化、介质损耗增加，绝缘电阻降低，局部起始电压也随之降低，最终导致变压器绕组击穿和烧毁，极大地缩短了变压器的使用寿命 | （1）将绕组加热后烘干<br>（2）绕组被水浸时间过长，视绕组绝缘损坏程度而定，严重的应重新绕制，较轻的用净水冲干净，将绕组加热烘干后重新浸漆烘干 |
| 绕组短路 | 变压器由于内部发生各种形式的放电或击穿或外部负载不正常而引起的匝间、层间、相间短路 | 检查绕组绝缘是否老化，若属老化，采用加热、烘干或重新绕制的修理方法，若是机械损伤，采用绝缘恢复措施进行修复 |
| 绕组漏电 | 变压器铁心或外壳带电 | 属绝缘损伤，导线碰铁心或外壳所致，认真检查绝缘损伤的地方，将绝缘恢复 |
| 绕组断路 | 变压器的引出线松动，拉断漆包线或漆包线与焊片间虚焊等而造成断路故障 | 将拉断的漆包线或虚焊的地方重新焊牢，注意焊接处要处理好绝缘 |

### 2. 铁心故障

主要有铁心片间绝缘老化；铁心安装不正、不齐，造成空洞声；芯片叠装不良造成铁损增加，使铁心过热。

| 铁心故障类别 | 故障说明 | 故障排除方法 |
|---|---|---|
| 铁心片间绝缘老化 | 由于使用期久，铁心片间出现绝缘老化或出现炭化 | 绝缘老化应将铁片刮干净重新涂绝缘漆；铁片炭化则应该重新换铁片 |
| 铁心过热 | 指变压器在运行中，由于受到电、磁、热、力等的作用而造成各种损耗，使其发热量大于预期值或其散热量小于预期值，不能达到发热和散热在规定的限值内平衡的现象 | 尽量减少电、磁、热、力等的作用造成的各种损耗 |

## 3. 接通电源二次侧无电压输出

| 绕组故障类别 | 故障说明 | 故障检查排除方法 |
| --- | --- | --- |
| 二次侧无电压输出 | ①电源插头或引线开路<br>②一次绕组开路或引线脱焊<br>③二次绕组开路或引线脱焊 | ①插上电源，用万用表 250 V 交流挡测一次绕组两引出线端之间的电压，若电压为 220 V 左右说明插头与插座接触良好，插头与引线均无开路故障，否则，应用万用表电阻挡检查电源插头，会发现脱焊或某一根电源线开路<br>②一次绕组是否开路还可用测试输出电压进行判断，方法如下：假若二次侧有两个或两个以上的绕组，将一次侧接通电源，如果几个二次绕组均无电压输出，则是一次侧回路开路。若只有一个二次绕组无电压输出，而其他绕组输出电压正常，则一次侧回路完好，开路点在无电压输出的二次绕组中<br>③二次绕组是否开路，也可直接用万用表或电桥测各二次侧的直流电阻值更为简单。只要测到某个二次绕组电路不通，则该绕组必定开路<br>④绕组的开路点，多发生在引出线的根部。有时可不拆铁心和线包，先把变压器烤热，使绝缘漆化掉，用小针在断线处挑出线头，用多股绝缘软导线在断裂处焊好，注意处理好焊点处绝缘<br>⑤如果开路点在线包最里层，必须拆除铁心，小心撬开靠近引线一面的骨架挡板，用针挑出线头，焊好引出线，用万用表检测无误后，处理好绝缘，修补好骨架，再插入铁心 |

## 4. 温升过高导致绕组冒烟

| 绕组故障类别 | 故障说明 | 故障检查排除方法 |
| --- | --- | --- |
| 温升过高导致绕组冒烟 | ①绝缘破损造成匝间短路，或一次侧、二次侧间短路<br>②硅钢片间绝缘太差，使涡流增大<br>③铁心叠厚不足或绕组匝数偏少<br>④负载过负荷或输出电路局部短路 | ①一次、二次绕组间短路：可直接用万用表或兆欧表检测。将两表笔一支接一次绕组的一引出线端，另一支表笔接二次绕组的任一引出线端。若绝缘电阻远低于正常值甚至趋近于 0，说明一次侧、二次侧间短路。匝间、层间短路可用万用表测各二次侧空载电压来判定。一次侧接电源，若二次绕组输出电压明显降低，说明该绕组有短路。若变压器发热但各绕组输出电压基本正常，可能是静电屏蔽层自身短路。无论是匝间、层间、一次侧、二次侧间及静电屏蔽层自身的短路，均应卸下铁心，拆开线包修理。如果短路不严重，可局部处理；若短路较严重，漆包线的绝缘损伤太大，则应重换绕组<br>②铁心绝缘太差：拆下铁心，检查硅钢片表面绝缘漆是否剥落，若剥落严重并有锈斑，可将硅钢片浸泡于汽油中，除去锈斑和陈旧的绝缘漆膜，重新上绝缘漆<br>③铁心叠厚不足或绕组匝数偏少：如果骨架空腔有空余位置，可适当增加硅钢片数量；如无法增加，只要铁心窗口还有空余位置，可通过计算，适当增加一次、二次绕组匝数；如果都不行，只有增加铁心叠片数量，并重新制作尺寸较大的骨架，再绕新线包<br>④负载或外部电路不正常：对负载过负荷或输出电路局部短路引起变压器发高热，由于不是变压器的问题，只要减轻负载或排除输出电路上的短路故障即可 |

### 5. 空载电流偏大

| 故障类别 | 故障说明 | 故障检查排除方法 |
| --- | --- | --- |
| 空载电流偏大 | ①一次绕组匝数不足<br>②铁心叠厚不足<br>③一次、二次绕组局部短路<br>④铁心质量太差 | ①对于一次绕组匝数不足，铁心叠厚不足，一次、二次绕组局部短路可参照前一项中的检修方法处理<br>②若铁心质量太差，能买到质量较好的同规格铁心时，可直接更换铁心。如找不到，可将铁心叠片加厚以减小磁阻来消除故障。加厚的方法是拆去铁心和线包，按加厚的尺寸重做骨架，重绕线包，最后插上铁心，进行试验。合格后再进行浸漆烘烤，投入使用 |

### 6. 运行中有响声

| 故障类别 | 故障说明 | 故障检查排除方法 |
| --- | --- | --- |
| 运行中有响声 | ①铁心未插紧<br>②电源电压过高<br>③负载过负荷或短路引起振动 | ①铁心未插紧：将铁心轭部夹在台虎钳中，夹紧钳口，能直接观察出铁心的松紧程度。重新接在 220 V 电源中，加上额定负载进行试验，直到完全无响声为止<br>②电源电压过高：由于不是变压器故障，只需要用万用表交流电压挡检测电源电压即可判断。有单相调压器时，可用调压器将电源降至 220 V 送入变压器一次侧进行试验，如响声消除，说明是电源电压过高造成<br>③负载过负荷或短路：切断怀疑有故障的二次侧输出电路，给变压器其他二次绕组加额定负载，若故障消除，则问题一定出在原有的二次电路或负载上，这时只需检修外电路即可 |

### 7. 铁心和底板带电

| 故障类别 | 故障说明 | 故障检查排除方法 |
| --- | --- | --- |
| 铁心和底板带电 | ①一次或二次绕组对地短路，或一次、二次绕组与静电屏蔽层间短路<br>②长期使用，绕组对地（对铁心）绝缘老化<br>③引出线裸露部分碰触铁心或底板<br>④线包受潮或环境湿度过大使绕组局部漏电 | ①短路和绝缘故障：对此可用兆欧表检查一次、二次绕组分别与地之间的绝缘电阻值是否明显降低或趋近于零来判断。若绝缘电阻值显著降低，可将变压器进行烘烤。干燥后绝缘电阻值恢复，说明故障是故障说明④造成的，只要在预烘后重新浸漆烘干，即可修复。若干燥后，绝缘电阻值没有明显提高，说明是一次或二次绕组碰触铁心或静电屏蔽层，这时只有卸下铁心，拆除线包找出故障点进行修理。若故障点多或导线绝缘老化，只好重换新线包。如果只是层间绝缘老化，只需重绕，不必换新线<br>②引线故障：引线裸露部分或碰触铁心或底板，用肉眼可直接看出。只要在裸露部分包扎好绝缘材料或用套管套上，即可排除故障。若是最里层线圈引出线碰触铁心，裸露部分不好包扎，可以在铁心与引出线间塞入绝缘材料，并用绝缘漆或绝缘黏合剂粘牢 |

**8. 线包击穿打火**

| 绕组故障类别 | 故障说明 | 故障排除方法 |
| --- | --- | --- |
| 线包击穿打火 | 高压绕组与低压绕组间绝缘被击穿或同一绕组中电位差相差大的两根导线靠得过近，绝缘被击穿 | ①如果是线包端头高、低压导线间出现打火，可以先将变压器烘烤干燥，在打火处涂上绝缘漆，或塞入绝缘纸再涂绝缘漆，再次烘烤干燥后，故障即可排除<br>②如果在线包内部出现击穿打火声，仍可将变压器预烘烤干燥后，重新浸漆干燥，有可能排除故障，如果打火声仍有，只好拆开线包修理 |

## 任务小结

本任务主要学习单相变压器的连接方法、各类故障检查及处理方法，从而进一步掌握单相变压器的工作原理、常规试验方法和极性知识。

## 一、单相变压器的工作原理

最简单的变压器是由一个闭合的铁心和绕在铁心上的两个匝数不等的绕组组成的。

与电源相连的绕组称为一次绕组；与负载相连的绕组称为二次绕组。一次、二次绕组都用绝缘的导线绕成。虽然一次、二次绕组在电路上是相互分开的，但通过磁路，一次、二次绕组相互联系，传递能量。根据二次绕组是否连接负载，变压器的运行可分为空载运行和负载运行。

**1. 变压器的空载运行**

所谓变压器空载运行就是变压器一次绕组加额定电压、二次绕组开路的工作状态，如图1—3所示。实际变压器在运行中要考虑到各种损耗，分析起来比较复杂。为了分析得简单、方便，把不计绕组的直流电阻、铁心的损耗、磁路中的漏磁通和磁饱和影响的变压器称为理想变压器。理想变压器只是一个单纯的电感电路，在一些近似的计算中常用理想变压器来分析。下面分析理想变压器和实际变压器在空载运行中的情况。

(1) 理想变压器空载运行。理想变压器空载运行图如图1—3所示。

当一次绕组接上交流电压 $u_1$ 时，在一次绕组中就会有交流电流 $i_0$ 通过并在铁心中产生交变的磁通 $\Phi_m$。这个交变磁通不仅通过一次绕组，而且也通过二次绕组，并在两绕组中分别产生感应电动势 $e_1$ 和 $e_2$。此时，因为二次绕组没接负载，二次绕组中没有电流流过，但二次绕组有输出电压 $u_{02}$（交流电压 $u_1$→交流电流 $i_0$→交变的磁通 $\Phi_m$→感应电动势 $e_1$ 和$e_2$→电压 $u_{02}$）。

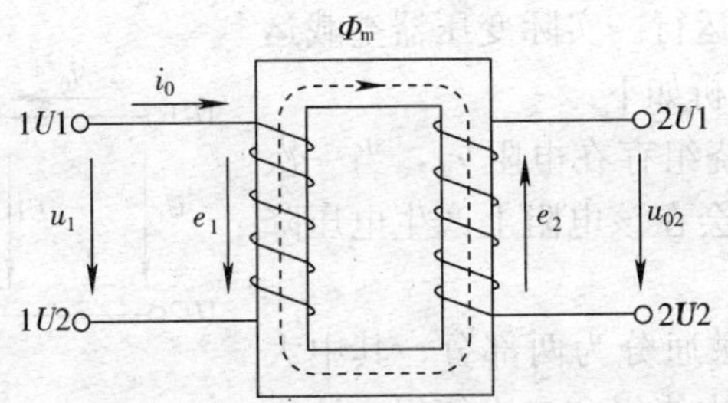


图 1—3　理想变压器的空载运行图

1）感应电动势的大小。根据电磁感应定律 $e=-N\frac{\Delta\Phi}{\Delta t}$ 可推导出变压器和交流电机绕组上感应电动势大小计算公式：

$$E=4.44fN\Phi_m \tag{1—1}$$

式中　$E$——感应电动势有效值，V；

$f$——频率，Hz；

$\Phi_m$——主磁通量，Wb。

式（1—1）是交流磁路的基本关系式，它表明了感应电动势的大小与电源频率 $f$、绕组匝数及铁心中的主磁通量成正比。

由公式 $\dot{U}_1=-\dot{E}_1$ 可知 $U_1=E_1$，即 $U_1=E_1=4.44fN\Phi_m$

该公式说明铁心中的主磁通的大小取决于电源电压、频率和一次绕组的匝数，而与磁路所用的材料和磁路的尺寸无关。当电源电压不变时，变压器磁路上的磁通量是不会变化的。

2）变压比（简称变比）。$K$ 的定义是一次绕组相电动势 $E_1$ 与二次绕组相电动势 $E_2$ 之比，即

$$K=E_1/E_2$$

因为 $E_1=4.44fN_1\Phi_m$，$E_2=4.44fN_2\Phi_m$，可得到公式：

$$K=\frac{E_1}{E_2}=\frac{N_1}{N_2}=\frac{U_1}{U_{02}} \tag{1—2}$$

式中　$N_1$——一次绕组匝数；

$N_2$——二次绕组匝数。

3）空载电流 $i_0$。变压器空载运行时流过一次绕组的电流称为空载电流，理想变压器的空载电流主要产生于铁心中的磁通，所以空载电流也称为空载励磁电流，是无功电流。

4）电压和感应电动势的关系。因为理想变压器不考虑绕组的直流电阻、铁心的损耗和漏磁通影响，根据基尔霍夫第二定律可知，一次绕组的电压平衡方程式为：

$$\dot{U}_1=-\dot{E}_1 \tag{1—3}$$

式（1—3）说明一次绕组上的感应电动势等于电源电压大小，即 $U_1=E_1$；在相位上，$\dot{E}_1$ 与 $\dot{U}_1$ 反相位，$\dot{E}_1$ 也可以称为反电势。

二次绕组的电压平衡方程式为：

$$\dot{U}_{02}=\dot{E}_2 \tag{1—4}$$

式（1—4）说明二次绕组上输出电压大小等于感应电动势，即 $U_{02}=E_2$；并且 $\dot{U}_{02}$ 与 $\dot{E}_2$ 同相位。

（2）实际变压器空载运行。实际变压器空载运行（见图 1—4）的情况分析如下：

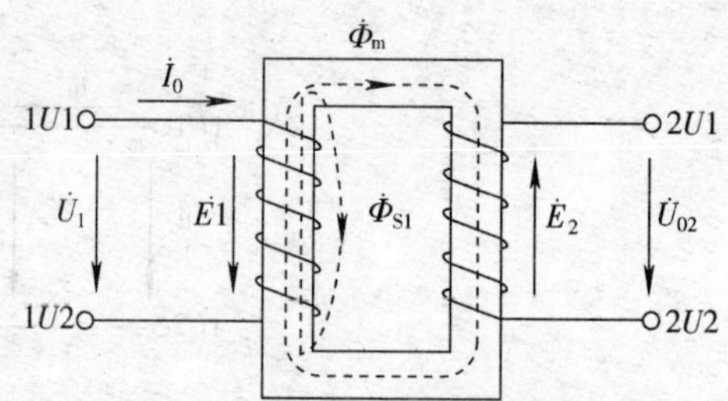


图 1—4　实际变压器（有漏磁）空载运行图

1）实际变压器一次绕组存在电阻 $r_1$，当一次绕组有空载电流流过时，会在该电阻上产生电压降 $u_{0r1}$。

2）空载电流产生的磁通分为两部分，其中大部分磁通通过铁心交联一次绕组和二次绕组，该磁通称为主磁通，它在一次绕组和二次绕组中分别感应出电动势 $e_1$ 和 $e_2$；另一小部分磁通只通过一次绕组周围的空间形成闭路，称为漏磁通 $\dot{\Phi}_{S1}$，仅占主磁通的 0.25%，它在一次绕组中产生漏抗电动势 $e_{S1}$。

3）变压器铁心中存在铁耗。当变压器主磁通穿过铁心时，会在铁心中产生涡流损耗和磁滞损耗，该损耗称为铁损耗（简称铁耗）。

通常，一次绕组电阻 $r_1$、空载励磁电流 $i_0$ 和漏磁通都很小，所对应的 $i_{0r1}$ 和漏抗电动势 $e_{S1}$ 也很小，可以忽略不计。则实际变压器电压方程为：$\dot{U}_1 \approx \dot{E}_1$、$\dot{U}_{02} = \dot{E}_2$。

由于铁心中存在磁滞损耗和涡流损耗，故一次绕组中流过的空载电流 $i_0$ 中存在一个有功电流，用 $I_{0P}$ 表示，它用以供给铁心损耗。

当考虑变压器铁心中存在铁耗时，空载电流由两个分量组成：一是无功分量 $I_{0Q}$，起励磁作用；另一个是有功分量 $I_{0P}$，它用来供给铁心损耗。这两个分量在相位上相差 90°，所以空载电流有效值 $I_0$ 为：

$$I_0 = \sqrt{I_{0P}{}^2 + I_{0Q}{}^2} \qquad (1-5)$$

其中空载电流有功分量为 $I_{0P} = I_0 \sin\alpha$，空载电流无功分量为 $I_{0Q} = I_0 \cos\alpha$，通常 $I_{0P}$ 很小，所以，空载运行时变压器的功率因数 $\cos\alpha$ 很小。

**2. 变压器的负载运行**

当变压器的二次绕组接上负载后会出现什么现象呢？首先观察图 1—5 和图 1—6 所示的实验。

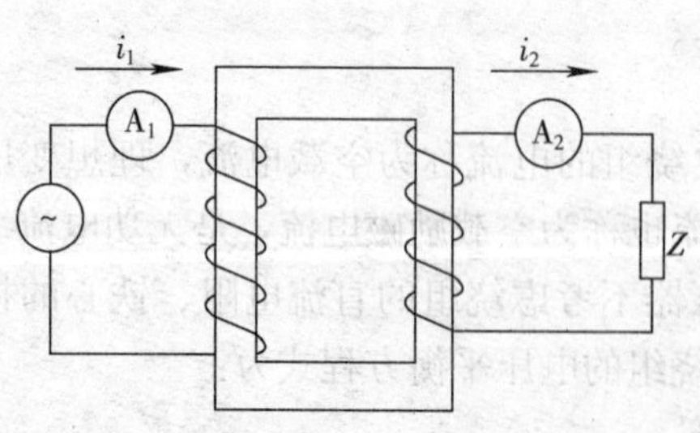


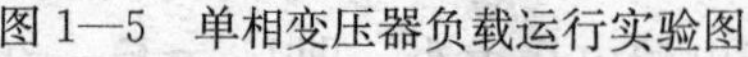

图 1—5　单相变压器负载运行实验图

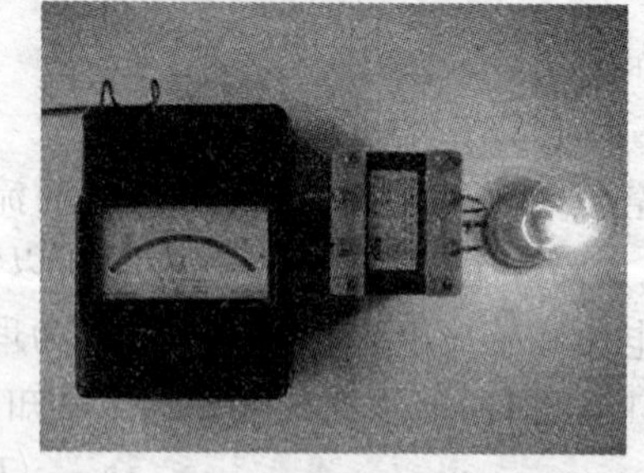

图 1—6　单相变压器负载运行接线图

当二次绕组接上负载，一次绕组接上交流电源后，二次绕组有电流 $i_2$ 通过，此时一次绕组的电流立即从空载电流 $i_0$ 增加到 $i_1$。如果增加负载，则 $i_2$ 增大，$i_1$ 也随着增大。换句话说，变压器二次绕组所消耗的电功率增加（或减少）时，一次绕组从电源所取得的电功率也随之增加（或减少）。这表明，变压器在传输电能时具有一种自动调节的作用。由于变压器一次、二次绕组之间并没有电的联系，这种能量传输的自动调节作用是怎样产生的呢？显然，这只能是通过磁场作为媒介，把一次、二次绕组相互联系起来的。下面分析这个问题。

在变压器空载时，铁心中的主磁通 $\Phi_m$ 仅由原绕组空载电流 $I_0$ 产生，外加电压 $\dot{U}_1$ 与一次绕组的感应电动势 $\dot{E}_1$ 处于相对平衡的状态。但当二次绕组出现电流 $\dot{I}_2$ 时，情况就发生了变化（见图 1—7），因为 $\dot{I}_2$ 也在铁心中产生磁通 $\Phi_2$，由楞次定律可知，该磁通对主磁通 $\Phi_m$ 存在阻碍作用，使铁心中的磁通 $\Phi_m$ 发生改变的趋势，根据 $U_1=E_1=4.44fN\Phi_m$，在电源电压一定时，磁通 $\Phi_m$ 要保持不变，因此，一次绕组电流将从 $I_0$ 增加到 $I_1$，其增加的电流所产生的磁通补偿 $\Phi_2$ 对 $\Phi_m$ 的阻碍作用。所以，变压器负载运行时，铁心中磁场是由一次、二次绕组中电流共同产生。

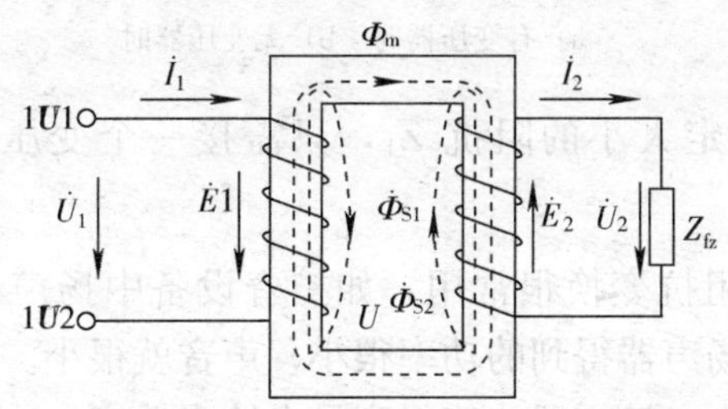


图 1—7　单相变压器负载运行图

同样变压器在负载状态时也存在漏磁通，但此时一次、二次绕组都产生漏磁通，分别是 $\dot{\Phi}_{S1}$ 和 $\dot{\Phi}_{S2}$。

（1）变压器的电流变换。忽略损耗，一次绕组与二次绕组的视在功率相等，则

$$P_1=P_2$$

$$U_1I_1=U_2I_2$$

$$\frac{I_1}{I_2}=\frac{U_2}{U_1}=\frac{N_2}{N_1}=\frac{1}{K}$$

可见，一次绕组与二次绕组的电流比是与变压器的变比成反比的。这就是变压器的电流变换原理。

（2）变压器的阻抗变换。一次侧接在交流电源上，对电源来说变压器相当于是一个负载，其输入阻抗可用输入电压、输入电流来计算，即变压器的输入阻抗为 $Z_1=U_1/I_1$，而变压器的二次侧输出端又接了负载，变压器的输出电压、输出电流与负载之间存在 $Z_2=U_2/I_2=Z_{f2}$ 关系，如图 1—8 所示。可以看出经过变压器把 $Z_2$ 接到电源上和不要变压器直接把 $Z_2$ 接到电源上，两者是完全不一样的，这里变压器起到改变阻抗的作用，把 $Z_2$ 等效变成 $Z_1$ 可以在 $U_1$ 的电压下工作。

变换公式如下：

当忽略漏阻抗，不考虑相位、只计大小时，在空载和负载运行分析中，已知：$U_1=KU_2$，$I_1=I_2/K$。

而变压器的一次侧和二次侧的阻抗分别为：$Z_1=U_1/I_1$，$Z_2=U_2/I_2$。故阻抗变换公式为：

$$Z_1=\frac{U_1}{I_1}=\frac{KU_2}{I_2/K}=K^2\frac{U_2}{I_2}=K^2Z_2 \tag{1-6}$$

式（1—6）说明负载 $Z_2$ 经过变压器以后阻抗扩大为 $K^2$ 倍。如果已知负载阻抗 $Z_2$ 的大

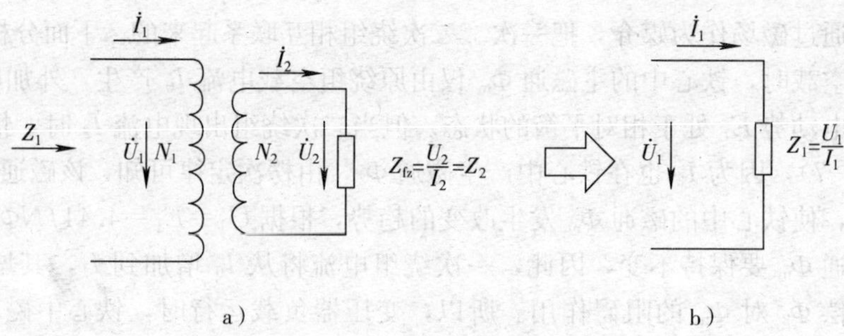


图 1—8　变压器的阻抗变换作用

a）有变压器时　b）无变压器时

小，要把它变成另一个一定大小的阻抗 $Z_1$，只需接一个变压器，该变压器的变比 $K=\sqrt{Z_1/Z_2}$。

在电子线路中，这种阻抗变换很常用，如扩音设备中扬声器的阻抗很小（4～16 Ω），直接接到功放的输出，则扬声器得到的功率很小，声音就很小。只有经输出变压器把扬声器阻抗变成和功放内阻一样大，扬声器才能得到最大输出功率。这也称为阻抗匹配。

**［例 1—1］**　某晶体管收音机的输出变压器的一次侧匝数 $N_1=230$ 匝；二次侧匝数 $N_2=80$ 匝，原来配接 8 Ω 的扬声器，现要改用同样功率而阻抗为 4 Ω 的扬声器，则二次侧匝数 $N_2$ 应改绕成多少?

**解**　先求出一次侧的 $Z_1$，因为不论 $N_1$ 和 $N_2$ 怎么变，必须保证 $Z_1$ 不变，才能保证功率输出最大。

$$Z_1=K^2Z_2=\left(\frac{230}{80}\right)^2\times 8=66.13\ \Omega$$

再由 $Z_1$ 和新的扬声器阻抗 $Z_2=4\ \Omega$，求出新的 $K'$ 和 $N'_2$。

$$K'=\sqrt{\frac{Z_1}{Z_2}}=\sqrt{\frac{66.13}{4}}=4.07$$

$$N'_2=\frac{N_1{}'}{K'}=\frac{230}{4.07}=57\text{ 匝}$$

则二次侧匝数 $N_2$ 应改绕成 57 匝。

## 二、直流电源的极性

直流电路中，电源有正、负两极，通常在电源出线端上标以“+”号和“-”号。“+”号为正极性，表示高电位端；“-”号为负极性，表示低电位端，如图 1—9a 所示。当电源与负载形成闭合回路时，回路中电流 $I$ 将由高电位的“+”极流出，经负载流入“-”极。由于直流电源两端电压的大小和方向都不随时间而变化，如图 1—9b 所示，A 端极性恒定为正，B 端极性恒定为负，即直流电源两端的极性是恒定不变。

## 三、交流电源的极性

正弦交流电源的出线端不标出正负极性，因为正弦交流电源输出电压的大小和方向都随时间而变化，每经过半个周期（$T/2$）正负交替变化一次，如图 1—10b 所示。

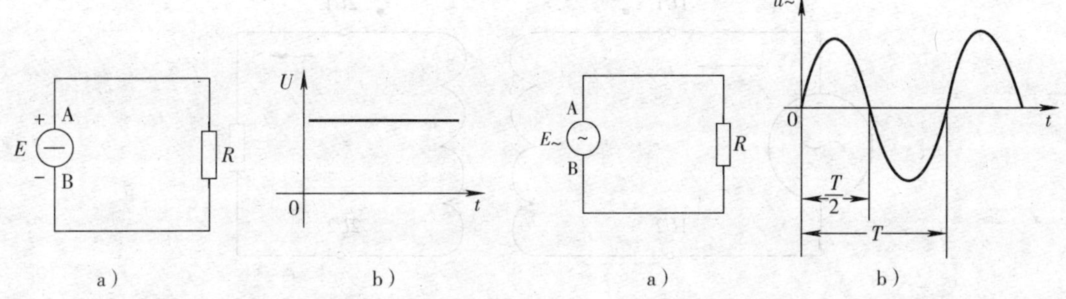


图 1—9　直流电源的极性　　　　图 1—10　交流电源极性

正弦交流电源两端不存在恒定极性，但在任一瞬间仍存在瞬时极性，例如某一瞬间 A 端为高电位，B 端相对 A 端则为低电位，反之当 A 端为低电位时 B 端则为高电位。

回路中电流将由高电位端流出，低电位端流入，由此可见，正弦交流电源两端只存在瞬时极性。而电位的高与低是相对的，极性也是相对的、可变的、暂时的，随时间而变化。

## 四、单相变压器的极性

变压器绕组的极性是指变压器一次、二次绕组在同一磁通作用下所产生的感应电动势之间的相位关系，通常用同名端来标记。

例如在图 1—11 中，铁心上绕制的所有绕组都被铁心中交变的主磁通所穿过，在任意瞬间，当变压器一个绕组的某一出线端为高电位时，则在另一个绕组中也有一个相对应的出线端为高电位，那么这两个高电位（如正极性）的线端称为同极性端，而另外两个相对应的低电位端（如负极性）也是同极性端。即电动势都处于相同极性的线圈端就称为同名端；而另一端就成为另一组同名端。不是同极性的两端就称为异名端。应该指出，没有被同一个交变磁通所贯穿的绕组，它们之间就不存在同名端的问题。

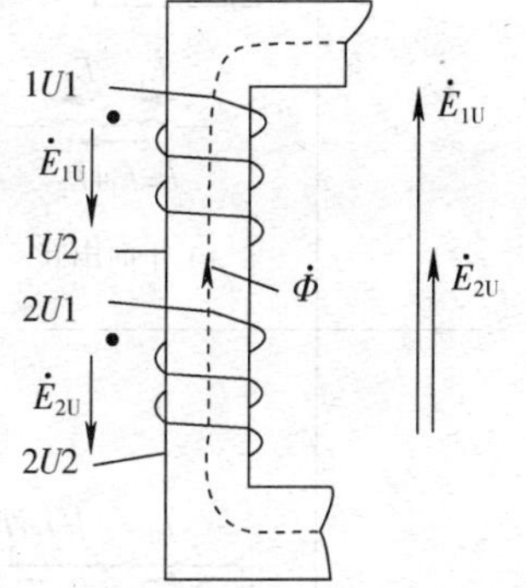


图 1—11　绕组的极性

同名端的标记可用星号“*”或点“·”来表示，在互感器绕组上常用“+”和“−”来表示（并不表示真正的正负意义）。

对一个绕组而言，哪个端点作为正极性都无所谓，但一旦定下来，其他有关的绕组的正极性也就根据同名端关系定下了。同名端有时也称为绕组的首与尾，只要一个绕组的首尾确定了，那些与它有磁路穿通的绕组的首尾也就定下了。

**［例 1—2］**　如一台单相变压器，一次绕组和二次绕组在某一瞬间的电流如图 1—12 所示，试判断并用符号标出同名端。

**解**　当一次绕组两端外加一交流电压时，某一瞬间电流 $i_1$ 由 1U1 端流入，由 1U2 端流出，此时二次绕组接上负载后，电流由 2U1 端流出，2U2 端流入，即 1U1 端和 2U1 端为高电位端；1U2 端和 2U2 端是低电位端。故 1U1 与 2U1（或 1U2 与 2U2）为同名端。

## 五、绕组的连接

绕组的连接主要有串联与并联两种形式。变压器绕组之间进行连接时，极性判别是至关重要的。一旦极性接反，轻者不能工作；重者导致绕组和设备的严重损坏。这在变压器、电

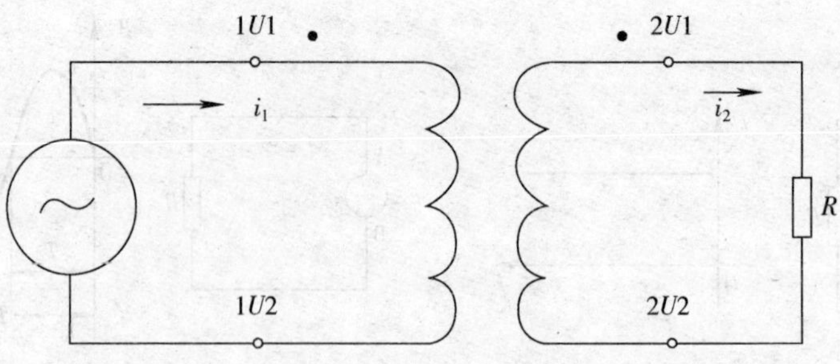


图 1—12　单相变压器电路

机和控制电路中是会经常遇到的。

| | 图示 | 说明 |
| --- | --- | --- |
| 绕组串联 | 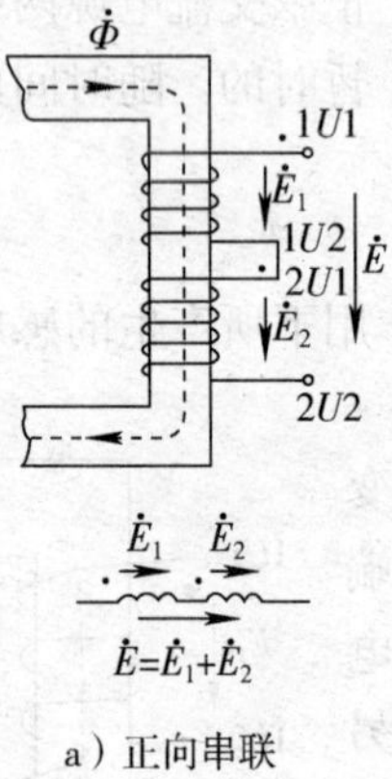 $\dot{E}=\dot{E}_1+\dot{E}_2$<br>a）正向串联 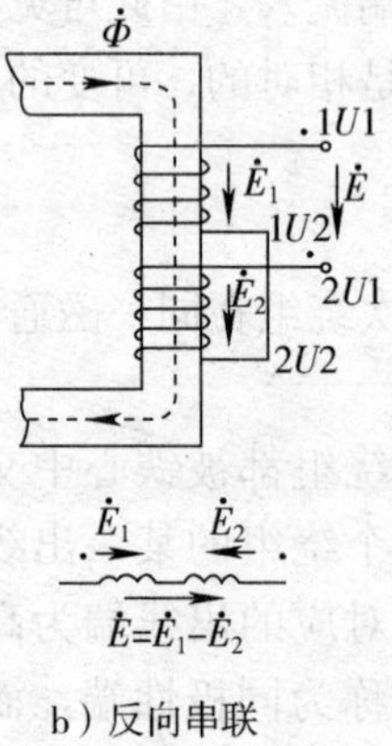<br>$\dot{E}=\dot{E}_1-\dot{E}_2$<br>b）反向串联 | ①正向串联，也称为首尾相连，即把两个绕组的异名端相连，总电动势为两个电动势相加，电动势会越串越大<br>②反向串联，也称为尾尾相连（或首首相连），总电动势为两个电动势之差，电动势将变小<br>正因为正、反向串联的总电动势叠加后数值发生变化，所以常用此法来判别两个绕组的同名端 |
| 绕组并联 | 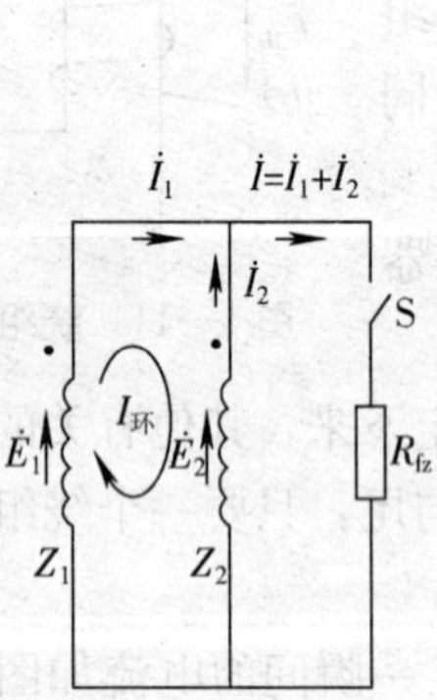 $\dot{I}=\dot{I}_1+\dot{I}_2$<br>a）同极性并联 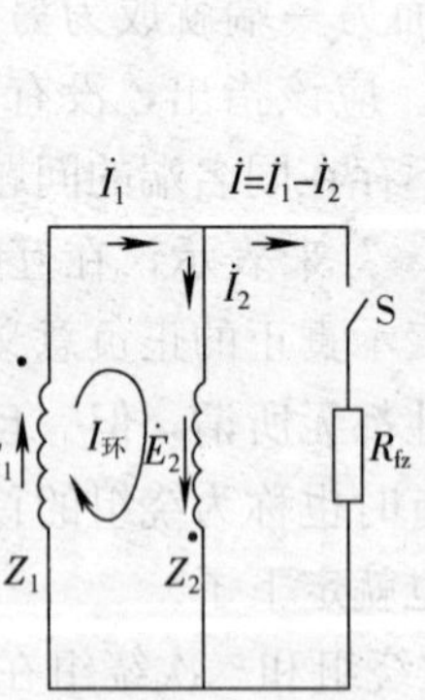<br>$\dot{I}=\dot{I}_1-\dot{I}_2$<br>a）反极性并联 | 1）同极性并联<br>①$\dot{E}_1$ 与 $\dot{E}_2$ 大小一样，则两个绕组回路内部的总电动势为零，如图 a 所示，不会产生内部环流 $I_{环}$，这是最理想状态，变压器的并联，就应符合这种条件：<br>$I_{环}=\frac{\dot{E}_1-\dot{E}_2}{Z_1+Z_2}=\frac{0}{Z_1+Z_2}=0$<br>②$\dot{E}_1$ 与 $\dot{E}_2$ 大小不等，则两个绕组回路内部的总电动势不为零，外部不接负载时，也会产生一定的环流。这对绕组的正常工作不利，环流会产生损耗和发热，并造成输出电压、电流都减少，严重时甚至烧坏绕组<br>2）反极性并联<br>如图 b 所示，这时两个绕组回路内部的环流 $I_{环}=\frac{\dot{E}_1+\dot{E}_2}{Z_1+Z_2}$将很大，甚至烧坏绕组，这种接法是不允许的，应绝对避免 |

课题二

# 三相变压器的维护与故障处理

## 任务1　电力变压器的认识与维护

### 学习目标

1. 了解电力变压器的结构、作用、类型及铭牌各参数的含义；
2. 掌握电力变压器的维护、检测内容和判别方法，及三相绕组首尾端的判别方法；
3. 学会电力变压器的日常维护需检查项目及方法。

### 工作任务

电力变压器是变、配电过程中的主要电气设备，电力变压器的好坏直接影响供电负荷用电的安全性、电能的质量和能耗量，一旦发生事故，将中断对部分用户的供电，修复所用时间也很长，可能造成严重的经济损失。为了确保安全运行，工作人员既要做好日常维护工作，将事故消灭在萌芽状态，还要具备一旦发生事故，能够迅速判断原因和性质，正确地处理事故，防止事故扩大的能力。

本任务将通过现场参观或观看相关视频资料，认识电力变压器的结构和组成，学会电力变压器的日常维护需检查的项目及方法。

## 一、认识电力变压器的组成结构

| 说明 | 图示 |
|---|---|
| 根据用途的不同，变压器其结构也有所不同，大功率电力变压器的结构比较复杂，而多数电力变压器是油浸式的。油浸式变压器是由绕组和铁心组成器身，为了解决散热、绝缘、密封、安全等问题，还需要油箱、绝缘套管、储油柜、冷却装置、压力释放阀、安全气道、温度计和气体继电器等附件，其结构如右图所示 | 气体继电器<br>储油柜<br>低压套管<br>高压套管<br>压力释放阀<br>油位计<br>油箱<br>铭牌<br>放油阀门<br>散热器<br>引线接地螺栓 |

## 二、认识电力变压器的主要附件

| 附件名称 | 图示 | 说明 |
|---|---|---|
| 气体继电器（瓦斯继电器） | | 气体继电器装在油箱与储油柜之间的管道中，当变压器发生故障时，器身就会过热使油分解产生气体。气体进入继电器内，使其中一个水银开关接通（上浮筒动作），发出报警信号。此时应立即将继电器中气体放出，进行检查，若系无色、不可燃的气体，变压器可继续运行；若系有色、有焦味、可燃气体，则应立即停电检查。当事故严重时，变压器油膨胀，冲击继电器内的挡板，使另一个水银开关接通跳闸回路（即下浮筒动作），切断电源，避免故障扩大 |
| 无励磁调压分接开关 | | 变压器的输出电压可能因负载和一次电压的变化而变化，要控制输出电压在允许范围内变动；可通过分接开关改变绕组匝数来调节输出电压。无励磁调压是指变压器一次侧脱离电源后进行调压，常用的无励磁调压分接开关最大调节范围为额定输出电压的±5%<br>1U1 2U1 2U2 1U2<br>一次侧励磁调压原理图<br>1U1 2U1 1U2 2U2<br>二次侧励磁调压原理图 |

续表

| 附件名称 | 图示 | 说明 |
| --- | --- | --- |
| 有载调压分接开关 |  | 有载调压开关的动触头由主触头和辅助触头组成，有复合式和组合式两类，组合式调节范围可达±15%。每次调节当主触头尚未脱开时，辅助触头已与下一挡的静触头接触了，然后主触头才脱离原来的静触头，而且辅助触头上有限流阻抗，可以大大减少电弧，使供电不会间断，改善供电质量 |
| 安全气道 |  | 安全气道又称防爆管，装在油箱顶盖上，它是一个长钢筒，出口处有一块厚度约 2 mm 的密封玻璃板（防爆膜），玻璃上划有几道缝。当变压器内部发生严重故障而产生大量气体，内部压力超过 50 kPa 时，油和气体会冲破防爆玻璃喷出，从而避免了油箱爆炸引起的更大危害。安全气道在生产中目前已较少使用，逐渐被压力释放阀取代 |
| 压力释放阀 |  | 目前在变压器中，尤其是在全密封变压器中，都广泛采用压力释放阀做保护，它的动作压力为（53.9±4.9）kPa，关闭压力为 29.4 kPa，动作时间不大于 2 ms，其结构如左图所示。动作时膜盘被顶开释放压力，平时膜盘靠弹簧拉力紧贴阀座（密封圈），起密封作用 |
| 绝缘套管 |  | 绝缘套管穿过油箱盖，将油箱中变压器绕组的输入、输出线从箱内引到箱外与电网相接。绝缘套管由外部的瓷套和中间的导电杆组成，对它的要求主要是绝缘性能和密封性能要好。根据运行电压的不同，将其分为充气式和充油式两种，后者为高电压用（60 kV 用充油式）。当用于更高电压时（110 kV 以上）还在充油式绝缘套管中包有多层绝缘层和铝箔层，使电场均匀分布，增强绝缘性能。根据运行环境的不同，又可将其分为户内式和户外式 |

续表

| 附件名称 | 图示 | 说明 |
| --- | --- | --- |
| 测温装置 | +35<br>+15<br>−35 | 测温装置就是热保护装置。变压器的寿命取决于变压器的运行温度，因此油温和绕组的温度监测是很重要的。通常用三种温度计监测。箱盖上设置酒精温度计（如左图可直接通过温度计的刻度盘读取温度值），其特点是计量精确但观察不便；变压器上装有信号温度计，便于观察；箱盖上装有电阻式温度计，其特点是为了远距离监测 |

## 三、变压器运行中的日常维护

运行值班人员应定期对变压器及附属设备进行全面检查，每天至少一次，检查过程中，要注重“看、闻、嗅、摸、测”五字准则，仔细检查。

| 检查项目 | 说　明 |
| --- | --- |
| 外部表面洁净度 | 该表面应无积污 |
| 绝缘套管外部 | 绝缘套管外部应清洁、无严重油污、完整无破损、无裂纹、无电晕放电及闪络现象 |
| 听响声 | 变压器正常运行时，一般有均匀的“嗡嗡”声，这是由于交变磁通引起铁心震颤而发出的声音，不应该有噼啪的放电声和不均匀的噪声 |
| 储油柜的油色、油位 | 各部位应无渗油、漏油现象；正常的变压器油色应是透明微带黄色，如呈红棕色，可能是油变质或油位计本身脏污造成的 |
| 上层油温 | 变压器上层油温一般应在85℃以下，如油温突然升高，则可能是冷却装置有故障，也可能是变压器内部故障；对油浸自冷式变压器，如散热装置各部分温度有明显不同，则可能是管道有堵塞现象 |
| 引线接头接触情况 | 各引线接头应无变色、无过热发红现象，接头接触处的试温蜡片应无融化现象。用快速红外线测温仪测试，接头接触处的温度不得超过70℃ |
| 防爆装置 | 安全气道及防爆膜应完好无裂纹、无积油。压力释放器的标示杆未突出、无喷油痕迹 |
| 气体继电器 | 气体继电器内应充满油，无气体存在。继电器与油枕间连接阀门应打开 |
| 接地线可靠性 | 采用钳形电流表测量铁心接地线电流值，应不大于0.5 A |
| 调压分接头位置 | 各调压分接头的位置应一致 |

特殊巡视检查项目

当电力系统发生短路故障或天气突然发生变化时，值班人员应对变压器及其附属设备进行重点检查。

1. 电力系统发生短路或变压器事故后的检查。检查变压器有无爆裂、移位、变形、焦昧、闪络及喷油等现象，油温是否正常，电气连接部分有无发热、熔断，瓷质外绝缘有无破裂，接地线有无烧断。

2. 大风、雷雨、冰雹后的检查。检查变压器的引线摆动情况及有无断股，引线和变压器上有无搭挂落物，绝缘套管有无放电闪络痕迹及破裂现象。

3. 浓雾、小雨、下雪时的检查。检查绝缘套管有无沿表面放电闪络，各引线接头发热部位在小雨中或落雪后应无水蒸气上升或落雪融化现象，导电部分应无冰柱。若有水蒸气上升或落雪融化，应用红外线测温仪进一步测量接头实际温度。若有冰柱，应及时清除。

4. 气温骤变时的检查。气温骤冷或骤热时，应检查油枕油位和绝缘套管油位是否正常，油温和温升是否正常，各侧连接引线有无变形、断股或接头发热和发红等现象。

5. 过负荷运行时的检查。检查并记录负荷电流，检查油温和油位的变化，检查变压器的声音是否正常，检查接头发热状况，示温蜡片有无熔化现象，检查冷却器运行是否正常，检查防爆膜、压力释放器是否处于未动作状态。

6. 新投入或经大修的变压器投入运行后的检查。在 4 h 内，应每小时巡视检查一次，除了正常项目以外，应增加检查内容：

（1）检查变压器声音的变化。如发现响声特大、不均匀或有放电声，则可认为内部有故障。

（2）检查油位和油温变化。正常油位、油温随变压器带负荷，应略有上升和缓慢上升。

（3）检查冷却器温度。手触及每一组冷却器，温度应均匀、正常。

## 任务小结

本任务主要通过对电力变压器结构及主要附件的认识活动，以及对运行中电力变压器维护知识的学习，深入了解了电力变压器的基本结构及其主要附件的作用，掌握电力变压器的日常维护知识。通过对相关理论知识的学习，掌握电力系统中电力变压器在不同环节所起的作用；通过对电力变压器铭牌参数的学习，懂得电力变压器型号中各数据的含义以及各参数对电力变压器的选用和运行的重要性。

## 一、电力变压器的作用

| 作用 | 说明 | 图示 |
|---|---|---|
| 升压——实现高压输电 | 电厂用三相同步发电机将其他自然能源转换成传输电压为10 kV电能，为提高电能的传输效率，用升压变压器将传输电压提高到110 kV甚至更高的超高压 | 发电机<br>一次高压变电所<br>升压变压器<br>110kV<br>220kV<br>发电站<br>二次高压变电所 |
| 降压——实现低压供电 | 当把超高压的电能传输到用户前，考虑用电安全等实际情况，再应用降压变压器降低电压。然后通过电动机或其他用电设备将电能转换成机械能、热能、光能等 | 10kV<br>一般用户<br>低压变电所<br>工厂 |

在电力系统中起到升压和降压作用的关键设备就是电力变压器。用升压变压器提高传输电压，把高压的电能传输到用户端；考虑用电安全等实际情况，再用变压器降低电压。高压传输线路架设成本较低，有色金属消耗较小，安全系数高，是最经济的远距离输电办法，故广泛应用于远距离输电中。图 2—1 所示为简单电力系统单线图。

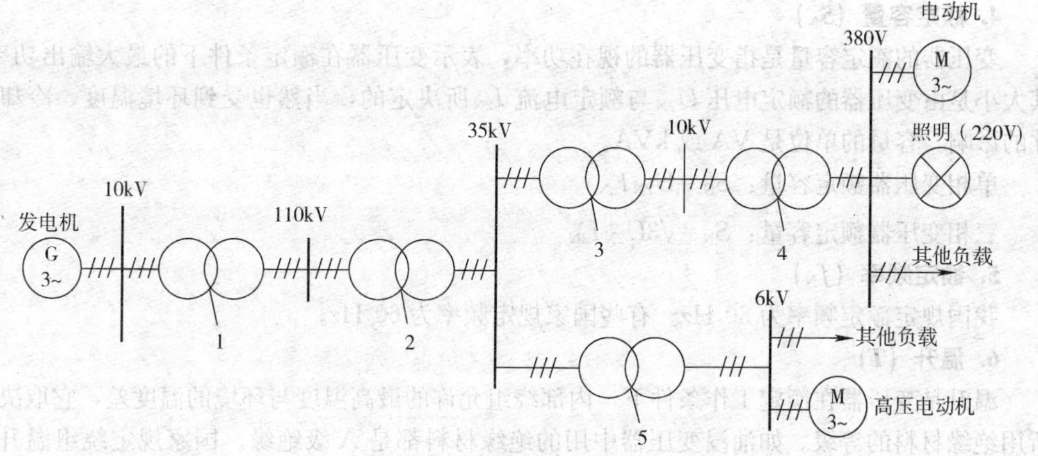


图 2—1　简单电力系统单线图

1—升压变压器　2，3—降压变压器　4，5—配电变压器

## 二、电力变压器的铭牌参数

为了使变压器安全、经济运行，并保证一定的使用寿命，制造厂按标准规定了变压器的额定数据。有关额定数据标写在铭牌上。铭牌上的主要技术数据有型号、额定容量、额定电压、额定电流、额定频率等，如图 2—2 所示。

**1. 型号和含义**

型号表示变压器的结构特点、额定容量和高压侧的电压等级等意义。

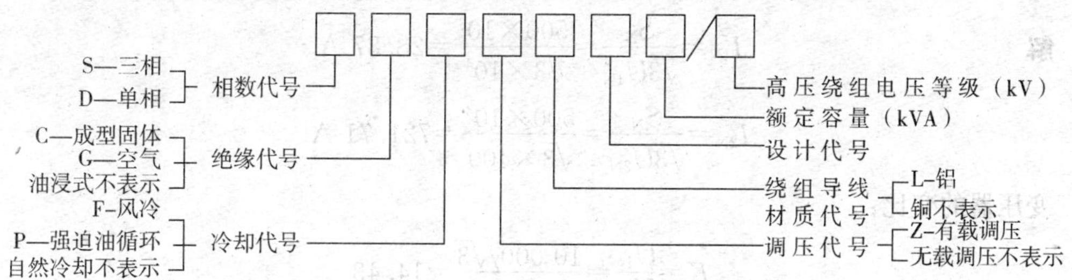


图 2—2　电力变压器的铭牌参数

例如：SL9—800/10 为三相铝绕组油浸式电力变压器，设计序号为 9，额定容量为 800 kVA，高压绕组电压等级为 10 kV。

**2. 额定电压（$U_{1N}/U_{2N}$）**

一次绕组的额定电压 $U_{1N}$ 是指变压器额定运行时，一次绕组所加的电压。二次侧额定电压 $U_{2N}$ 为变压器空载情况下，当一次侧加上额定电压时，二次侧测量的空载电压值。变压器额定电压的确定取决于绝缘材料的介电常数和允许温升。对三相变压器是线电压，单位是 V 或 kV。

**3. 额定电流（$I_{1N}/I_{2N}$）**

额定电流是变压器绕组允许长期通过的工作电流，是指在某环境温度、某种冷却条件下允许的满载电流值。当环境温度、冷却条件改变时，额定电流也应变化。如干式变压器加风扇散热后，电流可提高 50%。在三相变压器中，额定电流指的是线电流，单位为 A。

**4. 额定容量（$S_N$）**

变压器的额定容量是指变压器的视在功率，表示变压器在额定条件下的最大输出功率。其大小是由变压器的额定电压 $U_{2N}$ 与额定电流 $I_{2N}$ 所决定的，当然也受到环境温度、冷却条件的影响。容量的单位是 VA 或 kVA。

单相变压器额定容量：$S_N = U_{2N} I_{2N}$

三相变压器额定容量：$S_N = \sqrt{3} U_{2N} I_{2N}$

**5. 额定频率（$f_N$）**

我国规定额定频率为 50 Hz。有些国家规定频率为 60 Hz。

**6. 温升（$T$）**

温升是变压器在额定工作条件下，内部绕组允许的最高温度与环境的温度差，它取决于所用绝缘材料的等级。如油浸变压器中用的绝缘材料都是 A 级绝缘。国家规定绕组温升为 65℃，考虑最高环境温度为 40℃，则 65℃＋40℃＝105℃，这就是变压器绕组的极限工作温度。

除额定值外，铭牌上还标有变压器的相数、联结组、接线图、短路电压百分值、变压器的运行及冷却方式等。为了考虑运输和吊心，还标有变压器的总重、油重和器身的质量等。

［例 2—1］　变压器参数的简单计算。

有一台三相油浸式（自冷）电力变压器，$S_N = 500$ kVA，接法为 Y 联结，d11 联结（高压为星形、低压为三角形接法），一次侧、二次侧额定电压 $U_{1N} = 10\ 000$ V、$U_{2N} = 400$ V。求：$I_{1N}$，$I_{2N}$，$K$ 值。

**解**

$$I_{1N} = \frac{S_N}{\sqrt{3} U_{1N}} = \frac{500 \times 10^3}{\sqrt{3} \times 10^4} = 28.87 \text{ A}$$

$$I_{2N} = \frac{S_N}{\sqrt{3} U_{2N}} = \frac{500 \times 10^3}{\sqrt{3} \times 400} = 721.71 \text{ A}$$

变压器的变比：

$$K = \frac{U_{1\phi}}{U_{2\phi}} = \frac{10\ 000/\sqrt{3}}{400} = 14.43$$

注意：当求三相变压器变比 $K$ 时，如果一次侧、二次侧都是 Y 联结，或都是△联结时，可以和单相变压器中一样求解，即 $K = U_{1N}/U_{2N}$。如果一次侧、二次侧联结不一样，一个是 Y 联结，另一个是△联结，则应把 Y 联结的相电压与△联结的线电压相比较。

**7. 冷却方式**

电力变压器绕组和铁心在运行中，虽然效率可高达 99%，但还是有部分损耗的电能转化成热能，使变压器的铁心和绕组的温度升高。温度越高，绝缘老化越快。当绝缘老化到一定程度时，在运行中由于振动和电动力的作用，绝缘容易破裂，易发生电气击穿而造成故障。运行温度直接影响到变压器的输出容量、安全和使用寿命。因此必须有效地对运行中的变压器铁心和绕组进行冷却。我国生产的多种系列电力变压器，多数采用油浸式冷却，根据容量不同，可分成下列几种：

| 冷却方式名称 | 说明 | 图示 |
| --- | --- | --- |
| 油浸自冷式(ONAN) | 主要有 SJ 系列和 SJL 系列(铝线)。冷却方式：当变压器运行时油温上升，根据热油上升、冷油下降原理形成自然对流，流动的油将热量传给油箱体和外侧的散热器，然后依靠空气的对流传导将热量向周围散发，从而达到冷却效果 | 散热器 |
| 油浸风冷式(ONAF) | 主要有 SP 系列，其结构如右图所示。冷却方式：在油浸自冷式的基础上，在油箱壁或散热管上加装风扇，利用吹风机帮助冷却。而且风力可调，以适用于短期过载。加装风冷后可使变压器的容量增加 30%～35%。多应用于容量在 10 000 kVA 及以上的变压器 | 冷却风扇 |
| 强迫油循环风冷式(OFAF) | 主要有 SFP 系列。冷却方式：在油浸自冷式的基础上，利用油泵强迫油循环，并且在散热器外加风扇风冷，以提高散热效果 | |
| 强迫油循环水冷式(OFWF) | 主要有 SSP 系列。冷却方式：在油浸自冷式的基础上，利用油泵强迫油循环，并且利用循环水作冷却介质，提高了散热效果 | |

**8. 电力变压器分类**

电力变压器按不同的分类方式可分为不同的种类。如按冷却方式进行分类，电力变压器可分为油浸式变压器（常用于大、中型变压器）、风冷式变压器（强迫油循环风冷，用于大型变压器）、自冷式变压器（空气冷却，用于中、小型变压器）、干式变压器（用于安全防火要求较高的场合，如地铁、机场及高层建筑等）。

# 任务 2　三相变压器的首尾端判别与常见故障处理

1. 了解三相变压器的联结组别和极性的重要性；
2. 掌握三相变压器首尾端判别的方法；
3. 学会三相变压器常见故障的处理方法。

## 工作任务

正弦交流电目前几乎都是以三相交流系统进行传输和使用，和单相系统一样，在传输和使用中，经常需要将某一电压等级的三相交流电能转换为同频率的另一电压等级的三相交流电能，这时就需要使用三相变压器来完成。

本任务将完成三相变压器连接组别和首尾端的判别，学习三相变压器的基本知识及常见故障的处理方法。

## 一、三相变压器联结组别的判别训练

常用的联结组别可分成 Y，y 和 Y，d 两类接法，下面分别介绍它们的判别方法。

**1. Y，y 联结判别训练**

知道变压器的绕组联结图及各相一次侧、二次侧的同名端，Y，y0 联结的判别步骤如下：

| 步骤 | 说明 | 图示 |
| --- | --- | --- |
| 标示各相电压方向 | 在接线图中标出每个相线电压的正方向，如一次侧和二次侧都指向各自的首端即 1U、2U | 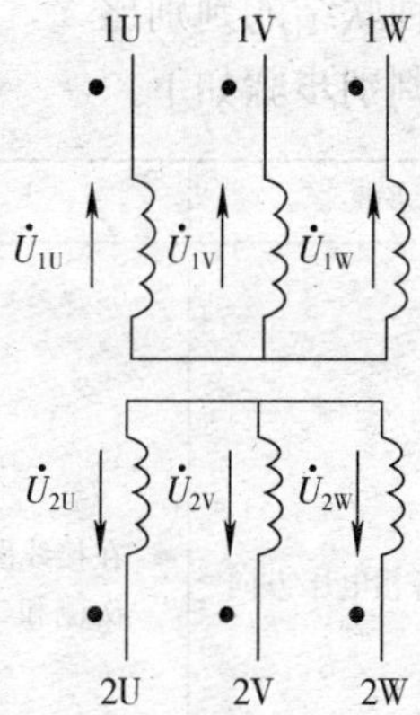 |
| 画一次绕组相电压及 UV 间线电压 $\dot{U}_{1U,1V}$ 相量图 | 画出一次绕组相电压相量图 $\dot{U}_{1U}$、$\dot{U}_{1V}$、$\dot{U}_{1W}$，最好按书中方位画，这样画出的线电压 $\dot{U}_{1U,1V}=\dot{U}_{1U}-\dot{U}_{1V}$，$\dot{U}_{1U,1V}$ 正巧在钟表“12”的位置，不用再移动了 | 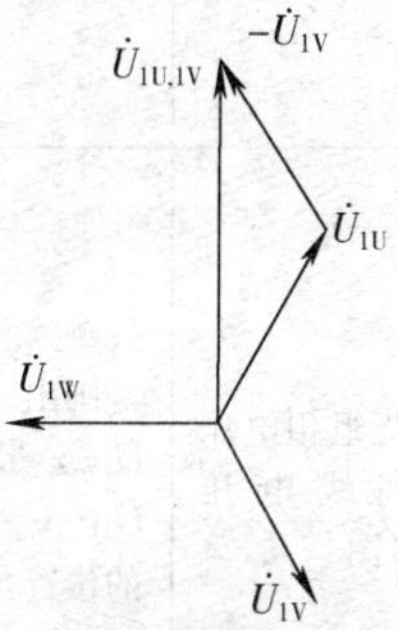 |
| 画二次绕组相电压及 UV 间线电压 $\dot{U}_{2U,2V}$ 相量图 | 画出二次侧绕组的线电压相量图，由接线图中的同名端可判断出 $\dot{U}_{2U}$、$\dot{U}_{2V}$、$\dot{U}_{2W}$ 和一次侧的电动势 $\dot{U}_{1U}$、$\dot{U}_{1V}$、$\dot{U}_{1W}$ 是同相位（即同极性），所以它的相量图也和一次侧一样，画出 $\dot{U}_{2U,2V}=\dot{U}_{1U}-\dot{U}_{1V}$ | 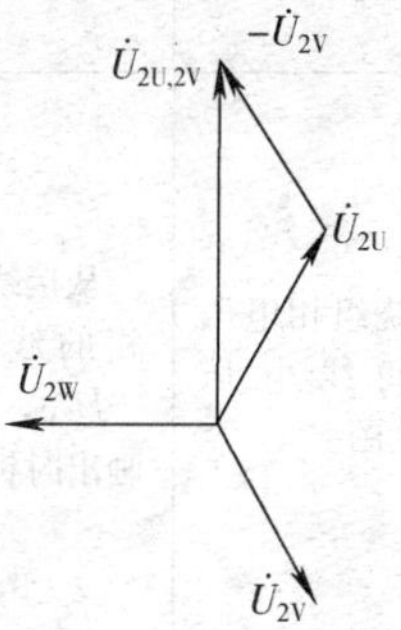 |
| $\dot{U}_{1U,1V}$ 与 $\dot{U}_{2U,2V}$ 相量的时钟表示 | 画出时钟的钟点，只要把一次侧的 $\dot{U}_{1U,1V}$ 放在“12”点，再把二次侧的 $\dot{U}_{2U,2V}$ 作为短针放上去即可，很明显二次侧是 12 点，也就是 0 点，所以该联结组是 Y，y0 联结组 | 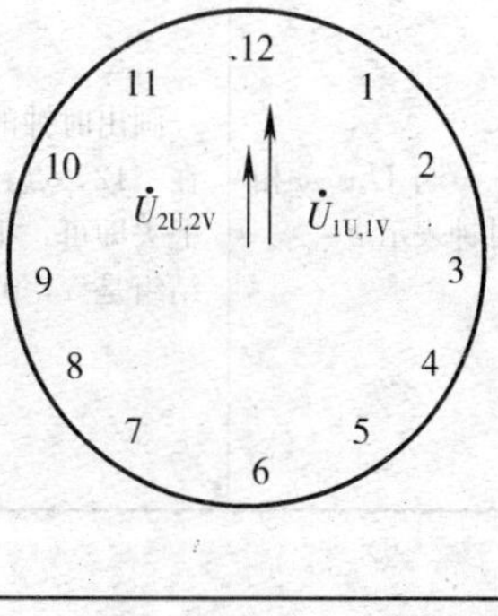 |

**2. Y，d 联结判别训练**

这种联结的判别比 Y，y 接法稍难一点，主要是二次侧线电动势相量比较难找。Y，d11 联结的判别步骤如下：

| 步骤 | 说明 | 图示 |
| --- | --- | --- |
| 标示各相电压方向 | 在接线图中标出每个相线电压的正方向，如一次侧和二次侧都指向各自的首端即 1U、2U | 1U 1V 1W $\dot{U}_{1U}$ $\dot{U}_{1V}$ $\dot{U}_{1W}$ $\dot{U}_{2U}$ $\dot{U}_{2V}$ $\dot{U}_{2W}$ 2U 2V 2W |
| 画一次绕组相电压及 UV 间线电压 $\dot{U}_{1U,1V}$ 相量图 | 画出一次侧绕组相电压相量图 $\dot{U}_{1U}$、$\dot{U}_{1V}$、$\dot{U}_{1W}$，最好按书中方位画，这样画出的线电压 $\dot{U}_{1U,1V}=\dot{U}_{1U}-\dot{U}_{1V}$，$\dot{U}_{1U,1V}$ 正巧在钟表“12”的位置，不用再移动了 | $\dot{U}_{1U,1V}$ $-\dot{U}_{1V}$ $\dot{U}_{1U}$ $\dot{U}_{1W}$ $\dot{U}_{1V}$ |
| 画二次绕组相电压及 UV 间线电压 $\dot{U}_{2U,2V}$ 相量图 | 从接线图中找出二次侧线电压 $\dot{U}_{2U,2V}$ 与哪个相的线电压相等，由图中找到 $\dot{U}_{2U,2V}=-\dot{U}_{2V}$，即 $\dot{U}_{2U,2V}$ 的方向指向“11”，所以可画出时钟图 | $\dot{U}_{2U}$ $\dot{U}_{2U,2V}$ $\dot{U}_{2V}$ $\dot{U}_{2W}$ |
| $\dot{U}_{1U,1V}$ 与 $\dot{U}_{2U,2V}$ 相量的时钟表示 | 画出时钟的钟点，只要把一次侧的 $\dot{U}_{1U,1V}$ 放在“12”点，再把二次侧的 $\dot{U}_{2U,2V}$ 作为短针放上去即可，很明显二次侧是 11 点，所以该联结组是 Y，d11 联结组 | 12 1 2 3 4 5 6 7 8 9 10 11 $\dot{U}_{2U,2V}$ $\dot{U}_{1U,1V}$ |

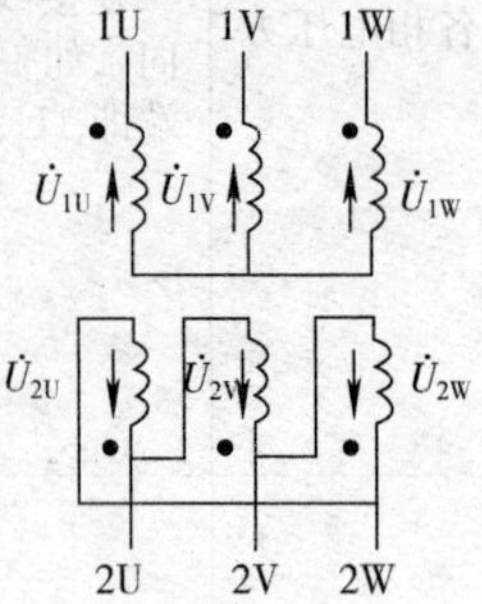

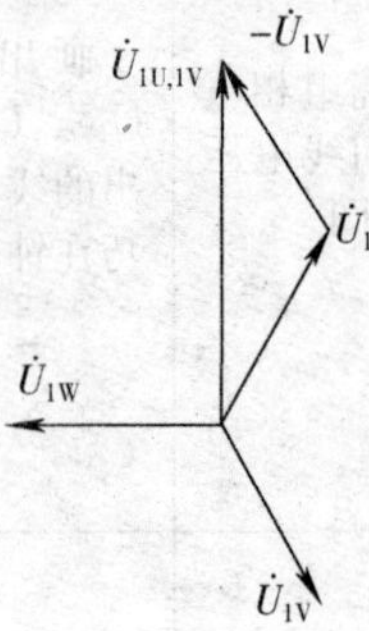

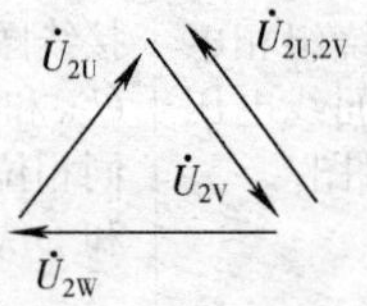

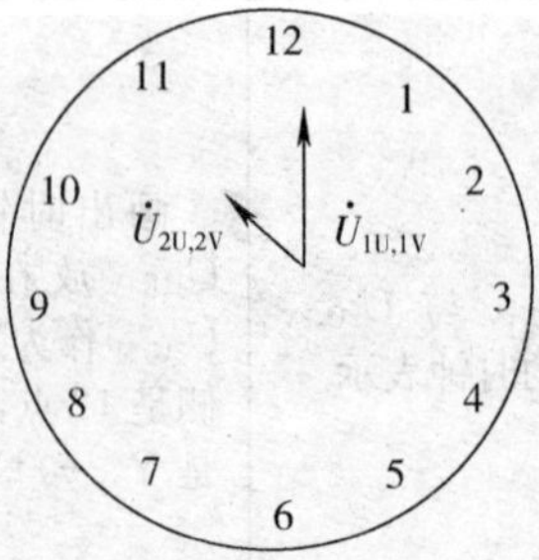

## 二、三相绕组的首尾判别训练

三相绕组之间有个首尾判别问题，判别的准则是：磁路对称，三相总磁通为零。如果一次侧一相首尾接错，会破坏三相磁通的相位平衡，即 $\dot{\Phi}_{总} \neq 0$，结果磁通就不能从铁心中返回，而要从空气和油箱中绕走，这就使磁阻大大增加，使空载电流也随之增加，后果是严重的，所以绝不允许接错首尾。只有正确判别了三相绕组的首尾，才可进一步探讨三相绕组的联结方法。在实际中，判别三相绕组首尾的方法有直流法和交流法，在此只对直流法进行介绍。

**1. 一次绕组首尾端判别**

| 判别步骤 | 说明 | 图示 |
| --- | --- | --- |
| 分相设定标记 | 首先用万用表电阻挡测量 12 个出线端间通断情况及电阻值大小，找出三相高压绕组。假定标记为 1U1、1V1、1W1、1U2、1V2、1W2 | 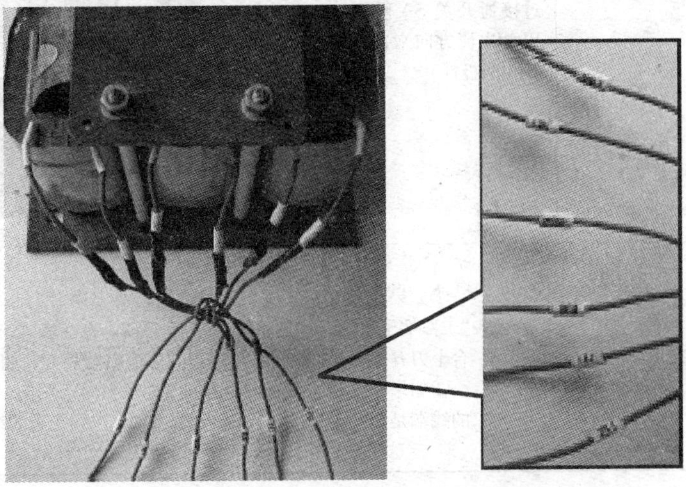 |
| 定出 V 相首尾并通过电路判别 U 相首尾 | 将一个 1.5 V 的干电池（用于小容量变压器）或 2～6 V 的蓄电池（用于电力变压器）和刀开关 SA 接入三相变压器高压侧任一相中（1V1 接干电池的“+”并定为首端，开关的一端接“−”极，1V2 接开关的另一端并定为尾端）；W 相悬空，然后将万用表打至直流 500 mA 挡来测量 U 相电流的方向，并通过接通开关 SA 瞬间 U 相电流方向来判断其相间极性 | 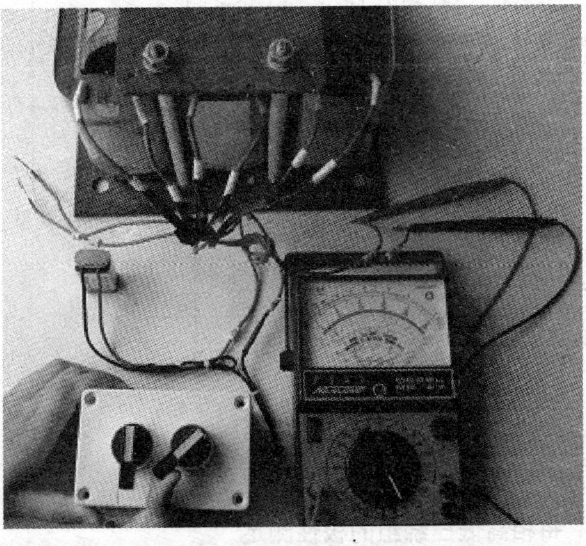 |

续表

| 判别步骤 | 说明 | 图示 |
| --- | --- | --- |
| 判别W相首尾 | 方法与上述相同，只是将上述的U相与W相调换操作。即将U相悬空，然后将万用表打至直流500 mA挡来测量W相电流的方向，并通过接通开关SA瞬间W相电流方向来判断其相间极性 | |
| 判别方法 | ①如果在合上刀开关SA的瞬间，两表同时向正方向（右方）摆动，则接在直流电流表“+”端子上的线端是相尾1U2和1W2，接在表“－”端子上的线端是相首1U1和1W1，在合上刀开关SA的瞬间各相绕组的感应电动势方向如图2—3所示<br>②如果在合闸的瞬间，两表同时向反方向（左向）摆动时，则接在直流表的“+”端子上的线端是相首1U1和1W1，接在表“－”端子上的线端是相尾1U2和1W2，如图2—4所示 | |

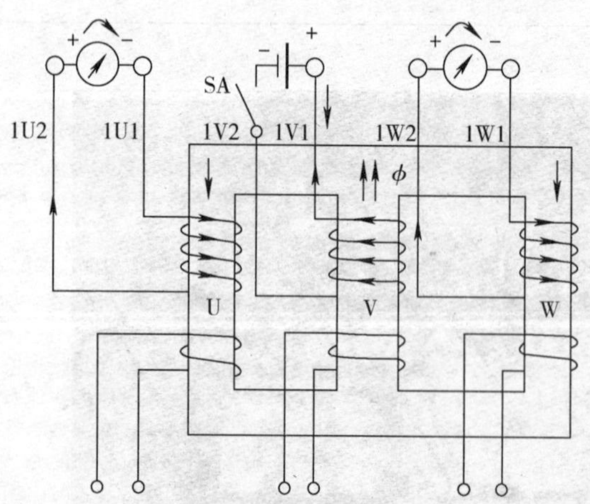

图2—3　直流法测定三相变压器首尾（正摆）

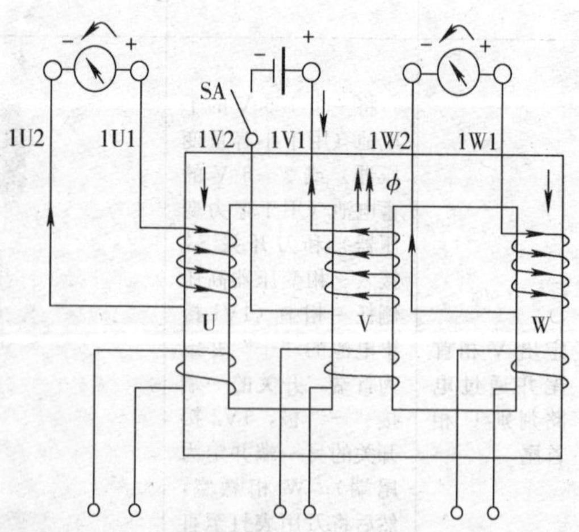

图2—4　直流法测定三相变压器首尾（反摆）

**2. 每相高低压绕组的极性测定**

每相高低压绕组的极性测定与测定单相变压器极性的方法完全相同。

## 三、三相变压器常见故障处理

### 1. 三相变压器常见故障的检查

| 检查项目 | 图示 | 说明 |
| --- | --- | --- |
| 绕组开路检查 | 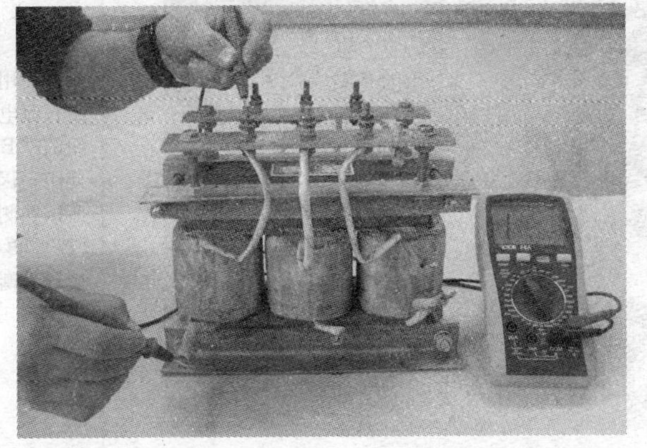 | 通过万用表的电阻挡测量绕组的直流电阻值。看电阻值是否等于∞来判断绕组是否开路。图中测量到该相绕组为开路现象 |
| |  | 图中测量到该相绕组直流电阻为 6.1 Ω，该相不存在开路现象 |
| 绕组短路检查 | 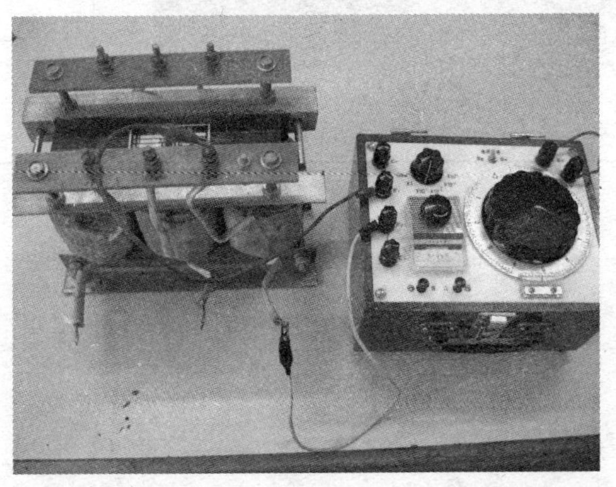 | 当绕组出现短路时，其直流电阻值为零，而绕组出现匝间局部短路时其故障相的直流电阻值与其余相相比明显变小<br>但是大功率变压器或变压器低压端的绕组的直流电阻很小，也许无法用万用表进行测量判别，这时就应该使用电桥来测量 |

续表

| 检查项目 | 图示 | 说明 |
| --- | --- | --- |
|  | 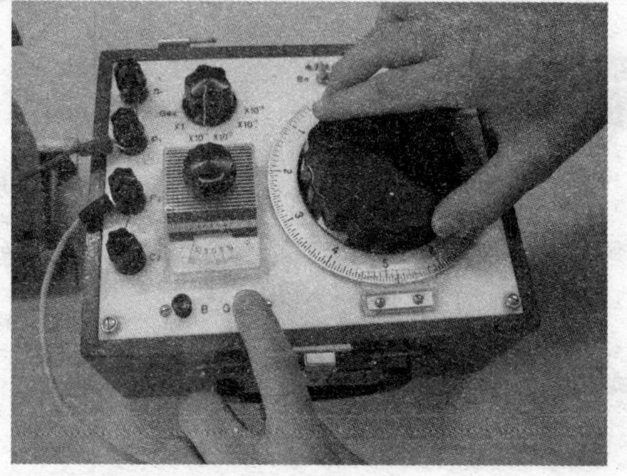 | 在使用电桥测量变压器绕组直流电阻时应注意测试按钮的“B”和“G”的正确使用。因变压器是感性的，所以在测量时要先锁定按钮“B”，再按住按钮“G”并旋转平衡旋钮寻找电桥平衡点 |
| 绝缘性能的检查 | 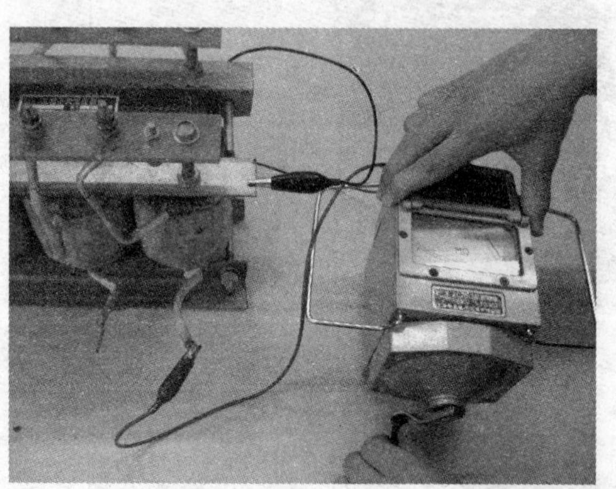 | 绝缘性能的指标项目较多，绝缘电阻是一项重要的指标，在此使用兆欧表对三相变压器的各相间及各相与外壳间的绝缘电阻进行测量，通过测量所得绝缘电阻值来判断变压器是否有漏电或受潮现象（大于 1 MΩ） |

## 2. 三相变压器常见故障的种类、现象、产生原因及处理

5. 铁心多点接地或接地不良

| | |
|---|---|
| 故障现象 | （1）高压熔断器熔断<br>（2）铁心发热、油温升高、油色变黑<br>（3）气体继电器动作 |
| 故障原因 | （1）铁心与穿心螺杆间的绝缘老化，引起铁心多点接地<br>（2）铁心接地片断开<br>（3）铁心接地片松动 |
| 处理方法 | （1）更换穿心螺杆与铁心间的绝缘套管和绝缘衬垫<br>（2）更换新接地片或将接地片压紧 |

6. 绝缘套管闪络

| | |
|---|---|
| 故障现象 | （1）高压熔断器熔断<br>（2）绝缘套管表面有放电痕迹 |
| 故障原因 | （1）绝缘套管表面积灰脏污<br>（2）绝缘套管有裂纹或破损<br>（3）绝缘套管密封不严，绝缘受损<br>（4）绝缘套管间掉入杂物 |
| 处理方法 | （1）清除绝缘套管表面的积灰和脏污<br>（2）更换绝缘套管<br>（3）更换绝缘封垫<br>（4）清除杂物 |

7. 分接开关烧损

| | |
|---|---|
| 故障现象 | （1）高压熔断器熔断<br>（2）油温升高<br>（3）触点表面产生放电声<br>（4）变压器油发出“咕嘟”声 |
| 故障原因 | （1）动触头弹簧压力不够或过渡电阻损坏<br>（2）开关配备不良，造成接触不良<br>（3）绝缘板绝缘性能变劣<br>（4）变压器油位下降，使分接开关暴露在空气中<br>（5）分接开关位置错位 |
| 处理方法 | （1）更换或修复触头接触面，更换弹簧或过渡电阻<br>（2）按要求重新装配并进行调整<br>（3）更换绝缘板<br>（4）补注变压器油至正常油位 |

8. 变压器油变劣

| | |
|---|---|
| 故障现象 | 油色变暗 |
| 故障原因 | （1）变压器故障引起放电造成变压器油分解<br>（2）变压器油长期受热氧化使油质变劣 |
| 处理方法 | 对变压器油进行过滤或换新油 |

变压器的常见故障很多，究其原因可分为两类：一是因为电网、负载的变化使变压器不能正常工作，如变压器过负荷运行，电网发生过电压，电源品质差等原因；二是变压器内部元件发生故障，减低了变压器的工作性能，使变压器不能正常工作。

变压器短时过负载及处理原则如下：

(1) 解除音响报警，汇报值班长，并做好记录。

(2) 及时调整运行方式，调整负荷的分配，如有备用变压器，应立即投入。

(3) 如属正常过负荷，可根据正常过负荷的倍数确定允许运行时间，并加强监视油位、油温，不得超过允许值，若过负荷超过允许时间，则应立即减小负荷。

(4) 如属事故过负荷，则过负荷的允许倍数和时间应依制造厂的规定执行。若过负荷倍数及时间超过允许值，应按规定减小变压器的负荷。

(5) 过负荷运行时间内，应对变压器及其有关系统进行全面检查，若发现异常应汇报处理。

**任务小结**

本任务主要学习三相变压器联结组别和绕组首尾端的判别方法、常见故障及其处理方法，进一步了解三相变压器的工作原理、联结组别和极性的重要性，提高对三相变压器检测、维修技能和故障判别分析能力。

## 一、三相变压器磁路

正弦交流电能几乎都以三相交流系统进行传输和使用，要将某一电压等级的三相交流电能转换为同频率的另一电压等级的三相交流电能，可用三相变压器来完成。三相变压器按磁路系统可分为三相组合式变压器和三相芯式变压器。

三相组合式变压器是由三台单相变压器按一定连接方式组合而成的，其特点是各相磁路各自独立而互不相关，如图 2—5 所示。

三相芯式变压器是三相共用一个铁心的变压器，其特点是各相磁路互相关联，如图 2—6 所示。它有三个铁心柱，供三相磁通 $\dot{\Phi}_U$、$\dot{\Phi}_V$、$\dot{\Phi}_W$ 分别通过。在三相电压平衡时，磁路也是对称的，总磁通 $\dot{\Phi}_{总}=\dot{\Phi}_U+\dot{\Phi}_V+\dot{\Phi}_W=0$，所以就不需要另外的铁心来供 $\dot{\Phi}_{总}$ 通过，可以省去中间的铁心，类似于三相对称电路中省去中线，这样就大量节省了铁心的材料（见图 2—6b）。在实际的应用中，把三相铁心布置在同一平面上（见图 2—6c），由于中间铁心磁路短一些，造成三相磁路不平衡，使三相空载电流也略有不平衡，但形成的空载电流 $I_0$ 很小，影响不大。由于三相芯式变压器体积小，经济性好，所以被广泛应用。但变压器铁心必须接地，以防产生感应电压或漏电。而且铁心只能有一点接地，以免形成闭合回路，产生环流。

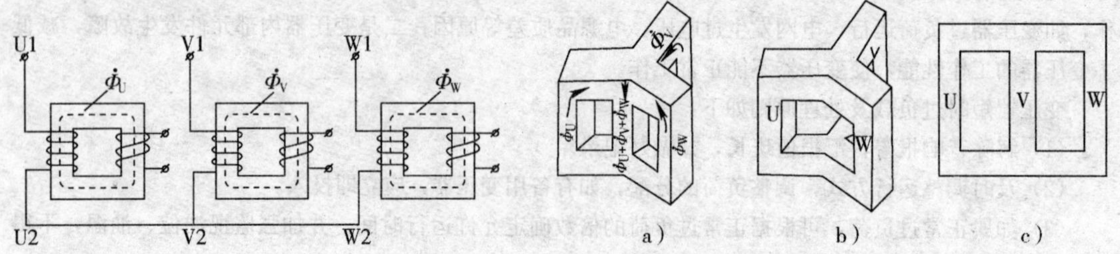


图 2—5　三相组合式变压器的磁路系统　　图 2—6　相芯式变压器的磁路系统

## 二、三相芯式变压器绕组的连接

如果将三个高压绕组或三个低压绕组连成三相绕组，有两种基本连接——星形（Y）联结和三角形（△）联结。

### 1. 星形（Y）联结

星形联结是将三个绕组的末端连在一起，接成中性点，再将三个绕组的首端引出箱外，其接线如图 2—7a 所示。如果中性点也引出箱外，则称为中点引出箱外的星形联结，以符号“YN”表示。

### 2. 三角形（△）联结

三角形联结是将三个绕组的各相首尾相接构成一个闭合回路，把三个连接点接到电源上去，如图 2—7b，c 所示。因为首尾连接的顺序不同，可分为正相序（见图 2—7b）和反相序（见图 2—7c）两种接法。

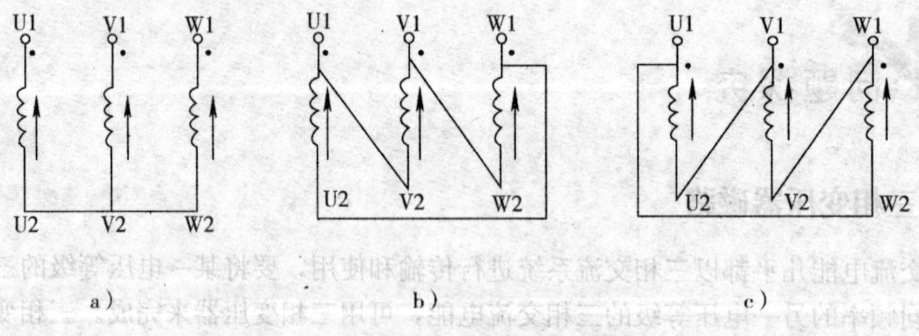


图 2—7　三相变压器绕组连接

不管是三角形联结还是星形联结，如果一次侧有一相首尾接反了，三相磁通就不对称，会引起空载电流 $I_0$ 急剧增加，产生严重事故，这是不允许的。如图 2—8 所示，给出了三相磁通不对称时的磁路和磁通相量图。

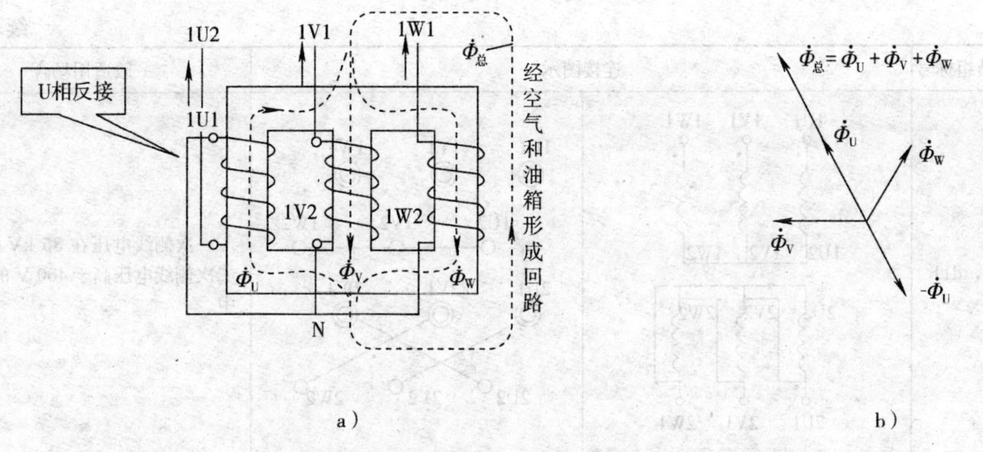


图 2—8　三相磁通不对称时的路径（一次侧一相接反）和磁通相量图

## 三、三相芯式变压器绕组的联结组别

变压器的一次、二次绕组，根据不同的需要可以有三角形联结或星形联结两种接法，一次绕组三角形联结用 D 表示，星形联结用 Y 表示，有中线时用 YN 表示；二次绕组分别用小写 d、y 和 yn 表示。一次、二次绕组不同的接法，形成了不同的联结组别，也反映出不同的一次、二次的线电压之间的相位关系。为表示这种相位关系，国际上采用了时钟表示法的联结组标号予以区分：把一次侧线电压相量定为钟表长针，永远指向 12 点的位置；相对应二次侧线电压相量为短针，它指向几点钟，就是联结组别的标号。

如 Y，d11 表示高压边为星形联结，低压边为三角形联结，一次侧线电压落后二次侧线电压相位 30°。虽然联结组别有许多，但为了便于制造和使用，国家标准规定了五种常用的联结组。

| 联结组标号 | 连接图示 | | 一般适用场合 |
|---|---|---|---|
| Y，yn0 | 1U1 1V1 1W1<br>1U2 1V2 1W2<br>2U2 2V2 2W2<br>2U1 2V1 2W1 N | 1U1 1V1 1W1<br>1U2 1V2 1W2<br>2U1 2V1 2W1<br>2U2 2V2 2W2 N | 三相四线制供电，即同时有动力负载和照明负载的场合 |

续表

| 联结组标号 | 连接图示 | | 一般适用场合 |
|---|---|---|---|
| Y，d11 | 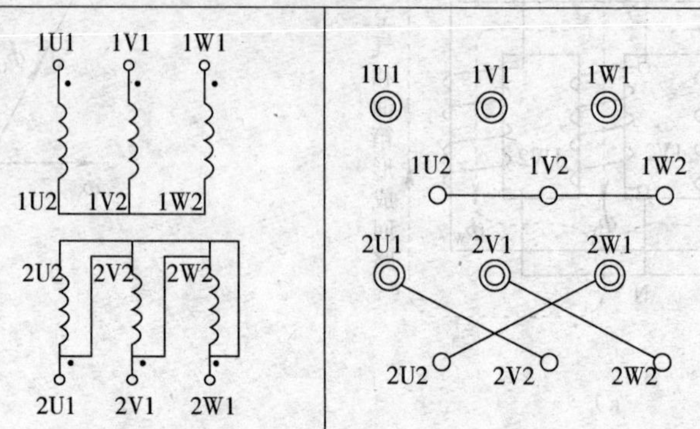 1U1 1V1 1W1<br>1U2 1V2 1W2<br>2U2 2V2 2W2<br>2U1 2V1 2W1 | 1U1 1V1 1W1<br>1U2 1V2 1W2<br>2U1 2V1 2W1<br>2U2 2V2 2W2 | 一次侧线电压在 35 kV 以下，二次侧线电压高于 400 V 的线路中 |
| YN，d11 | 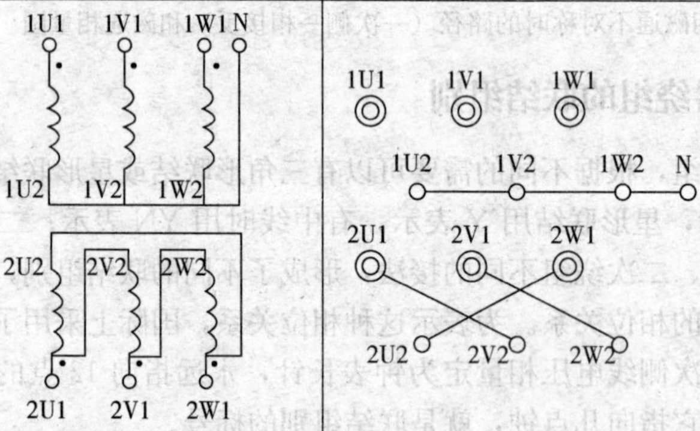 1U1 1V1 1W1 N<br>1U2 1V2 1W2<br>2U2 2V2 2W2<br>2U1 2V1 2W1 | 1U1 1V1 1W1<br>1U2 1V2 1W2 N<br>2U1 2V1 2W1<br>2U2 2V2 2W2 | 一次侧线电压在 110 kV 以上的，中性点需要直接接地或经阻抗接地的超高压电力系统 |
| YN，y0 | 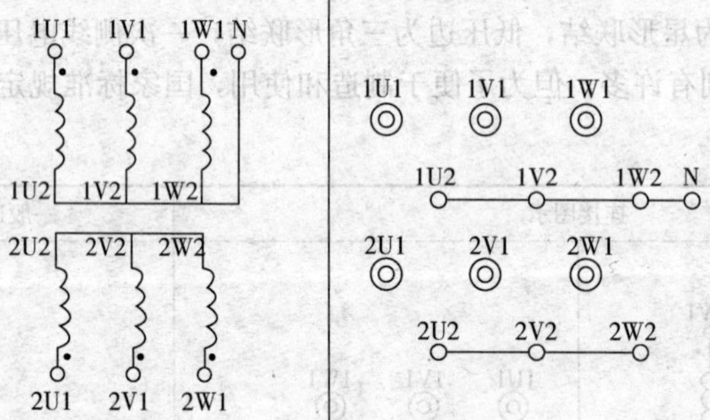 1U1 1V1 1W1 N<br>1U2 1V2 1W2<br>2U2 2V2 2W2<br>2U1 2V1 2W1 | 1U1 1V1 1W1<br>1U2 1V2 1W2 N<br>2U1 2V1 2W1<br>2U2 2V2 2W2 | 高压中性点需接地场合 |
| Y，y0 | 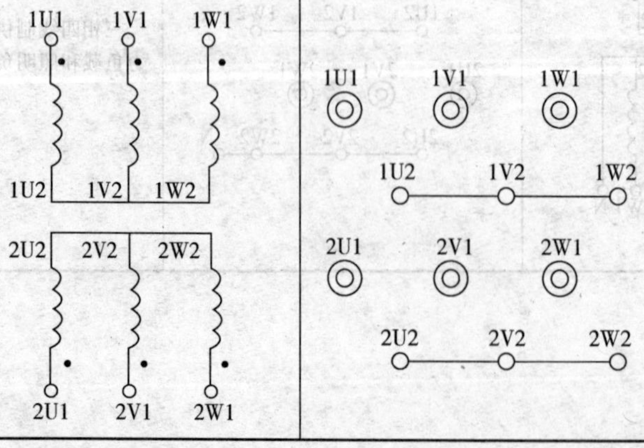 1U1 1V1 1W1<br>1U2 1V2 1W2<br>2U2 2V2 2W2<br>2U1 2V1 2W1 | 1U1 1V1 1W1<br>1U2 1V2 1W2<br>2U1 2V1 2W1<br>2U2 2V2 2W2 | 三相动力负载 |

课题三

# 特殊变压器的认识与检修

## 任务1　互感器的认识

### 学习目标

1. 了解电流互感器和电压互感器的用途、结构和各自的特性；

2. 掌握电流互感器和电压互感器的使用方法及其注意事项；

3. 学会正确使用电流互感器和电压互感器的方法，学会区分电流互感器和电压互感器的特性。

### 工作任务

要做一个直接测量大电流、高电压的仪表是很困难的，操作起来也是十分危险的。利用变压器能改变电压和电流的功能，制造出特殊的变压器——互感器（或称仪用变压器）。把高电压变成低电压，就是电压互感器；把大电流变成小电流，就是电流互感器。利用互感器使测量仪表与高电压、大电流隔离，从而保证仪表和人身的安全，又可大大减少测量中能量的损耗，扩大仪表量限，便于仪表的标准化。因此，仪表用变压器被广泛应用于交流电压、电流、功率的测量中，以及各种继电保护和控制电路中。

本任务将完成漏电开关的拆卸工作，从中认识电流互感器所起的作用。

## 任务实施

| 拆装步骤 | 图示 | 说明 |
| --- | --- | --- |
| 准备一个漏电保护开关 |  | 准备一个漏电保护开关，因为漏电保护开关的漏电信号检测装置——零序电流互感器就是电流互感器。因此本任务是通过拆卸漏电保护器来认识其中的零序电流互感器 |
| 外壳拆卸 | 锁紧螺钉 | 松开漏电开关外壳上的两个锁紧螺钉 |
| 观察零序电流互感器在漏电开关中的位置及安装方法 | 互感器<br>一次绕组 | 拆开外壳后不难找到开关里的零序电流互感器。可以清楚地看到其一次绕组是由两根并行缠绕一圈的零线和火线构成 |

续表

| 拆装步骤 | 图示 | 说明 |
| --- | --- | --- |
| 测量零序电流互感器二次绕组的直流电阻值 | 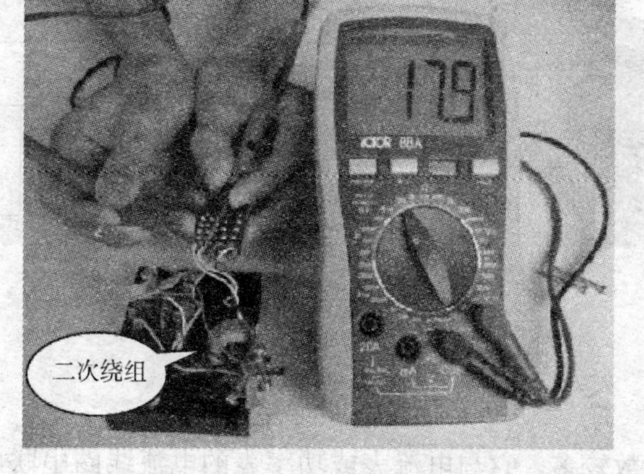 | 找到零序电流互感器的二次绕组的两个线端，用万用表的“200 Ω”挡测量其直流电阻值，左侧照片的测量结果是 17.9 Ω |
| 安装 | 安装的步骤与拆卸步骤相反，在此不再作描述 | |

漏电开关的工作原理是通过检测并行缠绕在零序电流互感器上的两根零线和火线电流的平衡度来识别被测线路是否漏电。在正常情况下零线和火线的电流大小相等、方向相反，因此它们在零序电流互感器铁心上产生的合磁通为零，此时互感器二次侧输出电压为零，保护电路不工作；当线路发生漏电时，零线和火线的电流大小不再相等，它们在零序电流互感器铁心上产生的合磁通不再为零，从而在其二次侧感应出一个电动势——漏电信号，该信号经放大处理后，驱动电磁脱扣装置切断电源而达到保护目的。

## 任务小结

本任务主要通过拆卸漏电开关的活动来认识、了解电流互感器的结构及特点；通过学习电流互感器和电压互感器的相关理论知识，懂得电流互感器和电压互感器的工作原理和正确的使用方法。

## 一、电流互感器

### 1. 电流互感器的结构和工作原理

电流互感器在结构上与普通双绕组变压器相似，也有铁心和一次、二次绕组，但它的一次绕组匝数只有一匝到几匝，导线很粗，串联在被测的电路中流过被测电流，被测电流的大小由用户负载决定，如图 3—1 所示。

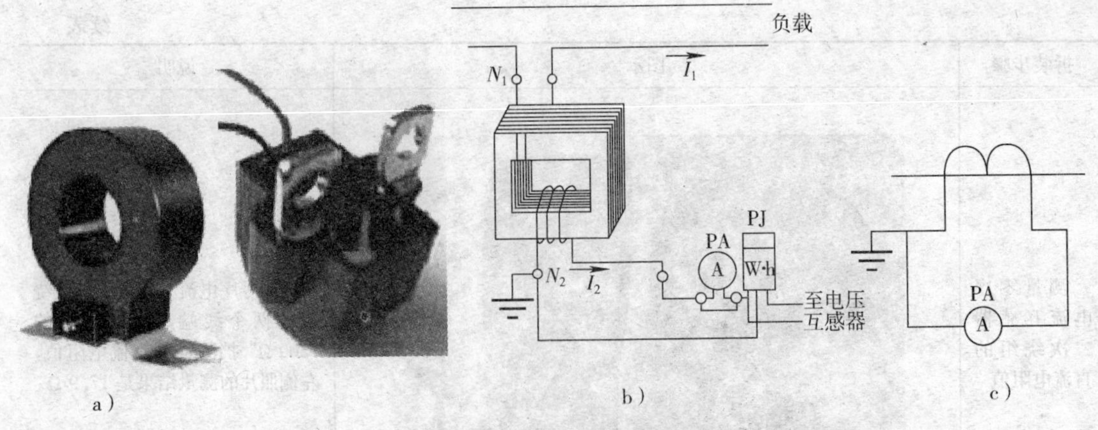


图 3—1 电流互感器

a）外形图 b）接线图 c）符号图

电流互感器的二次绕组匝数较多，它与电流表或功率表的电流线圈串联成为闭合电路，由于这些线圈的阻抗都很小，所以二次侧近似于短路状态。由于二次侧近似于短路，所以互感器的一次侧的电压也几乎为零。根据变压器的变流原理$\frac{I_1}{I_2}=\frac{N_2}{N_1}=K_\mathrm{I}$可知，一次侧被测大电流的数值等于二次侧所接电流表的读数，乘以电流互感器的额定变流比 $K_\mathrm{I}$。

**2. 电流互感器的选用**

电流互感器的选用可按额定变流比、额定容量、测量准确度、电压等级等几方面考虑。

（1）电流互感器二次侧的额定电流为 5 A（或 1 A），所接的电流表量程为 5 A（或 1 A），而一次侧的额定电流在 5～25 000 A，故应根据需要，选择合适的变流比。

（2）电流互感器的额定容量分为 5 VA，10 VA，15 VA，20 VA 几种。

（3）电流互感器的准确度等级有 0.2，0.5，1.0，3 和 10 五级，例如 0.5 级表示在额定电流时，误差最大不超过±0.5%，等级数字越大，误差越大。

（4）电流互感器的电压等级可分为 0.5 kV，10 kV，15 kV，35 kV 等，低电压测量均用 0.5 kV。

电流互感器的结构形式有干式、浇注绝缘式、油浸式等多种，如图 3—2 所示。

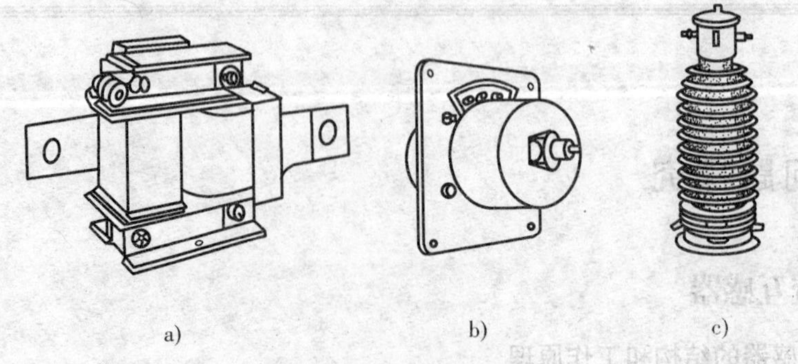


图 3—2 电流互感器的种类

a）干式 LQG—0.5 型 b）浇注绝缘式 LDZJ1—10 型 c）油浸式 LCWD2—110 型

电流互感器的型号格式如下：

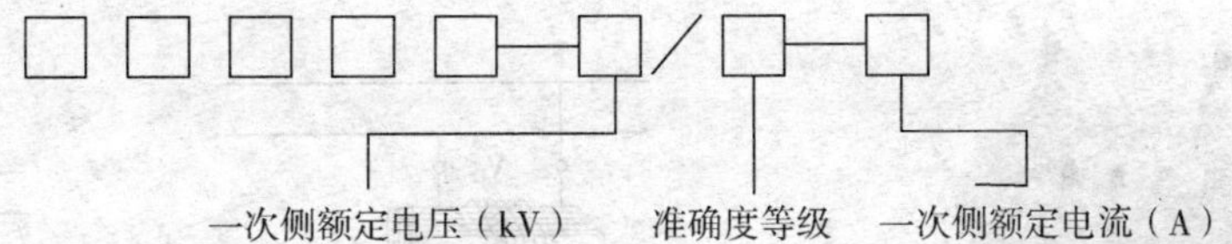


左起第一位字母 L 表示电流互感器；第二位字母：D 表示贯穿单匝式，F 表示贯穿复匝式，M 表示母线式，Q 表示绕组式，C 表示瓷箱式；第三位字母：Z 表示浇注绝缘，C 表示瓷绝缘，W 表示户外装置，K 表示塑料外壳式；第四位字母：D 表示差动保护，J 表示接地保护或加大容量；第五位数字表示设计序号。

例如，LFC—10/0.5—300 表示为一次侧电压等级为 10 kV 的贯穿复匝（即多匝）式瓷绝缘的电流互感器，被测电流额定值为 300 A，准确度等级为 0.5 级。

在选择电流互感器时，必须按它的一次侧额定电压、一次侧额定电流、二次侧额定负荷阻抗及要求的准确度等级选取，对一次侧额定电流应尽量选择相符的，如没有相符的，可以稍大一些。

### 安全提示

在使用电流互感器时，为了测量的准确和安全，应注意以下几点：

1. 电流互感器在运行中二次侧不得开路

运行中的电流互感器，由于二次侧电流的去磁作用，合成磁势是很小的，约为一次绕组磁势 $I_1N_1$ 的 0.5%，因而在铁心中的磁通密度和二次侧的感应电势都很低。若二次侧开路，二次电流的去磁作用消失，而一次电流不变，$I_1N_1$ 均用于激磁，使铁心中的磁通密度提高很多倍，磁路严重饱和，磁通的波形为平顶波，这种波形的磁通在过零时变化很快，因而在二次绕组中感应起很高的尖峰电动势 $e_2$，其峰值可达数千伏，可能造成绝缘击穿而损坏。另外，由于 $I_1N_1$ 产生很高的磁通密度，使铁心中的损耗也增大许多倍，带来铁心的过热，会使绝缘加速老化。因此，电流互感器的二次侧电路中，绝对不允许接熔断器；在运行中如果要拆下电流表，应先把二次侧短接才行。

2. 电流互感器的铁心和二次侧要同时可靠地接地，以免在高压绝缘击穿时危及仪表或人身的安全。

3. 电流互感器的一次、二次绕组有“+”“−”或“*”标记，表示同名端，当二次侧接功率表或电度表的电流线圈时，一定要注意极性。

4. 电流互感器的负荷大小，影响到测量的准确度，一定要二次侧的负荷阻抗小于要求的阻抗值，并且所用电流互感器的准确度等级比所接仪表的准确度等级高两级，以保证测量的准确度。

## 二、电压互感器

### 1. 电压互感器结构和工作原理

电压互感器的原理和普通降压变压器是完全一样的，不同的是它的变压比更准确；电压互感器的一次侧接有高电压，而二次侧接有电压表或其他仪表（如功率表、电能表等）的电压线圈，如图 3—3 所示。

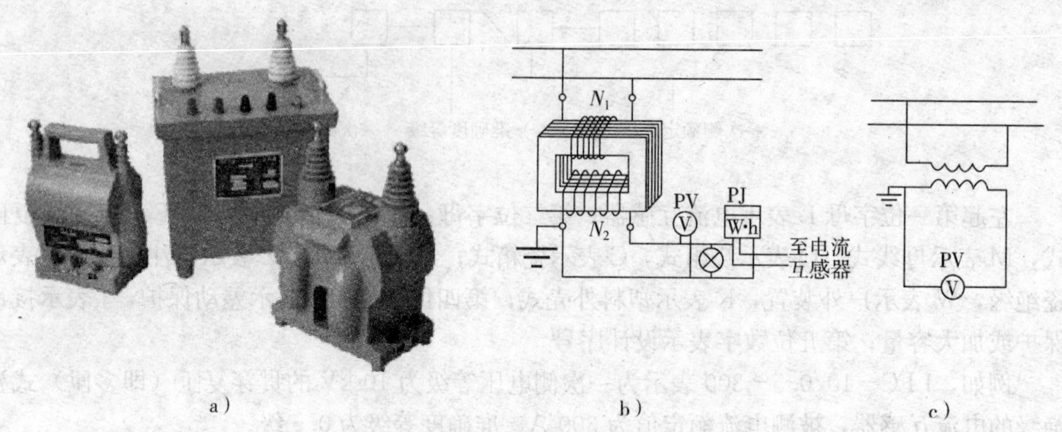

图 3—3　电压互感器

a）实物　b）接线图　c）符号图

因为负荷的阻抗很大，电压互感器近似运行在二次侧开路的空载状态，则有：

$$\frac{U_1}{U_2}=\frac{N_1}{N_2}=K$$

式中，$U_2$ 为二次侧电压表上的读数，只要乘以变比 $K$ 就是一次侧的高压电压值。

**2. 电压互感器的选用**

电压互感器的选用与电流互感器的选用类同，一般电压互感器二次侧额定电压都规定为 100 V，一次侧额定电压为电力系统规定的电压等级，这样做的优点是二次侧所接的仪表电压线圈额定值都为 100 V，可统一标准化。和电流互感器一样，电压互感器二次侧所接的仪表刻度实际上已经被放大了 $K$ 倍，可以直接读出一次侧的被测数值。

电压互感器和电流互感器相似，也有干式、浇注绝缘式、油浸式等多种，如图 3—4 所示。

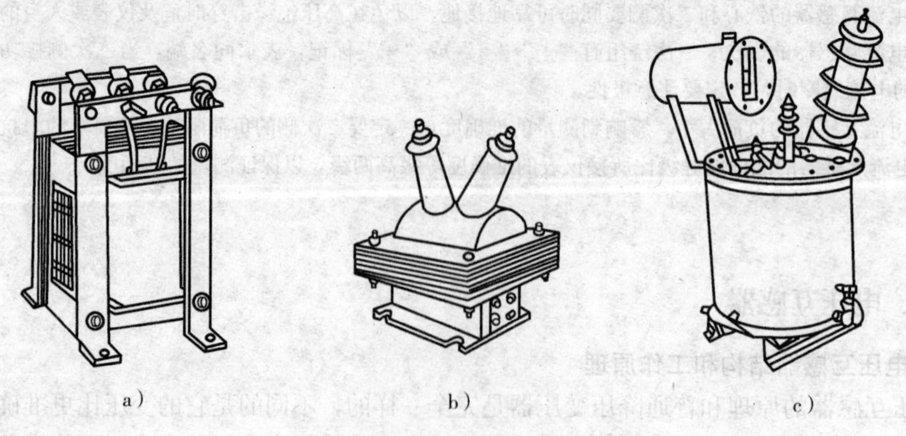

图 3—4　电压互感器的种类

a）干式 JDG－0.5 型　b）浇注绝缘式 JDZJ－10 型　c）油浸式 JDJJ－35 型

电压互感器的型号格式如下：

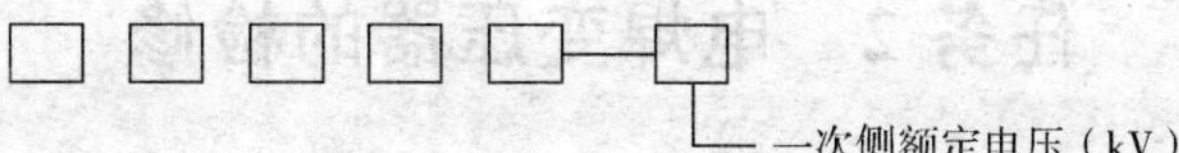


左起第一位字母J表示电压互感器；第二位字母：D表示单相，S表示三相，C表示串级式；第三位字母：J表示油浸式，G表示干式，Z表示浇注绝缘式；第四位字母：J表示接地保护；第五位数字表示设计序号。

例如，JDG－0.5型表示为单相干式电压互感器，额定电压为500 V。

电压互感器的准确度，由变比误差和相位误差来衡量，为了提高准确度，要求减少空载电流，降低磁路饱和程度，使用高质冷轧硅钢片。电压互感器的准确度可分为0.1，0.2，0.5，1.0，3.0五级。选择电压互感器时，应考虑：注意额定电压要符合所测电压值；注意二次侧负载电流总和不得超过二次侧额定电流，使它尽量接近空载运行状态。

## 三、电流互感器和电压互感器的比较

| 比较内容 | 电流互感器 | 电压互感器 |
|---|---|---|
| 二次侧 | 运行中二次侧不得开路，否则会产生高压，危及仪表和人身安全，因此二次侧不能接熔断器；运行中如要拆下电流表，必须先将二次侧短路才行 | 电压互感器运行中，二次侧不能短路，否则会烧坏绕组。为此，二次侧要装熔断器保护 |
| 接地 | 电流互感器的铁心和二次绕组一端要可靠接地，以免在绝缘破坏时带电而危及仪表和人身安全 | 铁心和二次绕组的一端要可靠接地，以防绝缘破坏时，铁心和绕组带高压电 |
| 连接方法 | 电流互感器的一次、二次绕组有“+”“−”或“*”的同名端标记，二次接功率表或电能表的电流线圈时，极性不能接错 | 二次绕组接功率表或电能表的电压线圈时，极性不能接错；三相电压互感器和三相变压器一样，要注意连接法，接错会造成严重后果 |
| 负荷 | 电流互感器二次侧负荷阻抗大小会影响测量的准确度，负荷阻抗的值应小于互感器要求的阻抗值，使互感器尽量工作在短路状态。并且所用互感器的准确度等级应比所接的仪表准确度高两级，以保证测量准确度。例如，一般板式仪表为1.5级，可配用0.5级电流互感器 | 电压互感器的准确度与二次侧的负荷大小有关，负荷越大，即接的仪表越多，二次侧电流就越大，误差也就越大。例如，JDG－0.5型电压互感器的最大容量为200 VA，当负荷为25 VA时，准确度为0.5级；负荷为40 VA时，为1级；负荷为100 VA时，为3级。与电流互感器一样，为了保证所接仪表的测量准确度，电压互感器要比所接仪表准确度高两级 |

# 任务 2　电焊变压器的检修

## 学习目标

1. 了解电焊变压器的工作原理及特性；
2. 掌握电焊变压器的正确使用方法；
3. 学会电焊变压器的故障检修技术。

## 工作任务

本任务将拆卸交流弧焊机，了解交流弧焊机中电焊变压器的基本结构，并学习电焊变压器的故障检修方法。

## 任务实施

### 一、交流弧焊机的拆卸

| 拆装步骤 | 图示 | 说明 |
|---|---|---|
| 准备一台交流弧焊机（BX3－120） | 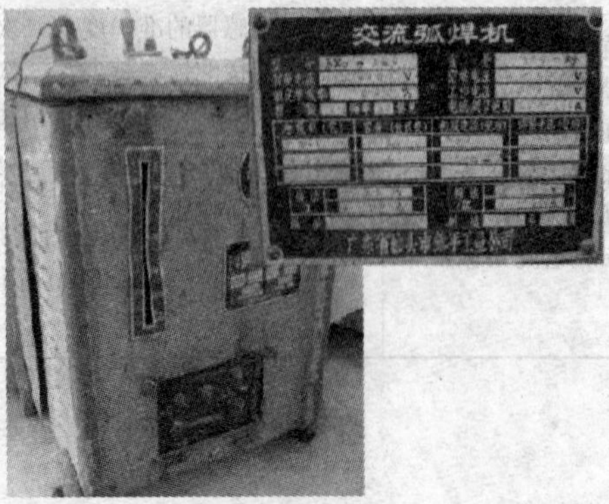  | 通过对交流弧焊机的拆卸来了解交流弧焊机的基本结构及工作原理。认真观察其外形，仔细查阅铭牌参数 |

续表

| 拆装步骤 | 图示 | 说明 |
| --- | --- | --- |
| 拆卸顶盖 |  | 用活扳手将输出电流调节摇把拆下，将顶盖四角的锁紧螺钉拆下后取下顶盖 |
| 拆卸前罩 |  | 用旋具将弧焊机的前罩螺钉松脱 |
| 取出前罩 |  | 待螺钉松脱后取出前罩，同时认真观察交流弧焊机的内部结构 |

续表

| 拆装步骤 | 图示 | 说明 |
| --- | --- | --- |
| 操作电流调节机构 | 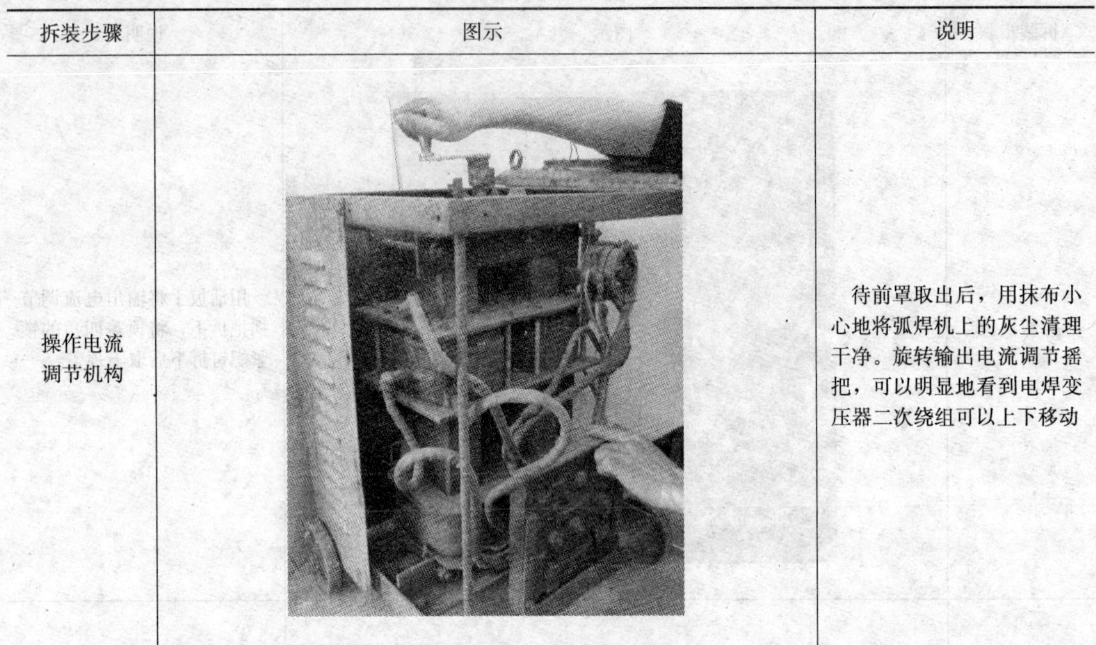 | 待前罩取出后，用抹布小心地将弧焊机上的灰尘清理干净。旋转输出电流调节摇把，可以明显地看到电焊变压器二次绕组可以上下移动 |

## 二、交流弧焊机的安装

交流弧焊机的安装步骤与拆卸步骤相反。

## 三、交流弧焊机的故障及处理

| 故障现象 | 故障原因 | 处理方法 |
| --- | --- | --- |
| 弧焊变压器过载或导线接线处过热 | 弧焊变压器过载，如用小容量焊机焊接大工件，焊条粗、钢材厚度大，电流调节大 | 对过载使用的弧焊机，应进行调整，应按不同容量的弧焊机焊接其规定范围内的工件，避免“小马拉大车”而过载 |
| | 弧焊变压器绕组短路未发觉，继续使用使变压器过热 | 如属弧焊变压器绕组短路，应拆开弧焊机取出绕组，进行检测找出短路处。若短路在绕组外几层，先将绕组预烘后，将外层几匝绕圈放开或撬松，清除老化的旧绝缘物，包上规定层数的新绝缘带，如玻璃丝带、5438－1 粉云母带等，将外几层绕圈复位且绑扎紧，预烘、浸漆和烘干合格，再组装好 |
| | 接线处螺钉松动或腐蚀，使接触处电阻过大，造成导线发热 | 若为弧焊机导线接触处螺栓松动，则用扳手拧紧；若螺栓、螺母锈蚀或乱扣，应更换同规格的新螺栓、螺母且拧紧 |

续表

| 故障现象 | 故障原因 | 处理方法 |
|---|---|---|
| 焊接电流不稳定，引弧难或电弧不稳定 | 电流调节失灵，使电流不稳定，主要是控制绕组有短路故障，其次是控制回路接触不良等（直流弧焊机） | 检查控制机组，如有短路处应及时修复；同时将控制回路接触不良故障排除或更换击穿的硅元件，使电流调节正常、灵活 |
| | 在焊接过程中交流焊机动铁心位置不稳定，出现相对移动 | 检查焊机动铁心的调节手柄和动铁心固定情况，如发现有松动，则加以固定 |
| | 整流器式直流弧焊机，可能因接触器或风压开关抖动，造成电流波动不稳 | 检查整流器式弧焊机主控制回路接触器，加以紧固，消除其抖动；同时检查风压开关紧固情况，也消除它的抖动；仔细检查控制回路，如发现元件有接触不良，及时排除 |
| | 交、直流弧焊机的弧焊变压器空载电压低（低于60 V），造成电弧不稳定和引弧困难 | 检查电源电压是否正常；绕组有无局部短路等现象；整流器是否单边开路 |
| 焊接输出电流反常 | 弧焊变压器中起感抗作用的电抗器绕组绝缘损坏而短路，使电流过大 | 检查电抗器绕组，如有绝缘损坏或短路，应重新包好绝缘，消除短路 |
| | 铁心磁回路叠片绝缘损坏，出现涡流，引起电流变小 | 检查叠片绝缘情况及紧固绝缘螺杆等有无损坏，如叠片锈蚀、漆皮脱落，要清除干净，重新涂漆或更换叠片；如属绝缘垫圈损坏，应换新的 |
| | 焊接导线过长，电阻增大或焊接导线长又盘成圆盘形，加大了电感，使电流变小 | 焊接线过长，应剪去一段，如焊接线盘在一起，焊接时应把焊接线拉开成一条线状放置 |
| 整流器式直流焊机硅整流元件故障 | 硅整流元件主要为硅整流二极管（如2CZ）、硅整流器等。它们的故障类别主要是硅元件开路、短路、漏电、失效、击穿等 | 可采用万用表等仪表进行检测，检测出故障应更换 |
| 整流器式直流焊机电阻器、电容器元件故障 | 电阻器、电容器在控制回路中失效、击穿、短路、断路 | 可用万用表检测，有故障元件应更换，以恢复控制回路正常工作 |
| 整流器式直流焊机风扇电动机故障 | 风扇电动机一旦出现故障，焊机冷却不良，而过热 | 及时修理和检查风扇电动机 |

对整流器式弧焊机的硅元件及电子线路特别要保持清洁、干燥，放置平稳，避免强烈振动冲击，以防止磁放大器铁心的磁性能变差。

## 任务小结

本任务主要通过拆卸 BX3－120 交流弧焊机的活动来认识、了解电焊变压器的结构及特点；通过对交流弧焊机的故障分析及处理方法解读，进一步掌握电焊变压器的工作原理和提高对变压器故障的分析能力。

## 一、电焊变压器简介

交流弧焊机由于结构简单、成本低、制造容易和维护方便而得到广泛应用。电焊变压器是交流弧焊机的主要组成部分，它实质上是一个有特殊性能的降压变压器。为了保证焊接质量和电弧燃烧的稳定性，电焊变压器应满足弧焊过程中的工艺要求。

1. 二次侧空载电压应为 60～75 V，以保证容易起弧。同时为了安全，空载电压最高不超过 85 V。

2. 具有陡降的外特性，即当负载电流增大时，二次侧输出电压应急剧下降。通常额定运行时的输出电压 $U_{2N}$ 为 30 V 左右（即电弧上电压）。

3. 短路电流 $I_K$ 不能太大，以免损坏电焊机，同时也要求变压器有足够的电动稳定性和热稳定性。焊条开始接触工件短路时，产生一个短路电流，引起电弧，然后焊条再拉起产生一个适当长度的电弧间隙。所以，变压器要能经常承受这种短路电流的冲击。

4. 为了适应不同的加工材料、工件大小和焊条，焊接电流应能在一定范围内调节。为了满足以上要求，根据前面的分析，影响变压器外特性的主要因素是一次、二次绕组的漏阻抗 $Z_{S1}$ 和 $Z_{S2}$ 以及负载功率因数 $\cos\varphi_2$。由于焊接加工是电加热性质，故负载功率因数基本上都一样，$\cos\varphi_2 \approx 1$，所以不必考虑。而改变漏抗可以达到调节输出电流的目的，根据形成漏抗和调节方法的不同，下面介绍几种不同的电焊变压器。

## 二、带可调电抗器的电焊变压器

带可调电抗器的电焊变压器，根据结构不同可分为外加电抗器式和共扼式。具体介绍如下。

| 特性 \ 类型 | 外加电抗器式 | 共扼式 |
|---|---|---|
| 结构 | 一台降压变压器的二次侧输出端再串接一台可调电抗器组合而成 | 将变压器铁心和电抗器铁心制成一体成为共扼式结构 |
| 原理接线图 |  | <br>a）增压法　b）减压法 |
| 外特性 | <br>1—气隙小时的特性　2—气隙正常时的特性<br>3—气隙大时的特性 | <br>1—增压法特性　2—减压法特性 |
| 调节特点 | 通过改变电抗器的气隙大小来实现焊接电流的调节。如气隙减小时，电抗值增大，电流减小 | 只要调节电抗器铁心中间的动铁心，通过改变气隙来改变 $E_X$ 的大小和电抗值，从而改变 $E_X$ 曲线的下降陡度，达到改变电流的目的 |

## 三、磁分路动铁式电焊变压器

磁分路动铁式电焊变压器是在铁心的两柱中间又装了一个活动的铁心柱，称为动铁心，如图 3—5 所示。一次绕组绕在左边一铁心柱上，而二次绕组分两部分，一部分在左边与一次侧同在一个铁心柱上；另一部分在右边一个铁心柱上。当改变二次绕组的接法时就达到改变匝数和改变漏抗的目的，从而达到改变起始空载电压和改变电压下降陡度的作用，以上是粗调作用，如图 3—5b 所示。粗调有Ⅰ和Ⅱ两挡。

如果要微调电流，则要微调中间动铁心的位置。如果把动铁心从铁心的中间逐步往外移动，那么从动铁心中漏过的磁通会慢慢地减少。因为动铁心往外移动，气隙加大，磁阻也加大，漏磁通就减少，漏抗随之减少，电流下降速度就慢，如图 3—5c 所示。当连接片接在Ⅰ位置时（即粗调电流），二次绕组匝数较多，所以空载电压较高，为曲线 1，2。这时把动铁心移到最里面，则漏磁通最多，漏抗最大，曲线下降最陡，即为曲线 1；反之，把动铁心慢慢移出来，曲线就慢慢向曲线 2 靠近。从图 3—5c 中看出，如果工作电压为 30 V，工作电流就会从 60 A 左右慢慢向 170 A 变化，这就是微调电流的原理。

当粗调节器放在Ⅱ位置，由于二次侧匝数少了，空载电压从 70 V 降到 60 V，曲线 3，4 的陡度也小了。同前面分析的一样，当动铁心从最里面移动到最外面时，工作电流将从 130 A 左右慢慢向 450 A 变化，如图 3—5c 所示。

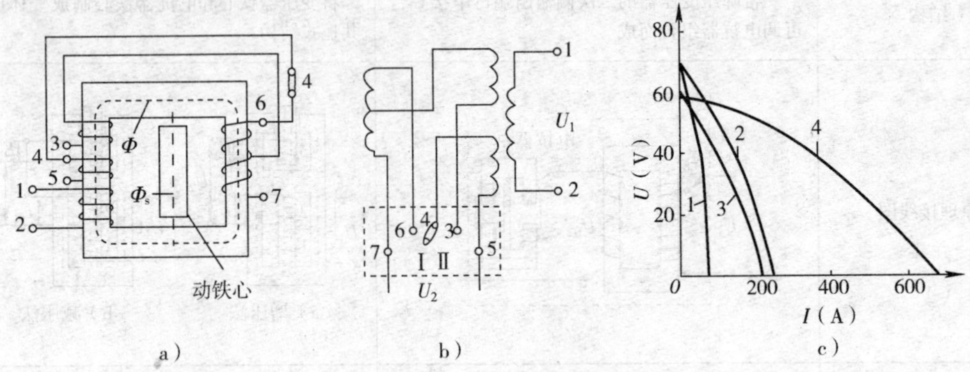


图 3—5　动铁式交流弧焊机

a）结构图　b）电路图　c）外特性曲线

## 四、动圈式电焊变压器

前面两种变压器的一次、二次绕组是固定不动的，只是改变动铁心位置，即通过改变气隙大小来改变漏磁通的大小，从而改变了漏抗大小，达到改变曲线的下降陡度、调节电流的目的。动圈式电焊变压器的铁心是壳式结构，铁心气隙是固定不可调的，如图 3—6 所示。一次绕组固定在铁心下部，二次绕组置于它的上面，并且可借助手轮转动螺杆，使二次绕组上下移动，从而通过改变一次侧、二次侧的距离来调节漏磁的大小，以改变漏抗。显然，一次、二次绕组越近则耦合越紧，漏抗越小，输出电压也越高，下降陡度也越小，输出电流就越大；反之则电流就小。以上介绍的是微调。另外，还可通过将一次侧和二次侧的部分绕组接成串联或并联（它们均由两部分绕组构成）来扩大调节范围，这是电焊变压器的粗调。

动圈式电焊变压器的优点是没有活动铁心，从而没有因铁心振动而造成的电弧不稳定。但是它在绕组距离较近时，调节作用会大大减弱，需要加大绕组的间距，铁心要做得较高，增加了硅钢的用量。

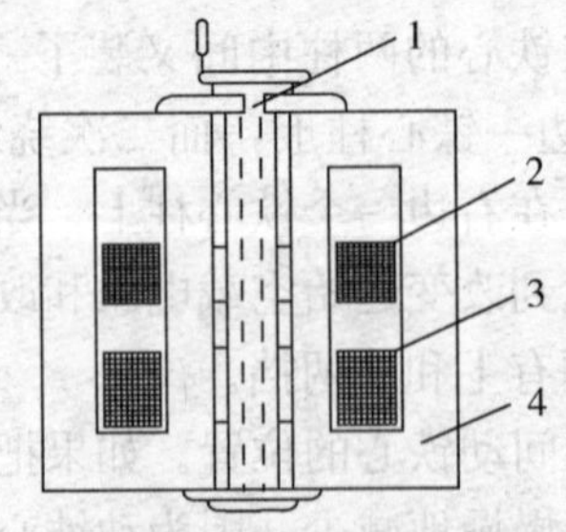


图 3—6　动圈式电焊变压器

1—二次绕组手轮转动螺杆　2—可动二次绕组

3—固定的一次绕组　4—铁心

# 任务 3　自耦变压器的检测与维护

## 学习目标

1. 了解自耦变压器的工作原理及特性；
2. 掌握自耦变压器的正确安全使用方法；
3. 学会自耦变压器的检测及维护方法。

## 工作任务

本任务将拆卸自耦变压器，并进行简单检测及维护，从中了解自耦变压器的基本结构并掌握其正确使用、检测与维护方法。

## 任务实施

### 一、自耦变压器的拆卸、检测与维护

| 步骤 | 图示 | 说明 |
| --- | --- | --- |
| 准备一个三相可调自耦变压器 |  | 认真观察三相可调自耦变压器的外形结构和固定方式，以便拆卸。用抹布清洁变压器外壳，进行外围的维护工作 |

续表

| 步骤 | 图示 | 说明 |
| --- | --- | --- |
| 测试一次绕组直流电阻值 | 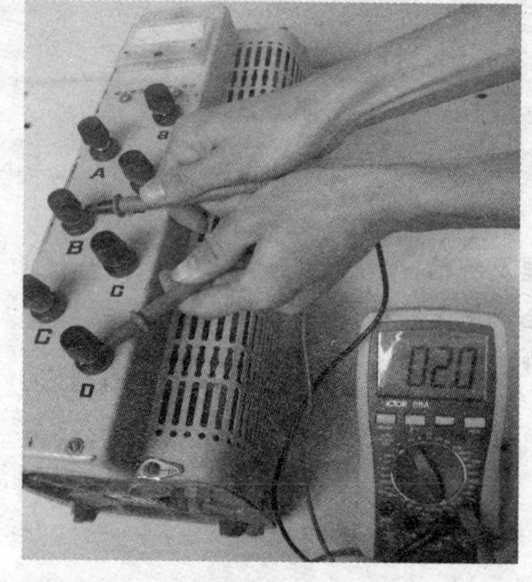 | 用万用表的“200 Ω”挡分别测量三相一次绕组的直流电阻值（绕组已经接成星形，“0”端子为公共端），图中测得 B 相绕组的直流电阻值为 2 Ω。其余两相绕组的测量方法相同<br>正常情况三相一次绕组的直流电阻值基本上相等 |
| 测试二次绕组直流电阻值 | 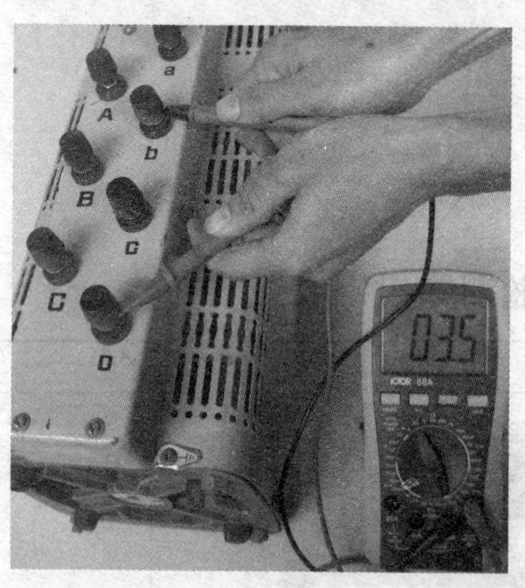 | 用万用表的“200 Ω”挡分别测量三相二次绕组的直流电阻值，方法与上述一次绕组测量相同。图中测得 b 相绕组的直流电阻值为 3.5 Ω，说明现二次绕组匝数比一次绕组大，处于升压状态。用同样方法测量其余两相绕组的直流电阻<br>正常情况三相二次绕组的直流电阻值基本上相等 |
| 测量绕组与外壳间的绝缘电阻值 |  | 按兆欧表的正确使用方法进行验表。验表正常后将兆欧表的“L”端子与绕组的任意一端子相接，“E”端子与变压器的接地螺钉可靠接触，用正确方法摇动兆欧表，进行绝缘电阻值的测量<br>测得阻值应接近“∞”为好，如果小于 1 MΩ 说明变压器有漏电现象，不能正常使用 |

续表

| 步骤 | 图示 | 说明 |
| --- | --- | --- |
| 拆卸外壳锁紧螺钉 | 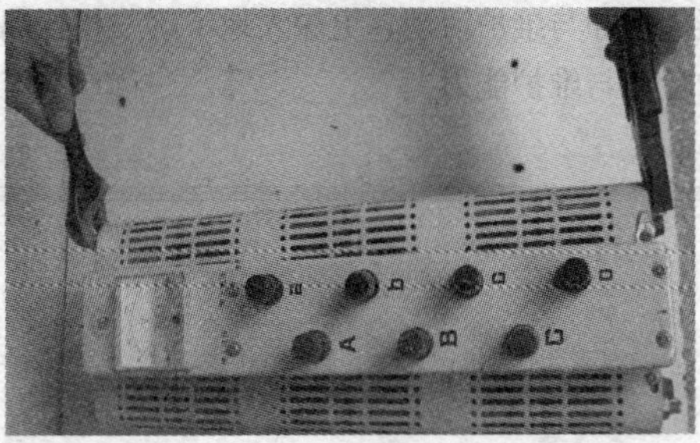  | 三相自耦变压器的外壳锁紧螺钉较长，拆卸方法如图中所示，使用活扳手和断线钳进行拆卸 |
| 拆卸调节旋钮和刻度盘 | 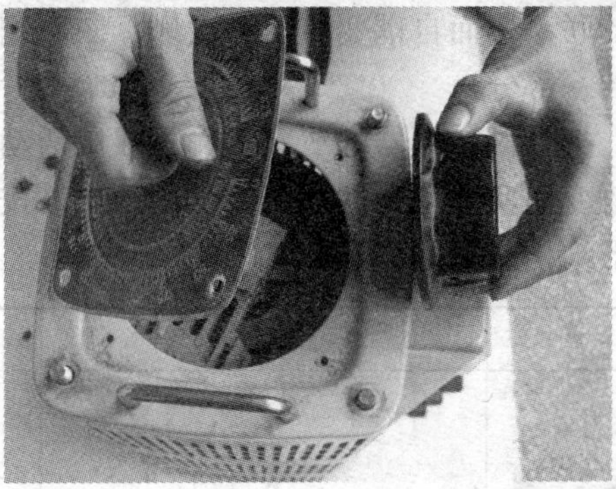  | 用螺钉旋具将调节旋钮侧孔的螺钉拧松，取下调节旋钮；将刻度盘的 4 个螺钉取下并将高度盘取下 |
| 拆卸外壳 |   | 待外壳锁紧螺钉、调节旋钮和刻度盘取下后将变压器的外壳取出来；认真观察变压器的内部结构，旋转调节旋钮观察触片与绕组的接触情况；用抹布小心翼翼地将绕组及其他装置上的灰尘抹去，作内部维护 |

## 二、自耦变压器的装配

安装过程与拆卸过程相反，在此不作描述。值得注意的是要认真对待安装过程中的每一个步骤，待安装好后还要进行电气性能的简单测试，测试正常后该变压器方可再次投入使用。

## 任务小结

本任务主要通过对三相自耦变压器的拆卸与维护活动，更深入地了解三相自耦变压器的组成结构和工作原理，提高对三相自耦变压器的检测与维护能力。

自耦的耦是电磁耦合的意思，普通的变压器是通过一次、二次绕组电磁耦合来传递能量，一次侧、二次侧没有直接的电的联系，而自耦变压器一次侧、二次侧之间有直接的电的联系，它的低压绕组就是高压绕组的一部分。

实验室里常常用到自耦调压器。把自耦变压器的二次侧输出改成活动触头，可以接触绕组中任意位置，而使输出电压任意改变而实现调压的功能。自耦调压器按相数可分为单相自耦变压器和三相自耦变压器。其外形结构及原理见下表。

| 类型 | 外形结构图 | 简易图 | 原理图 |
|---|---|---|---|
| 单相自耦变压器 |   | 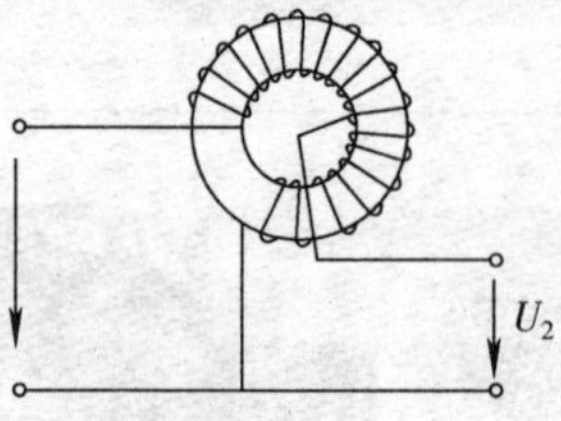 $U_1$ $U_2$ | 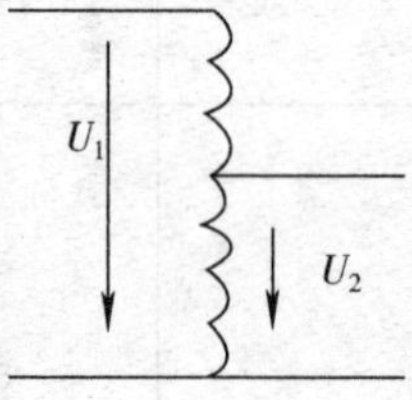 $U_1$ $U_2$ |
| 三相自耦变压器 |   | 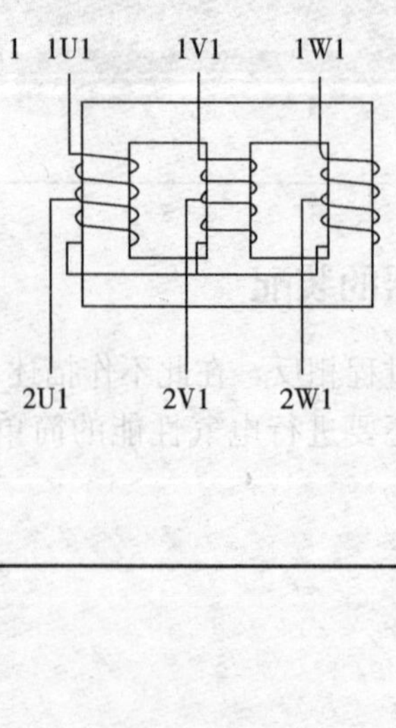 1 1U1 1V1 1W1 2U1 2V1 2W1 | 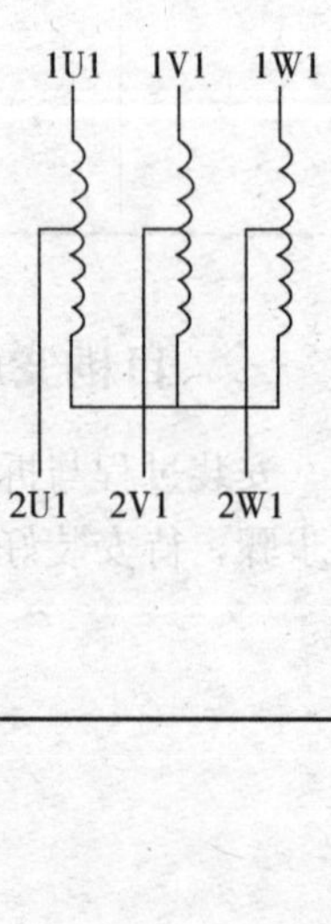 1U1 1V1 1W1 2U1 2V1 2W1 |

在电力系统中，用自耦变压器把 110 kV，150 kV，220 kV 和 230 kV 的高压电力系统连接成大规模的动力系统。大容量的异步电动机减压启动，也有采用自耦变压器降压，以减小启动电流。自耦变压器不仅用于降压，只要把输入、输出对调一下，就变成了升压变压器，因而自耦变压器得到广泛的应用。自耦变压器与普通变压器有何不同？下面讲述自耦变压器原理。

## 一、自耦变压器原理

前面讲的变压器的一次侧、二次侧都是分开绕制，虽然都装在一个铁心上，但相互是绝缘的，只有磁路上的耦合，却没有电路上的直接联系，能量是靠电磁感应传过去的，所以称为双绕组变压器。自耦变压器的结构却有很大不同，即一次侧、二次侧共用一个绕组，原理如图 3—7 所示。一次、二次绕组不但有磁的联系，还有电的联系，由电磁感应定律和变压器原理从图 3—7 可见。

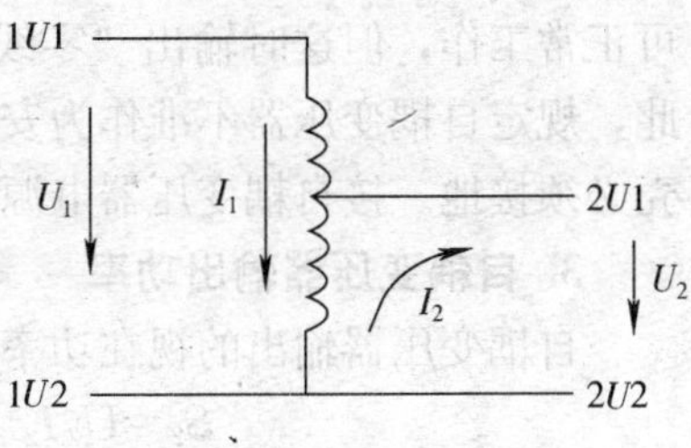

图 3—7　自耦变压器原理图

**1. 原理与变压比**

$$U_1 \approx E_1 = 4.44 f N_1 \Phi_m$$

$$U_2 \approx E_2 = 4.44 f N_2 \Phi_m$$

因此

$$\frac{U_1}{U_2} \approx \frac{E_1}{E_2} = \frac{N_1}{N_2} = K \geqslant 1$$

式中　$N_1$——一次侧 1U1 与 1U2 之间的匝数；

$N_2$——二次侧 2U1 与 2U2 之间的匝数。

**2. 绕组中公共部分的电流**

从磁势平衡方程式可知，因为输入电压 $U_1$ 不变，主磁通 $\Phi_m$ 也不变，所以空载时的磁势和负载时的磁势是相等的，即有 $I_1N_1 - I_2N_2 = I_0N_1$，因为空载电流 $I_0$ 很小，可忽略，则有：

$$I_1N_1 - I_2N_2 = 0$$

$$I_1 = \frac{N_2}{N_1} I_2 = \frac{1}{K} I_2 \tag{3-1}$$

由式（3—1）可见一次电流 $I_1$ 与二次电流 $I_2$ 只是大小有些差别，相位是一样的。因此，可以算出绕组中公共部分的电流只有：

$$I = I_2 - I_1 = (K-1) I_1 \tag{3-2}$$

当 $K$ 接近于 1 时，绕组中公共部分的电流 $I$ 就很小，因此共用的这部分绕组导线的截面积可以减小很多，减少了变压器的体积和质量，这是它的一大优点。如果 $K>2$，则 $I>I_1$ 就没有太大的优越性了。

## 二、自耦变压器的特点

**1. 自耦变压器的优点**

（1）可改变输出电压。

（2）用料省、效率高。自耦变压器的功率传输，除了因绕组间电磁感应原理而传递的功率之外，还有一部分是由电路相连直接传导的功率，后者是普通双绕组变压器所没有的。这样自耦变压器较普通双绕组变压器用料省、效率高。

**2. 自耦变压器的缺点**

（1）因它一次、二次绕组是相通的，高压侧（电源）的电气故障会波及低压侧，如高压绕组绝缘破坏，高电压可直接进入低压侧，这是很不安全的，所以低压侧应有防止过电压的保护措施。

（2）如果在自耦变压器的输入端把相线和零线接反，虽然二次侧输出电压大小不变，仍可正常工作，但这时输出“零线”已经为“高电位”，是非常危险的，如图 3—8 所示。为此，规定自耦变压器不准作为安全隔离变压器用，而且使用时要求自耦变压器接线正确，外壳必须接地。接自耦变压器电源前，一定要把手柄转到零位。

**3. 自耦变压器输出功率**

自耦变压器输出的视在功率（不计损耗时）为：

$$S_2=U_2I_2=U_2(I+I_1)=U_2I+U_2I_1=S'_2+S''_2 \qquad (3—3)$$

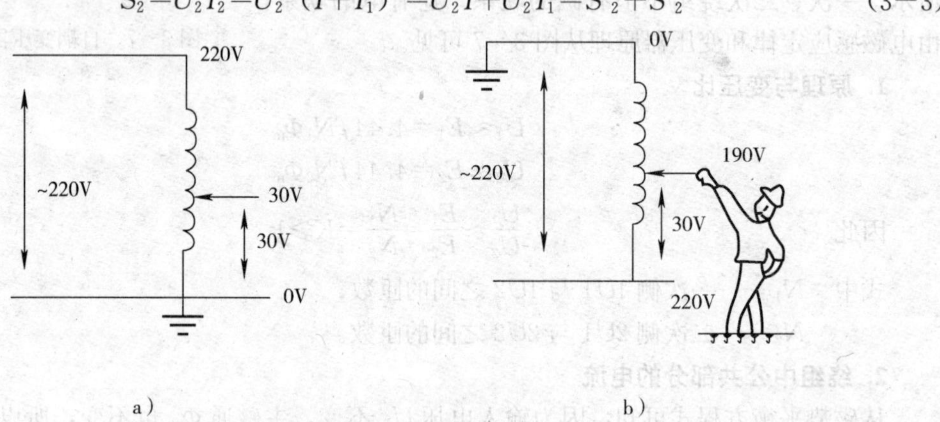


图 3—8 单相自耦变压器的接法

a）接线正确 b）接线错误

由图 3—8 中可见，它传输的总容量 $S_2$ 中有 $S'_2=U_2I$ 是 1$U$1，1$U$2 绕组与 2$U$1，2$U$2 绕组之间电磁感应传递的能量，而 $S''_2=U_2I_1$ 是通过电路直接从一次侧传递过来的。这是自耦变压器能量传递方式上与一般变压器区别所在，而且这两部分传递能量的比例，完全取决于变压比 $K$。

同样可导出：

$$S''_2=\frac{1}{K}S_2 \qquad (3—4)$$

这说明靠电磁感应传递的能量占总能量的（1−1/$K$），而从电路直接输送的能量占 1/$K$。由此可见，当 $K=1$ 时，能量全部靠电路导线传过来；当 $K=2$ 时，$S'_2$ 和 $S''_2$ 各占一半，二次侧从绕组中间引出，$I=I_1$，绕组中公共部分的电流没有减少，省铜效果已不明显；当 $K=3$ 时，$S'=(2/3)\ S_2$，$S''=(1/3)\ S_2$，电路传输的能量少，而靠感应输送的能量多了，而且 $I=2I_1$，公共部分绕组电流增加，导线也要加粗。由此可见，当变压比 $K>2$ 时，自耦变压器的优点就不明显了，所以自耦变压器通常工作在变压比 $K$ 为 1.2～2。

# 课题四

# 直流电动机的检修

## 任务 1　直流电动机的拆装

### 学习目标

1. 了解直流电动机的组成结构，理解直流电动机的工作原理；
2. 掌握直流电动机的拆卸和安装技能。

### 工作任务

本任务将拆装直流电动机（如 Z2 系列等），对照相关理论中的知识点深入了解直流电动机的组成结构及认真领会其工作原理，然后再将其重新装好。

### 任务实施

#### 一、直流电动机的拆卸

| 拆卸步骤 | 图示 | 说明 |
| --- | --- | --- |
| 电动机准备 | 电刷盖 | 准备一台型号为 Z200/20—200 的直流电动机 |

续表

| 拆卸步骤 | 图示 | 说明 |
| --- | --- | --- |
| 拆卸电刷盖 | | 用手将电刷盖拧松并取出放好，同时将压在电刷盖底的密封圈取出。再用一字螺钉旋具撬取电刷 |
| 取出电刷及联动弹簧 | | 将电刷撬松后小心地将电刷连同弹簧取出来<br>用同样的方法取出另一边电刷装置 |
| 取出前端盖 | | 待前端盖的锁紧螺钉取出后小心地将前端盖取出<br>注意不要遗失轴承与端盖间的钢弹片 |

续表

| 拆卸步骤 | 图示 | 说明 |
| --- | --- | --- |
| 拆卸后端盖及电枢 | 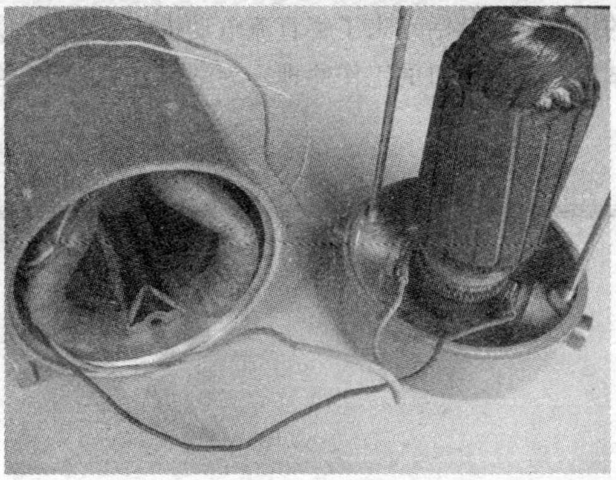 | 待前端盖取出后将前端盖连同电枢与定子分离出来。操作时应注意不能拉断后端盖换向装置上电枢的两根电源线，因此在取出后端盖和电枢前应将电枢的两根电源线从端子上取下来，并放松两根导线使之有足够的松弛度来取后端盖及电枢 |
| 拆卸电枢 | 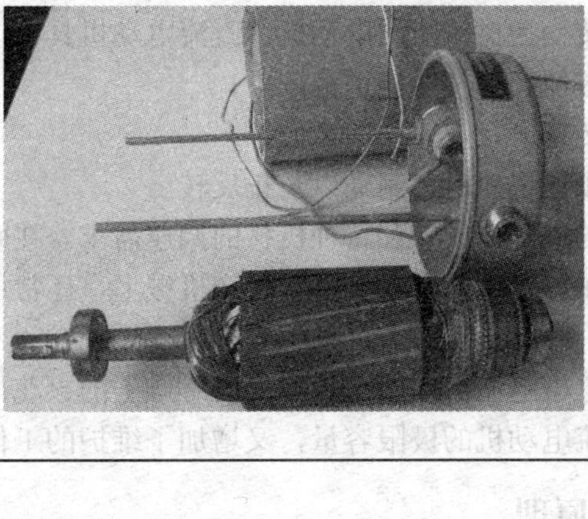 | 将电枢和与它套在一起的后端盖竖直摆放于平硬的桌面上，用胶锤或木锤均匀敲击后端盖周边使得后端盖从电枢上分离出来 |

## 二、直流电动机的安装

拆卸完直流电动机并认真仔细地观察其组成结构后，就要重新将直流电动机安装并恢复原状。直流电动机的安装过程与拆卸过程相反，在此不作详细描述。但值得注意的是安装过程应小心翼翼，尽可能恢复原状，切勿碰伤直流电动机的机械和电气部分，如在安装端盖时应使用胶锤或木锤敲击

在安装端盖的过程中应注意同轴度问题，如果两端盖间同轴度不好将影响转子的机械灵活性。因此在安装端盖时端盖与机座相对位置应与拆卸前相同；在敲打端盖时除了用力均匀适度外还要不时通过旋转转子来测试转轴的灵活性

### 任务小结

本任务是通过对直流电动机的拆卸与安装活动来了解直流电动机的基本结构及其特征。加上对相关理论知识的学习，更加容易地掌握直流电动机的工作原理，为学习直流电动机的检修技能打下坚实的基础。

## 一、直流电动机的特点

直流电动机是将直流电能转变为机械能的电动机。直流电动机具有以下突出的优点：

第一，调速特性好，调速方便、平滑，调速范围广；

第二，启动、制动和过载转矩大；

第三，易于控制，能实现频繁快速启、制动以及正反转。

加上晶闸管整流电源技术的进一步成熟和特种机械的调速需求，在轧钢机、电车、电气铁道牵引、挖掘机械、纺织机械等对调速要求较高的生产机械上，还常用直流电动机作为动力。

直流电动机的主要缺点是电枢电流换向问题，在换向时产生的火花最终将造成电刷与换向片间接触不良，它限制了直流电动机的极限容量，又增加了维护的工作量。

## 二、直流电动机的工作原理

图 4—1 所示为直流电动机的物理模型。图中，N 和 S 是主磁极，它们是固定不动的，*abcd* 是装在可以转动的圆柱体上的一个线圈，把线圈的两端分别接到两个半圆换向片（合称为换向器）上。圆柱体、线圈和换向片可以一齐转动，这个可以转动的转子称为电枢。换向片上放上固定不动的电刷 A 和 B。通过电刷 A、B 把旋转着的电路与外部静止的电源＋、－极相连接。

在图 4—1a 所示瞬间，直流电流从电源的＋极通过电刷 A、换向片 1、线圈边 *ab* 和 *cd*，最后经换向片 2 及电刷 B 回到电源的－极。

载流导体 *ab* 和 *cd* 在磁场中要受到电磁力（单位为 N）的作用，其大小为

$$F=BlI_a$$

式中 $B$——磁场的磁感应强度，T；

$l$——导体的有效长度，m；

$I_a$——线圈的电流，A。

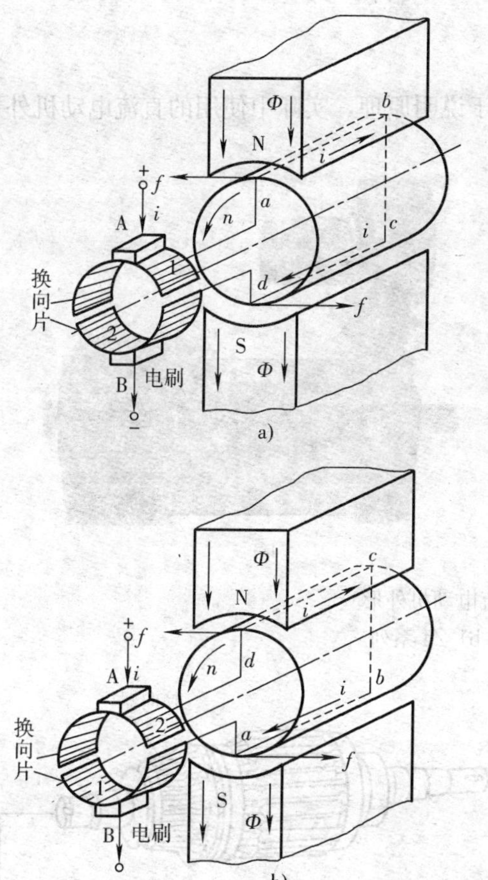


*ab* 导体受到水平向左的力，而 *cd* 导体受到水平向右的力，同时此二力作用在转子的切线上且大小相等，构成力偶矩。因此转子将逆时针旋转

换向前，N 极下导体的电流向里，S 极下导体的电流向外

*cd* 导体受到水平向左的力，而 *ab* 导体受到水平向右的力，同时此二力作用在转子的切线上且大小相等，构成力偶矩。因此转子将逆时针旋转

换向后，N 极下导体的电流仍然向里，S 极下导体的电流仍然向外

图 4—1　直流电动机的物理模型图

转子导体受力 $f$ 的方向可应用左手定则确定。导体 $ab$ 中的电流方向为由 $a$ 到 $b$；导体 $cd$ 中的电流方向为由 $c$ 到 $d$，其受力方向均为逆时针方向。这样就产生一个转矩，称为电磁转矩，如果此电磁转矩能够克服电枢上的阻转矩（例如由摩擦引起的阻转矩以及其他负载转矩），电枢就能按逆时针方向旋转起来。

当电枢转过 90°时，两个线圈边均处于磁通密度为“0”的位置，电刷 A、B 刚好处于换向片 1 与 2 之间的空隙上，线圈中就没有电流流过，转矩便消失。

由于机械惯性的作用，使电枢冲过一个角度，在图 4－1b 所示导体 $cd$ 转到 N 极下，$ab$ 转到 S 极下时，直流电流仍从电刷 A 流入，经换向片 2、$cd$、$ab$、换向片 1 后，从电刷 B 流出。这时导体 $cd$ 受力方向变为从右向左，导体 $ab$ 受力方向变为从左向右，产生的电磁转矩的方向未变，仍为逆时针方向。

综上所述可知，通过换向片与电刷的滑动接触，可以使正电刷 A 始终与经过 N 极面下的导体相连，负电刷 B 始终与经过 S 极面下的导体相连，故电刷之间的电压是直流电，而线圈内部的电流则是交变的，所以换向器是直流电动机中换向的关键部件。通过换向器和电刷的作用，把直流电动机电刷间的直流电流变成线圈内的交变电流，以确保电动机沿恒定方向旋转。

## 三、直流电动机的构造

前面所讲的直流电动机的简单模型只是用于说明原理，实际中使用的直流电动机外形结构和内部结构如图 4—2 和图 4—3 所示。

a）

b）

图 4—2　直流电动机外形

a）Z2 系列　b）Z4 系列

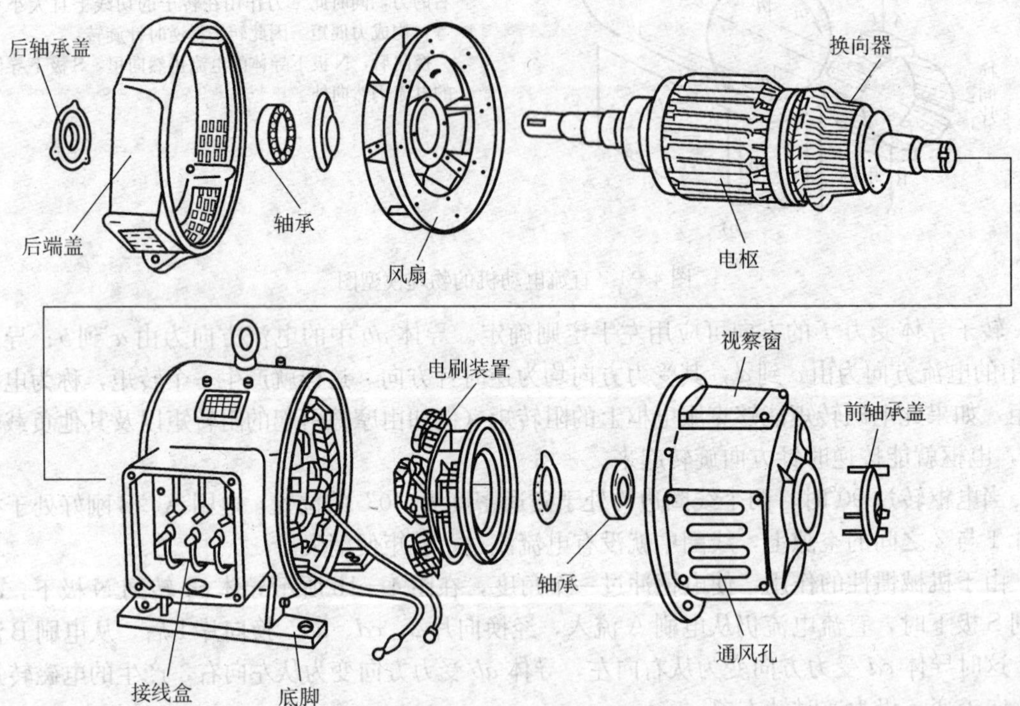


图 4—3　直流电动机总装配图

要实现机电能量变换，电路和磁场之间必须有相对运动，直流电动机与其他旋转电动机一样，具备静止的和转动的两大部分。静止和转动部分之间要有一定大小的间隙（以后称为气隙）。直流电动机的静止部分称为定子，它的主要作用是产生磁场和机械支撑，由主磁极、机座、换向磁极、电刷装置和端盖等组成。转动部分就是转子（电枢），它的作用是产生电磁转矩，由电枢铁心和电枢绕组、换向器、轴和风扇等组成。现对各主要结构部件的基本结构及其作用作简要介绍如下：

**1. 直流电动机的定子（静止部分）**

（1）主磁极。在一般中小型直流电动机中，主磁极是一种电磁铁，由主磁极铁心和励磁绕组构成。主磁极的结构如图 4—4 和图 4—5 所示。主磁极的铁心用 1～1.5 mm 厚的钢板冲片叠压紧固而成，分成极身和极靴两部分，极靴的作用是使气隙磁通密度的空间分布均匀并减小气隙磁阻，同时极靴对励磁绕组也起支撑作用。主磁极上的线圈是用来产生主磁通的，称为励磁绕组。各主磁极上的励磁绕组通常是串联，通电时要保证相邻磁极的极性呈 N 极和 S 极交替的排列。

目前，常采用晶闸管整流电源作为直流电动机的直流电源，晶闸管整流电源一般是通过单相或三相交流电整流获得，它输出的电压、电流并不是纯直流，还含有一定的交流谐波电流，为了减少交流谐波电流在主磁极和机座中造成的涡流损耗，采用厚 0.5 mm 的表面有绝缘层的硅钢片制作主磁极和定子磁轭，Z4 系列直流电动机就是这样设计的。

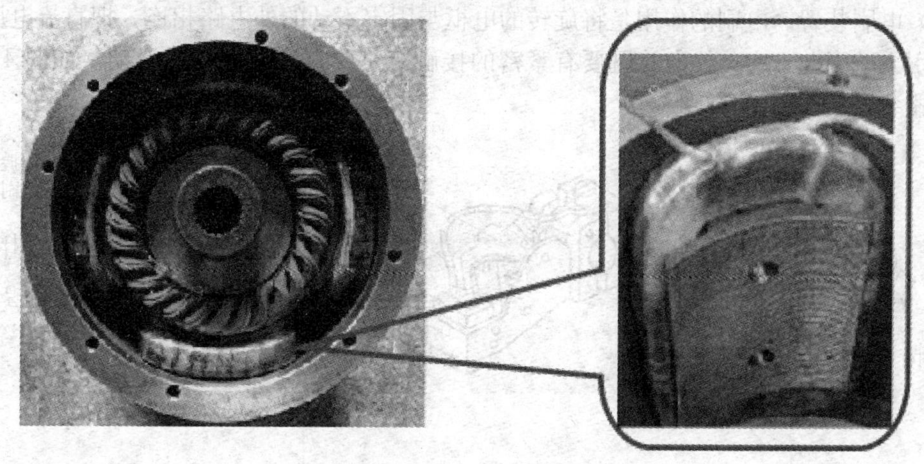

图 4—4　直流电动机的径向剖面示意图

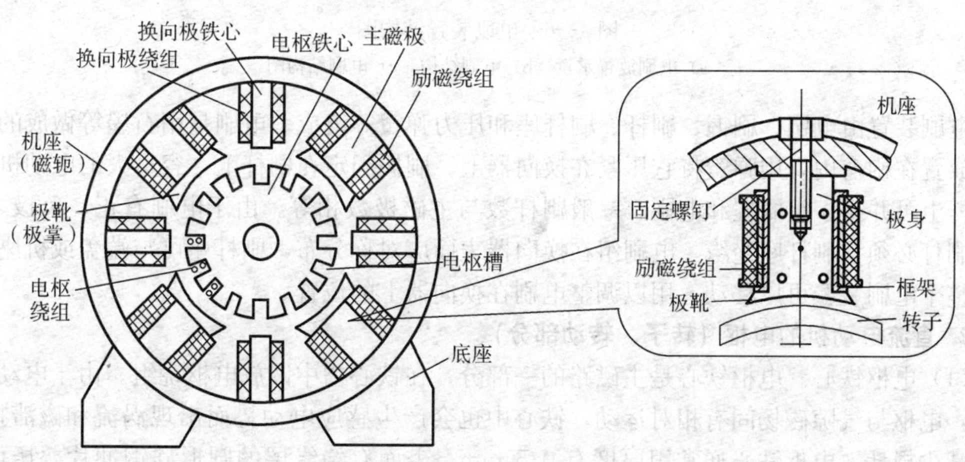


图 4—5　主磁极的结构

(2) 换向磁极。换向磁极是位于两个主磁极之间的小磁极，又称为附加磁极。换向磁极的位置如图 4—5 所示。它由换向极铁心和换向磁极绕组组成。其作用是产生换向磁场，改善电动机的换向，使电刷与换向片之间火花减小。

换向磁极铁心一般用整块钢或钢板制成。在大型电动机和用晶闸管供电的功率较大的电动机中，为了能更好地改善电动机的换向，换向磁极铁心也采用硅钢片叠片结构。换向磁极绕组和主磁极绕组一样制作，套装在换向磁极铁心上，最后固定在机座上。换向磁极绕组应当与电枢绕组串联，而且极性不能接反，它的匝数少、导线粗。小型直流电动机换向不困难，一般不用换向磁极。

(3) 机座。机座的作用之一是把主磁极、换向极、端盖等零部件固定起来，起到机械支撑作用，所以要求它有一定的机械强度。它的另一个作用是让励磁磁通经过，是主磁路的一部分（机座中磁通通过的部分称为磁轭）。因此，又要求它有较好的导磁性能，机座一般为铸钢件或由钢板焊接而成。对于某些在运行中有较高要求的微型直流电动机，主磁极、换向极和磁轭用硅钢片一次冲制叠压而成，此时，机座只起固定零部件的作用。

(4) 电刷装置。电刷的作用是将旋转的电枢与固定不动的外电路相连，把直流电压和直流电流引入。因此，它与换向片既要有紧密的接触，又要有良好的相对滑动。如图 4—6 所示为电刷装置结构图。

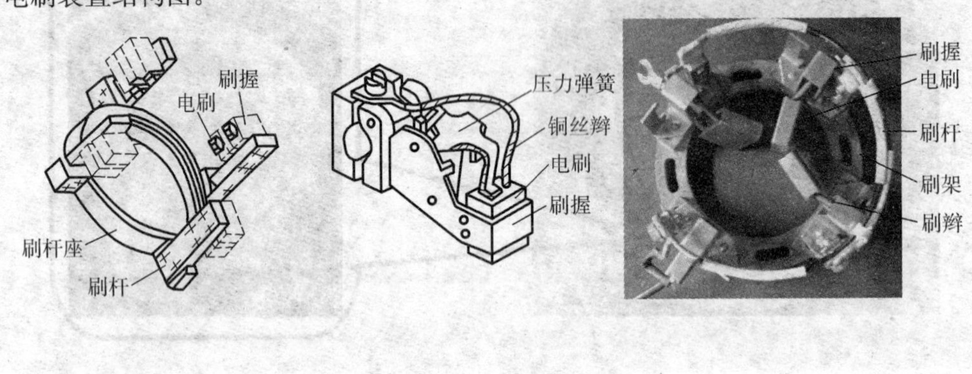


图 4—6 电刷装置结构图

a）电刷放置示意 b）电刷结构 c）电刷结构图

电刷装置由电刷、刷握、刷杆、刷杆座和压力弹簧等组成。电刷是用石墨等做成的导电块，放置在刷盒内，用弹簧将它压紧在换向器上。刷握固定在刷杆上，容量大的电动机，同一刷杆上可并接一组刷握和电刷。一般刷杆数与主磁极数相等。由于电刷有正、负极之分，因此刷杆必须与刷杆座绝缘。电刷组在换向器表面应对称分布，刷杆座可与端盖或机座相连接。整个电刷装置可以移动，用以调整电刷在换向器上的位置。

**2. 直流电动机的电枢（转子、转动部分）**

(1) 电枢铁心。电枢铁心是主磁路的一部分，在铁心槽中嵌放电枢绕组。由于电动机运行时，电枢与气隙磁场间有相对运动，铁心中也会产生感应电动势而出现涡流和磁滞损耗。为了减少损耗，电枢铁心通常用厚度有 0.5 mm，表面有绝缘层的圆形硅钢冲片叠压而成，如图 4—7 所示的铁心冲片，铁心外圆均匀地分布着嵌放电枢绕组的槽，轴向有轴孔和通风孔。

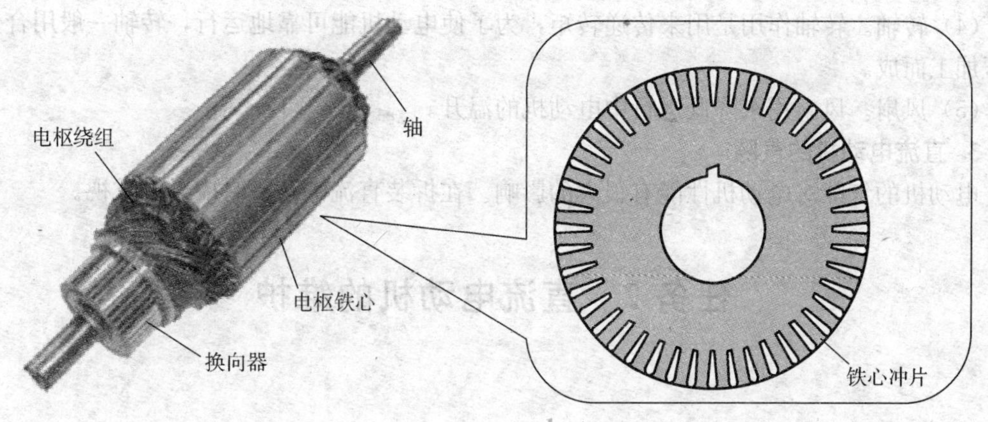

图 4—7　电枢结构图

(2) 电枢绕组。电枢绕组是直流电动机电路的主要部分，它的作用是产生感应电动势和流过电流而产生电磁转矩，实现机电能量转换，是电动机中的重要部件。电枢绕组由许多个绕组元件按一定的规律连接而成。绕组元件是由一匝或多匝导线绕制成的、两端分别与两片换向片相连的线圈，它是构成电枢绕组的基本单元。这种线圈通常用高强度聚酯漆包线绕制而成，它的一条有效边（线圈的直导线部分，为切割磁场而感应电动势的有效部分）嵌入某个槽中的上层，称为上层边，另一有效边则嵌入另一槽中的下层，称为下层边，如图 4—8 所示。每个线圈两有效边的引出端都分别按一定的规律焊接到换向器的换向片上。

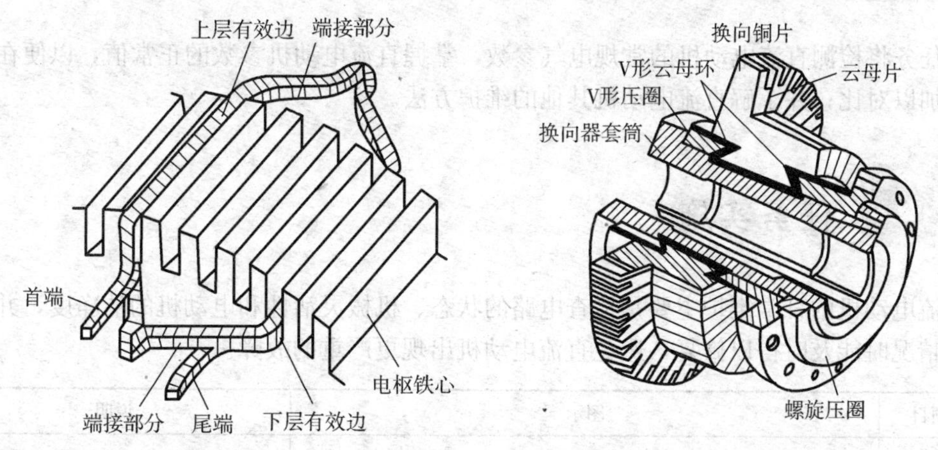

图 4—8　电枢线圈在槽内安放示意图　　　图 4—9　换向器结构图

(3) 换向器。换向器的作用是与电刷一起将直流电动机输入的直流电流转换成电枢绕组内的交变电流，从而保证所有导体上产生的转矩方向一致。

换向器结构如图 4—9 所示。换向器由许多特殊形状的梯形铜片和起绝缘作用的云母片一片隔一片地叠成圆筒形，凸起的一端称为升高片，用来与电枢绕组端头相连；下面有燕尾槽，利用换向器套筒、V 形压圈及螺旋压圈将换向片及云母片紧固成一个整体；在换向片与套筒、压圈之间用 V 形云母环绝缘，最后将换向器压在转轴上，这种结构属于装配式。在中、小型直流电动机中常用的一种结构是整体式，它把铜片热压在塑料基体上，成为一个整体。

（4）转轴。转轴作用是用来传递转矩，为了使电动机能可靠地运行，转轴一般用合金钢锻压加工而成。

（5）风扇。风扇用来降低运行中电动机的温升。

**3. 直流电动机的气隙**

电动机的气隙对电动机性能有很大的影响。在拆装直流电动机时应予以重视。

# 任务 2　直流电动机的维护

1. 了解直流电动机的分类方法、铭牌数据含义、并励与串励电动机差异及使用注意事项；
2. 掌握直流电动机的日常维护方法。

本任务将检测直流电动机的常规电气参数，掌握直流电动机参数的正常值，以便在维护过程中加以对比；并了解直流电动机其他的维护方法。

直流电动机的日常维护主要是检查电路的状态、机械灵活性和电动机的洁净度，并在出现异常情况时能及时得以修复，避免直流电动机出现更严重的故障。

| 维护项目 | 图示 | 说明 |
|---|---|---|
| 解读铭牌参数 |  | 认真阅读电动机上铭牌参数，结合相关理论知识深入理解型号及各参数含义 |

续表

| 维护项目 | 图示 | 说明 |
| --- | --- | --- |
| 检查电枢绕组的直流电阻值 | 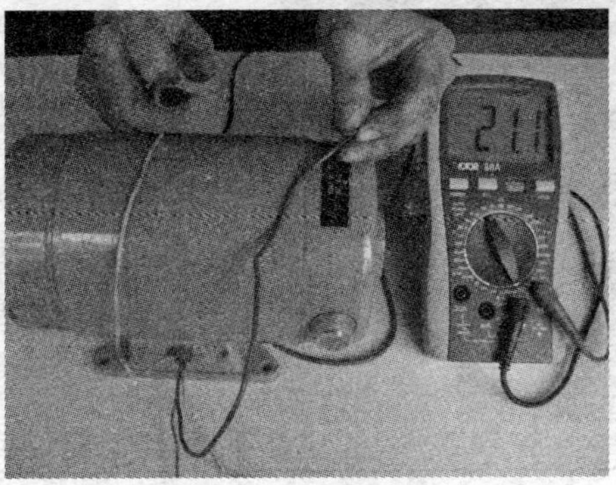 | 电枢绕组通过的电流较励磁绕组大，但也与其功率大小有关，以Z200/20－200 型的直流电动机为例，测得其电枢绕组的直流电阻为21.1 Ω<br>大功率的直流电动机其电枢绕组直流电阻很小，可能小于1 Ω，这时不能用万用表来准确测量其阻值，而应改用电桥来测量<br>电动机在正常情况下测量出来的直流电阻值是作为故障分析时判别绕组有无短路或开路的主要依据 |
| 检查励磁绕组的直流电阻值 | 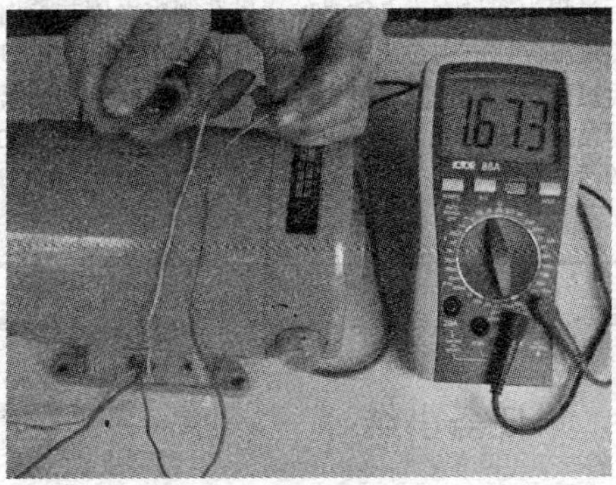 | 通过励磁绕组的电流较电枢绕组小，因此其直流电阻值较大，在此测得该直流电动机励磁绕组直流电阻值为1 673 Ω |
| 检查电动机绝缘电阻值 | 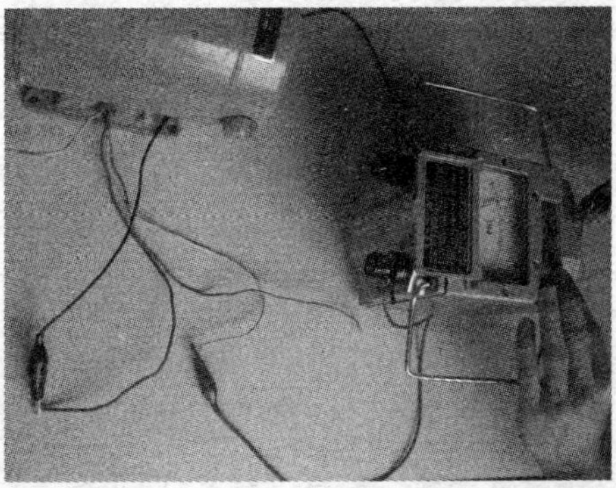 | 拆除直流电动机的外部接线，用兆欧表测量绕组与外壳间的绝缘电阻值。一般额定电压500 V 的直流电动机，绝缘电阻应大于0.5 MΩ以上才可使用。如绝缘电阻较低，则应先将电动机进行烘干处理，然后再测绝缘电阻值，合格后才可通电使用 |

续表

| 维护项目 | 图示 | 说明 |
| --- | --- | --- |
| 电刷与换向器的检查 | | 检查换向器与电刷的表面是否光滑，有没有污垢，接触是否良好。如果不干净则要用干布或毛刷进行清洁<br>电刷压力是否正常（一般压力应为14.7～24.5 kPa）。造成压力不够的原因可能是电刷已经磨损、弹簧弹力不足，因而可以更换电刷或弹簧即可恢复 |
| 其他维护及检查项目 | （1）机械性能检查。在停机状态下旋动电动机转轴检查其灵活性。如不灵活可能是如下原因引起的：端盖螺钉松动导致转轴偏离中心位；轴承缺油锈蚀；气隙间有杂物等<br>（2）运行中听声音。在运行过程中留意电动机发出的声音是否正常，如果有杂音或不规则的声音很有可能是机械故障所导致，应尽快查找原因并修复<br>（3）运行中看火花。在运行过程中通过直流电动机的通风孔观察电刷与换向器间的火花是否过大，如果火花过大可能是电枢绕组过电流或电刷与换向器接触不良导致，应尽快查明原因并修复<br>（4）运行中看电流。在运行过程中通过直流电流表观察其电流是否在额定电流以内<br>（5）清洁。看电动机是否清洁，内部有无灰尘或脏物等，一般可用不大于0.2 MPa（2个大气压）的干燥压缩空气吹净各部分的污物。如无压缩空气，也可用干抹布去抹，不应用湿布或沾有汽油、煤油、机油的布去抹 | |

## 任务小结

本任务是通过对直流电动机的日常维护项目中的简单训练和其他维护项目的解读，使学生懂得直流电动机日常维护的重要性及基本的维护方法；同时通过学习相关理论中的铭牌参数知识，学会正确选用和使用直流电动机。

## 一、直流电动机的分类

### 1. 按励磁方式分类

励磁方式是指直流电动机主磁场产生的方式。不同的励磁方式会产生不同的电动机输出特性，从而可适用于不同的场合。

直流电动机按励磁方式分类，有他励和自励两类。自励的励磁方式包括：并励、串励、复励等，复励又有积复励和差复励之分，具体见下表。

永磁电动机也应属于他励电动机的一种，自 20 世纪 80 年代起由于钕铁硼永磁材料的发现，使永磁电动机的功率已经从毫瓦级发展到千瓦级以上。由于其具有体积小、结构简单、质量轻、损耗低，效率高、节约能源、温升低、可靠性高、使用寿命长、适应性强等突出优点而使用越来越广泛。它在军事上的应用占绝对优势，几乎取代了绝大部分电磁电动机。其他方面的应用有汽车用永磁电动机、电动自行车用水磁电动机、直流变频空调用永磁电动机等。

| 名称 | | 电动机绕组接线图 | 特点 |
|---|---|---|---|
| 他励直流电动机 | | 接励磁电源 $U_f$；接电源 $U_a$；+ $U_a$ −；$I_a$；$E_a$；$F_f$；+ $U_f$ −；$I_f$ | 励磁绕组（主磁极绕组）与电枢绕组由各自的直流电源单独供电，在电路上没有直接联系 |
| 自励直流电动机 | 并励 | 接电源 $U$；+ $U$ −；$I_a$；$E_a$；$I_f$；$F_f$ | （1）励磁绕组与电枢绕组并联，加在这两个绕组上的电压相等，而通过电枢绕组的电流 $I_a$ 和通过励磁绕组的电流 $I_f$ 则不同，总电流 $I=I_a+I_f$<br>（2）励磁绕组匝数多，导线截面较小，励磁电流只占电枢电流的一小部分 |
| | 串励 | 接电源 $U$；+ $U$ −；$F_s$；$I_a$；$E_a$ | （1）励磁绕组与电枢绕组串联，因此励磁绕组的电流与电枢绕组的电流相等<br>（2）励磁绕组匝数少，导线截面较大，励磁绕组上的电压降很小 |
| | 复励 | 接电源$U$；积复励：+ $U$ −，$F_S$，$I_a$，$E_a$，$F_f$；差复励：+ $U$ −，$F_S$，$I_a$，$E_a$，$F_f$ | （1）复励电动机的励磁绕组有两组，一组与电枢绕组串联，另一组与电枢绕组并联<br>（2）当两个绕组产生的磁通方向一致时，称为积复励电动机<br>（3）当两个绕组产生的磁通方向相反时，称为差复励电动机 |

**2. 按用途分类**

直流电动机按用途分类见下表。

| 序号 | 产品名称 | 主要用途 | 型号 | 代号意义 |
|---|---|---|---|---|
| 1 | 直流电动机 | 基本系列，一般工业应用 | Z | 直 |
| 2 | 广调速直流电动机 | 用于大范围恒功率调速系统 | ZT | 直调 |
| 3 | 起重冶金直流电动机 | 冶金辅助传动机械 | ZZJ | 直重金 |
| 4 | 直流牵引电动机 | 电力传动机车、工矿电动机车和蓄电池车 | ZQ | 直牵 |
| 5 | 船用直流电动机 | 船舶上各种辅助机械 | Z－H | 直船 |
| 6 | 精密机床用直流电动机 | 磨床、坐标镗床等精密机床 | ZJ | 直精 |
| 7 | 汽车起动机 | 汽车、拖拉机、内燃机等 | ST | 直拖 |
| 8 | 挖掘机用直流电动机 | 冶金矿山挖掘机 | ZKJ | 直矿掘 |
| 9 | 龙门刨直流电动机 | 龙门刨床 | ZU | 直刨 |
| 10 | 无槽直流电动机 | 快速动作伺服系统 | ZW | 直无 |
| 11 | 防爆增安型直流电动机 | 矿井和有易燃气体场所 | ZA | 直安 |
| 12 | 力矩直流电动机 | 作为速度和位置伺服系统的执行元件 | ZLJ | 直力矩 |
| 13 | 直流测功机 | 测定原动机效率和输出功率 | CZ | 测直 |

**3. 按电枢直径分类**

电枢直径为 1 000 mm 以上的，称为大型直流机；电枢直径为 425～1 000 mm 的，称为中型直流机；电枢直径小于 425 mm 的称为小型直流机。

**4. 按防护方式分类**

有开启式、防护式、防滴式、全封闭式和封闭防水式等。

## 二、直流电动机的铭牌

在直流电动机的外壳上都有一块铭牌，如图 4—10 所示。它提供了电动机在正常运行时的额定数据，指出电动机使用条件和要求，如电动机型号、额定功率、额定电压、额定电流、额定转速、励磁方式、励磁电压、励磁电流、定额、绝缘等级、额定温升以及制造日期和制造单位等，以便用户能正确使用直流电动机。

图 4—10 直流电动机的铭牌

**1. 电动机型号**

电动机型号代表电动机的类型、系列和产品代号等。目前仍在广泛使用的一般用途直流电动机为 Z2、Z4 系列，其型号标志含义举例如下：

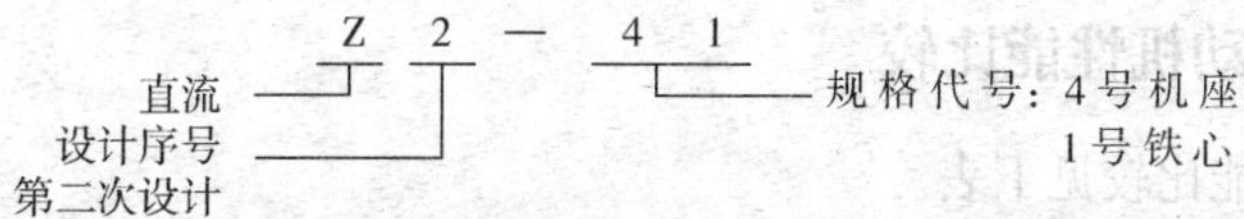


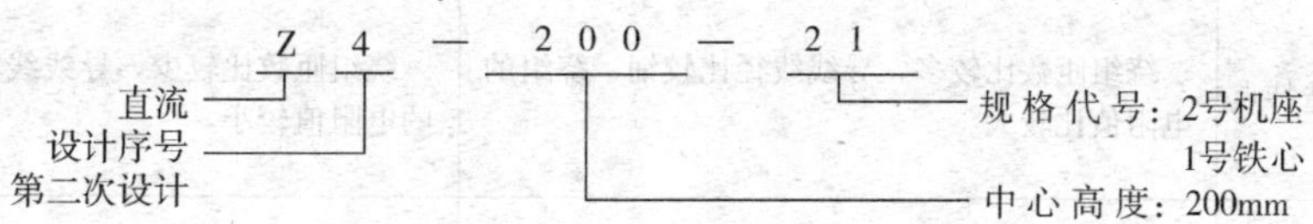


**2. 额定功率 $P_N$**

指电动机在额定工况下，长期运行所允许的输出功率，单位用 kW 表示。对于直流电动机，$P_N$ 是指从转轴上输出的机械功率。

**3. 额定电压 $U_N$**

对于直流电动机，是指在额定运行情况下，从电刷两端输入给电动机的电源电压，单位用 V 表示。

**4. 额定电流 $I_N$**

对于直流电动机，是指长期连续运行时，允许从电刷输入给电枢绕组中的电流，单位用 A 表示。

**5. 额定转速 $n_N$**

当电动机处于额定状态下运行时，电动机转子的转速为额定转速，单位用 r/min 表示。一般电动机用两个转速表示，一个是基本转速（低转速），另一个是最高转速。

**6. 励磁方式**

指电动机励磁绕组连接和供电方式。通常有他励、自励，自励又包括并励、串励、复励等。

**7. 额定励磁电压 $U_f$、额定励磁电流 $I_f$**

指施加在励磁绕组上的额定电压和在此额定电压下产生的额定电流。

**8. 定额（工作方式）**

指电动机在额定值允许的持续运行时间。电动机定额一般分为连续、短时和断续三种工作方式，分别用 S1、S2、S3 表示。

（1）连续定额（S1）。表示电动机在额定工作状态可以长期连续运行。

（2）短时定额（S2）。表示电动机在额定工作状态时，只能在规定时间内短期运行，我国规定的短时运行时间有 10 min、30 min、60 min 及 90 min 4 种。

（3）断续定额（S3）。表示电动机运行一段时间后，就要停止一段时间，只能周期性地重复运行，每一个周期为 10 min。我国规定的负载持续率有 15％、25％、40％及 60％ 4 种。例如，负载持续率为 25％时，2.5 min 为工作时间，7.5 min 为停车时间。

**9. 额定温升**

指电动机在额定运行时，电动机所允许升高的温度，即电动机允许的工作温度减去环境温度的数值，单位用 K 表示。

**10. 绝缘等级**

指电动机所采用的绝缘材料的耐热等级。

## 三、并励与串励电动机性能比较

并励与串励电动机性能比较见下表。

| 类别 | 并励电动机 | 串励电动机 |
|---|---|---|
| 主磁极绕组构造特点 | 绕组匝数比较多，导线线径比较细，绕组的电阻值比较大 | 绕组匝数比较少，导线线径比较粗，绕组的电阻值较小 |
| 主磁极绕组和电枢绕组连接方法 | 主磁极绕组和电枢绕组并联，主磁极绕组承受的电压较高，流过的电流较小 | 主磁极绕组和电枢绕组串联，主磁极绕组承受的电压较低，流过的电流较大 |
| 机械特性 | 具有硬的机械特性，负载增大时，转速下降不多。具有恒转速特性 | 具有软的机械特性，负载较小时，转速较高，负载增大时，转速迅速下降。具有恒功率特性 |
| 应用范围 | 适用于在负载变化时要求转速比较稳定的场合 | 适用于恒功率负载，速度变化大的负载 |
| 使用时应注意的事项 | 可以空载或轻载运行。主磁通很小时可能造成飞车，主磁极绕组不允许开路 | 空载或轻载时转速很高，会造成换向困难或离心力过大而使电枢绕组损坏，不允许空载启动及带传动 |

# 任务 3　直流电动机的检修

1. 了解直流电动机的常规控制方法及其原理；

2. 学会直流电动机出现无法启动、电刷下火花过大、电动机温升过高、电动机振动、机壳带电等故障现象的分析方法；

3. 掌握对上述故障的检测及处理方法。

## 工作任务

本任务将对直流电动机的故障进行检测，并掌握直流电动机的故障类型及造成故障可能的原因。

直流电动机常见故障主要有无法启动、电刷下火花过大、温升过高、振动、机壳带电等现象。下表针对常见故障现象列出其可能原因，并就无法启动和电刷火花过大故障处理方法进行训练。

### 一、直流电动机故障检修训练

| 检查项目 | 图示 | 说明 |
| --- | --- | --- |
| 电枢绕组绝缘电阻值测量 |  | 将兆欧表的“L”线接到电枢的换向片上（可用裸铜线绕换向片一圈扭紧，以便让兆欧表线夹夹紧），“E”线接到转轴的任意导电部位测试。绝缘电阻值应大于 0.5 MΩ 以上才可使用 |

续表

| 检查项目 | 图示 | 说明 |
| --- | --- | --- |
| 测量电枢相邻换向片间绕组直流电阻值，判断电枢绕组是否短路、局部短路或开路故障 | 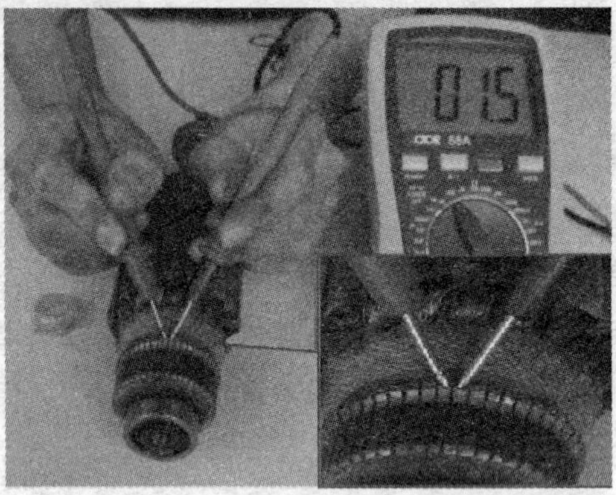 | 如左图片中测得电枢相邻换向片间绕组直流电阻正常值为1.5 Ω。用此方法测量任意相邻换向片间的直流电阻值，正常情况下各测量值应该基本相等，如出现电阻值远大于1.5 Ω，说明该两片间有开路现象；如出现电阻值远小于1.5 Ω，说明该两片间有局部短路现象；如出现电阻值等于0 Ω，说明该两片间短路 |
| 测量电枢六片换向片间绕组直流电阻值 | 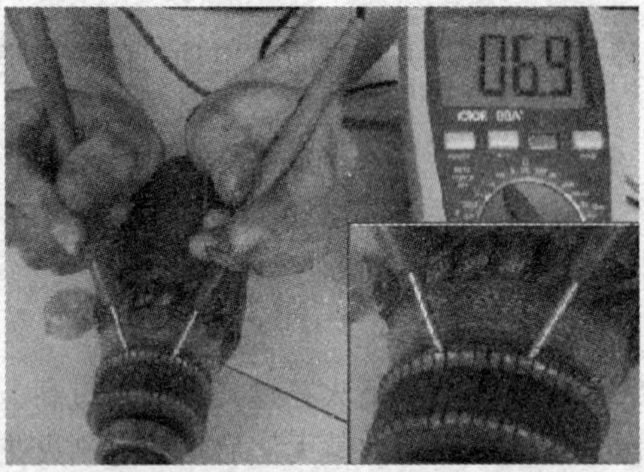 | 如果觉得上述做法较为烦琐也可采取跨距较大的测量方法，如左图为测量六片换向片间绕组直流电阻正常值为6.9 Ω。同样任意六片换向片间直流电阻正常值都应为6.9 Ω，如发现哪次测量值不正常，再用上述方法在该六片换向片间找出具体的故障位置 |
| 检查电刷与换向器接触面 | 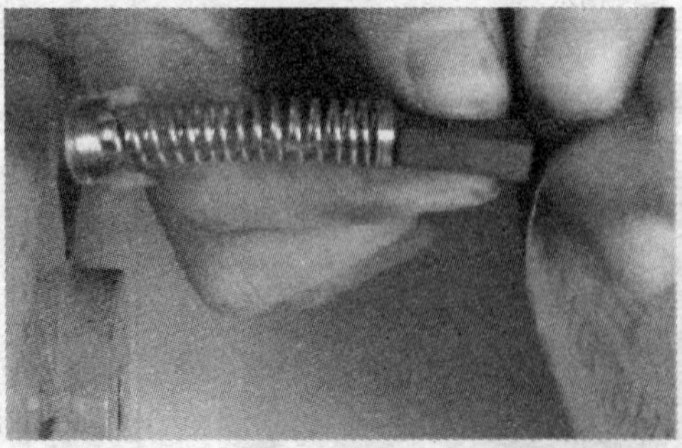 | 如接触不良，可用00号砂布研磨电刷，清洁换向器表面；如电刷磨损过短，则更换同型号的新电刷或修理换向器 |

续表

| 检查项目 | 图示 | 说明 |
|---|---|---|
| 检查电刷压力 | 弹簧秤 1 电刷 2 刷架 3 换向器 4 | 如大小不当或不均匀，则用弹簧秤校正电刷压力 14.7～24.5 kPa（150～250 g/cm²）。如弹簧失去弹性，要更换弹簧 |
| 检查刷握和安装位置 | 刷握 电刷 换向片 a) 合适 b) 太松 | 如松动或位置不正确，须紧固或重新调整刷握位置。刷握可以与换向器表面相垂直，也可倾斜一个角度。电刷应能在刷握框中上下自由移动，不能太松而使电刷在刷握框中摇晃 |

## 二、直流电动机常见故障及原因

| 故障类型 | 故障原因 | 处理方法 |
|---|---|---|
| 无法启动 | ①电源电路不通<br>②启动时过载<br>③励磁回路断开<br>④启动电流太小<br>⑤电枢绕组接地、断路、短路 | ①检查电路是否通路，熔断器是否完好；电动机进线端是否正确；电刷与换向器表面接触是否良好；如电刷与换向器断开，则须调整刷握位置和弹簧压力<br>②检查电动机负载，如过载，减小电动机所带的负载<br>③用万用表检查磁场变阻器及励磁绕组是否断路，如断路，应重新接好线<br>④检查电枢绕组是否有接地、断路、开焊、短路等现象 |
| 电刷下火花过大 | ①电刷与换向器接触不良<br>②刷握松动或安装位置不正确<br>③电刷磨损过短<br>④电刷压力大小不当或不均匀<br>⑤换向器表面不光洁、有污垢，换向器上云母片突出<br>⑥电动机过载<br>⑦换向极绕组部分短路<br>⑧换向极绕组接反<br>⑨电枢绕组有断路或短路故障<br>⑩电枢绕组与换向片之间脱焊 | ①清洁电刷与换向器，使接触良好<br>②如电刷弹簧弹力不够，更换弹簧即可<br>③如电刷表面凹凸不平，可采用 00 号砂布研磨电刷的接触面<br>④检查电动机负载，如过载，减小电动机所带的负载<br>⑤如发现换向极绕组接反，则将它反接过来<br>⑥如发现换向极绕组或电枢绕组有短路或脱焊等现象，则采用合适的办法修复即可 |

续表

| 故障类型 | 故障原因 | 处理方法 |
| --- | --- | --- |
| 电动机温升过高 | ①长期过载<br>②未按规定运行<br>③通风不良 | ①如果是因长期过载引起电动机温升过高，须减轻电动机负载或更换功率较大的电动机来驱动<br>②认真对照铭牌上的参数，看电动机是否按规定运行，如有问题应及时调整<br>③改善电动机所在场所的通风状况 |
| 电动机振动 | ①电枢平衡未校好<br>②检修时风叶装错位置或平衡块移动<br>③转轴变形<br>④联轴器未校正<br>⑤地基不平或地脚螺钉不紧 | ①校准电枢几何中心<br>②重新正确地安装好风叶<br>③校准或更换转轴<br>④校准电动机转轴与联轴器间的同轴度<br>⑤重新整理地基或拧紧地脚螺钉 |
| 机壳带电 | ①电动机受潮后绝缘电阻值下降<br>②电动机绝缘老化<br>③引出线碰壳<br>④电刷灰或其他灰尘的累积 | ①如果是因受潮引起绝缘电阻值下降，则可采用烤箱将电动机烘干<br>②如果是电动机绕组绝缘老化，则应重绕已经老化的绕组<br>③如果是引线碰壳，则将裸露碰壳的引线用绝缘套管包扎好<br>④如果是灰尘导致机壳带电的，则应对电动机进行清洁维护 |

## 任务小结

本任务是通过对直流电动机检修方法较为简易的项目训练和对常见故障现象的原因及处理方法的解读，学会如何检查直流电动机故障以及修理方法。通过对理论知识的学习，掌握直流电动机启动、反转、调速和制动原理及方法。

## 一、直流电动机的启动

直流电动机由静止状态加速达到正常运转的过程，称为启动过程。

直流电动机在刚启动瞬间，转速 $n=0$，故反电动势 $E_a=C_e\Phi n=0$，此时电枢电流 $I_a$ 为：

$$I_a=\frac{U-E_a}{R_a}=\frac{U}{R_a}=I_{st}$$

此时的电流称为启动电流，用 $I_{st}$ 表示。由于电枢绕组的电阻 $R_a$ 很小，故启动电流必然很大，通常可达到额定电流的 10～20 倍。这样大的启动电流会引起电动机换向困难，并使供电线路产生很大的压降。因此，除小容量电动机外，直流电动机一般不允许直接启动，而必须采取适当的措施限制启动电流。

直流电动机启动的要求：

(1) 最初启动电流 $I_{st}$ 要小；

(2) 最初启动转矩 $T_{st}$ 要大；

(3) 启动设备要简单和可靠。

为限制直流电动机启动电流，可以采取以下措施来进行启动。

**1. 电枢回路串变阻器启动**

变阻器启动就是在启动时将一组启动电阻 $R_{st}$ 串入电枢回路，以限制启动电流。待转速上升以后，再逐段将启动电阻切除。此法启动时的启动电流为：

$$I_{st} \approx \frac{U}{r_a + R_{st}}$$

因此，只要 $R_{st}$ 的阻值选择得当，就能将启动电流限制在允许的范围内。

变阻器外形图如图 4—11 所示。图 4—12 所示为并励直流电动机的串变阻器启动电路，该启动电阻器具有失压保护功能，电枢回路是靠电磁开关 K 来接通的，当失压后电磁开关靠弹簧的力自动复位而断开；在直流电动机启动时，用手控制调节手轮，按转速提高顺时针旋转，将串联在电枢回路上的电阻值逐渐减小，直到转速提高到正常转速。

通常把启动电流限制在（1.5～2.5）$I_N$ 的范围内来选择启动变阻器的大小。一般 150 kW 以下的直流电动机启动电流可取上限；150 kW 以上的直流电动机则取下限。

变阻器启动用于各种中、小型直流电动机，其缺点是变阻器比较笨重，启动过程中消耗很多电能。

图 4—11　变阻器外形图

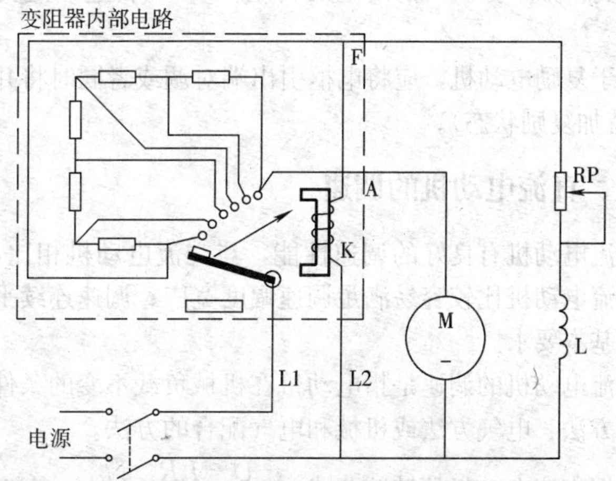


图 4—12　直流电动机串变阻器启动电路

**2. 减压启动**

减压启动是在启动时通过暂时降低电动机供电电压的方法，来限制启动电流。

减压启动方法一般只用于大容量启动频繁的直流电动机，并要有一套可变电压的直流电源。常见的发电机—电动机组就是采用减压启动方式来启动电动机的，其优点是启动电流小，启动时消耗能量少，升速比较平稳。近代还采用由晶闸管整流电源组成的“整流器—电动机”组，也适用于减压启动。

应注意的是：并励电动机采用减压启动时只降低电枢电压，不能降低励磁绕组的外施电压，否则启动转矩将变小，电动机将仍无法启动。

## 二、直流电动机的正、反转

电动机的电磁转矩是由主磁通和电枢电流相互作用而产生的。根据左手定则，任意改变两者之一，就可改变电磁转矩的方向，所以，改变电动机转向的方法有两种：一是将励磁绕组反接；二是将电枢绕组反接。由于他励和并励电动机励磁绕组的匝数较多，电感较大，反向磁通的建立过程缓慢，所以，一般都采用变电枢电流方向的办法来改变电动机的转向。图4—13所示为他励电动机正、反转的原理电路图。

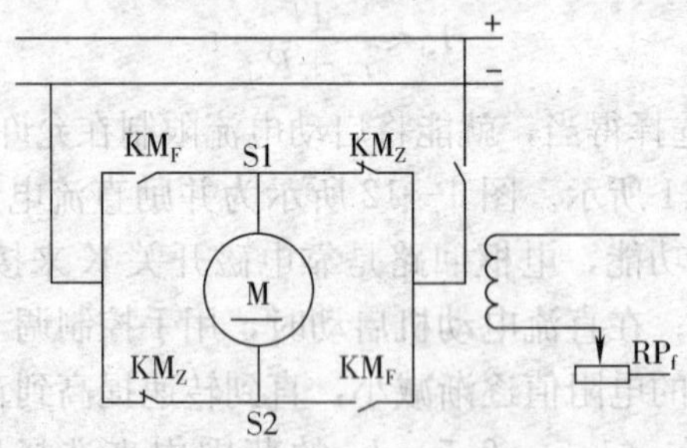


图4—13　他励电动机正、反转的原理电路图

当正向接触器 $KM_Z$ 闭合时，反向接触器 $KM_F$ 是断开的。电枢的S1端接正极；S2端接负极。如将 $KM_Z$ 断开，将 $KM_F$ 闭合，则电枢电流反向，电磁转矩 $T$em和转速 $n$ 的方向也随之改变。如果把反向前的电磁转矩 $T$em和转速 $n$ 定为正值，反向后的 $T$em和 $n$ 则为负值。

对于复励电动机，应将电枢引出端对调或者同时将并励绕组和串励绕组引出端分别对调（仍维持加复励状态）。

## 三、直流电动机的调速

直流电动机有良好的调速性能，与交流电动机相比，这也是直流电动机的一个显著优点。直流电动机比较容易满足调速幅度宽广、调速连续平滑、损耗小、经济指标高等电动机调速的基本要求。

直流电动机的调速是指电动机在机械负载不变的条件下，改变电动机的转速。调速可采用机械方法、电气方法或机械和电气配合的方法。

根据直流电动机的转速公式 $n\approx\frac{U-I_aR_a}{C_e\Phi}$ 可知，直流电动机有三种调速方法，即电枢回路串电阻调速法、改变励磁磁通调速法和改变电枢电压调速法。下面分别介绍这三种调速方法的控制。

**1. 电枢回路串电阻调速法**

在直流电动机的电枢回路中串联变阻器来实现调速，如图4—14所示。

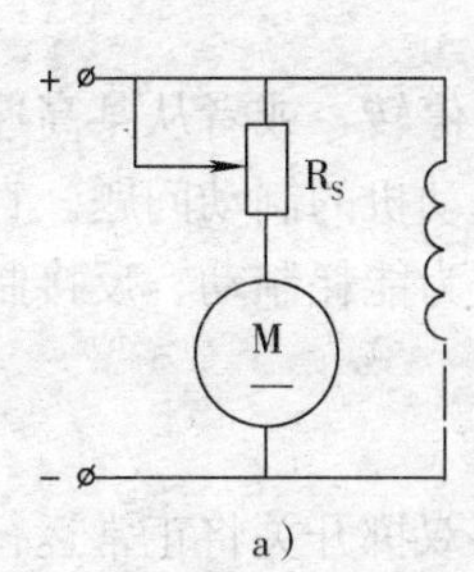


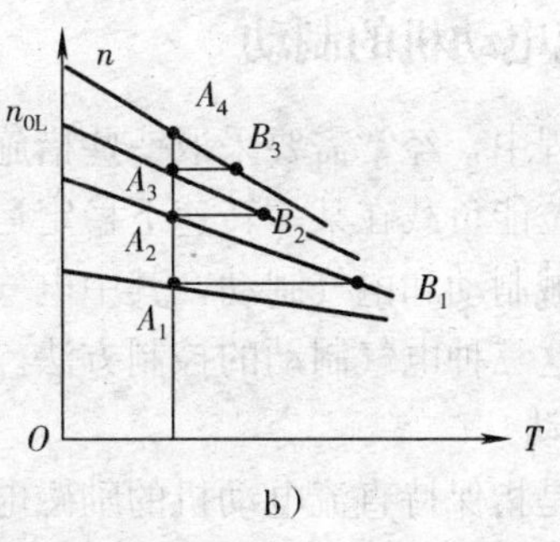


a）　　　　　　　　　　　b）

图 4—14　电枢回路串变阻器调速法

a）电路原理图　b）机械特性

其特性如下：

（1）设备简单，投资少，只需增加变阻器和切换开关，操作方便。小功率电动机中用得较多，如电气机车等。

（2）属于恒转矩调速方式，转速只能由额定转速往下调。

（3）只能分级调速，调速平滑性差。

（4）低速时，机械特性很软，转速受负载影响而发生较大的变化，电能损耗大，经济性能差。

**2. 改变励磁磁通调速法**

改变直流电动机励磁电流的大小来实现调速，如图 4—15 所示。

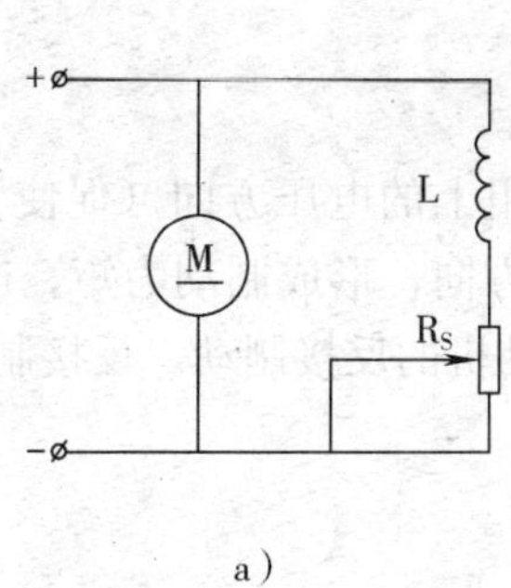


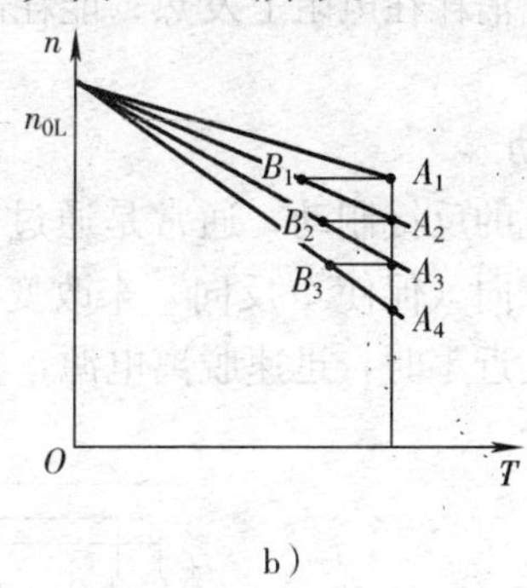


a）　　　　　　　　　　　b）

图 4—15　改变励磁磁通调速法

a）电路原理图　b）机械特性

其特性如下：

（1）调速在励磁回路中进行，功率较小，故能量损失小，控制方便。

（2）速度变化比较平滑，但转速只能往上调，不能在额定转速以下进行调节。

（3）调速的范围较窄，在磁通减少太多时，由于电枢磁场对主磁场的影响加大，会使电动机火花增大、换向条件恶化。

（4）在减少励磁调速时，如负载转矩不变，电枢电流必然增大，要防止电流太大带来的问题，如发热、打火等。

## 四、直流电动机的制动

在生产过程中，经常需要采取一些措施使电动机尽快停转，或者从某高速降到某低速运转，或者限制位能负载在某一转速下稳定运转，这就是电动机的制动问题。直流电动机的制动可以分为机械制动和电气制动，其中电气制动又可以分为能耗制动、反接制动和再生制动等。下面介绍这三种电气制动的控制方法。

**1. 能耗制动**

能耗制动是指保持直流电动机的励磁电流不变，利用双掷开关将正常运行的电动机电源切断而将电枢回路串入适量电阻，进入制动状态后，电动机驱动系统由于有惯性而继续旋转，电枢电流反向，转矩也反向，其方向和转速方向相反，成为制动转矩，使电动机能很快地停转。在能耗制动中，电动机实际变成了发电机运行状态，将系统中的机械动能转化为电能消耗在电枢回路的电阻中。直流电动机能耗制动电路原理图如图 4—16 所示。

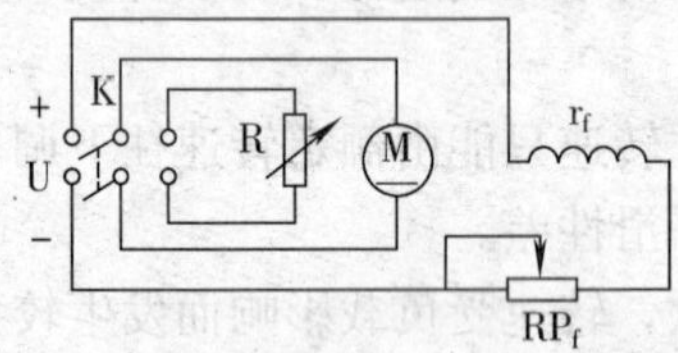


图 4—16　能耗制动电路原理图

其特性包括：能耗制动的优点是所需设备简单，成本低，制动减速平稳可靠。其缺点是能量无法利用，消耗在电阻上发热；能耗制动的制动转矩随转速变慢而相应减少，制动时间较长。

**2. 反接制动**

直流电动机的反接制动，通常是通过改变电枢绕组上的电压方向（促使 $I_a$ 反向）或改变励磁电流的方向（促使 $\Phi$ 反向）来改变电磁转矩的方向，形成制动力矩，产生制动作用。当电动机速度接近零时，迅速脱离电源，实现直流电动机的反接制动。反接制动电路原理图如图 4—17 所示。

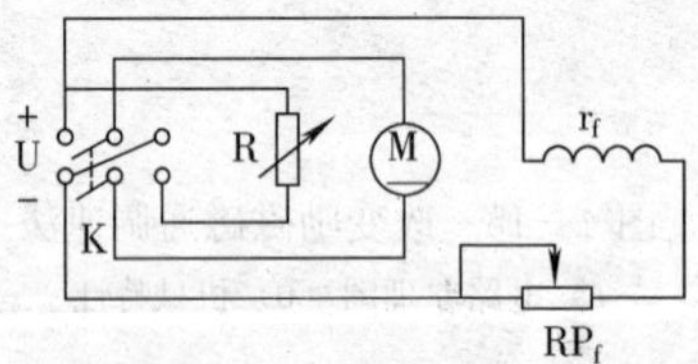


图 4—17　反接制动电路原理图

其特性包括：反接制动的优点是制动转矩比较恒定，制动较强烈，操作比较方便。其缺点是需要从电网吸取大量的电能，而且对机械负载有较强的冲击作用。它一般应用在快速制动的小功率直流电动机上。

**3. 再生制动**

如直流电动机所驱动的电车或电力机车，在电车下坡时，电车位能负载使电车加速，转速增加。当转速升高到一定值后，电枢产生的反电动势 $E_a$ 大于电网电压 $U$，电动机转变为发电机运行，向电网送出电流，电磁转矩变为制动转矩，把能量反馈给电网，以限制转速继续上升，电动机以稳定转速控制电车下坡，这时，电机从电动机状态转变为发电机状态运行，把机械能转变成电能，向电源馈送，故称为回馈制动也称为再生制动或发电制动。

再生制动的优点是产生的电能可以反馈回电网中去，使电能获得利用，简便可靠而经济。缺点是再生制动只能发生在 $n>n_0$ 的场合，限制了它的应用范围。

# 课题五

# 三相异步电动机的安装与检修

## 任务1　三相异步电动机的拆卸与装配

1. 了解三相异步电动机的组成结构；
2. 掌握三相异步电动机的拆卸与装配的方法、技巧。

在对三相异步电动机进行大修和小修维护保养时，可能需要对电动机进行拆装，如果拆卸方法不正确，有可能损坏电动机的零部件，不光是使维修质量难以得到保证，而且会为今后电动机正常运行留下后遗症。因此，为保证在今后的工作中具有对三相异步电动机进行维护保养的能力，首先要掌握电动机正确的拆卸和装配技术。本任务将带领大家以一台Y801－4型，功率为0.55 kW的三相异步电动机为例，在完成先拆后装的任务基础上，进一步熟悉三相异步电动机的结构，了解其工作原理，掌握电动机拆装操作技巧，为电动机的维修打下基础。

本任务将拆卸一台Y801－4型、功率0.55 kW三相异步电动机，对照相关理论中的知识点深入了解三相异步电动机的组成结构，然后再将其重新装好。

### 一、小型三相异步电动机的拆卸

**1. 拆卸前准备工作**

(1) 必须断开电源，拆除电动机与外部电源的连接线，并标好电源线在接线盒的相序标记，以免安装电动机时搞错相序。

(2) 检查拆卸电动机的专用工具是否齐全。

(3) 为便于电动机的重装，解体前，要做好相应的标记和必要的数据记录。

1) 在带轮或联轴器的轴伸端做好定位标记，测量并记录联轴器或带轮与轴台间的距离。

2) 在电动机机座与端盖的接缝处做好标记，如图 5—1 所示。

图 5—1　给电动机做标记

3) 给电动机的出轴方向及引出线在机座上的出口方向做好标记。

**2. 三相异步电动机的拆卸**

以 Y801—4 型，功率 0.55 kW 三相异步电动机为例，详细拆卸步骤及说明如下：

| 拆卸步骤 | 图示 | 说明 |
|---|---|---|
| 标记待拆卸带轮的位置 | 带轮 | 在带轮（或联轴器）的轴伸端上做好在装配时的复原标记 |
| 拆卸带轮 | | 将三爪拉具的丝杆尖端对准电动机轴端的中心，挂住带轮（或联轴器），使其受力均匀，把带轮（或联轴器）慢慢拉出<br>注意：拆卸带轮或轴承时，要正确使用拉具 |

续表

| 拆卸步骤 | 图示 | 说明 |
|---|---|---|
| 拆卸联轴器 |  | 用合适的工具将固定带轮（或联轴器）的销子拆下 |
| 拆卸风罩 |  | 用旋具将风罩四周的 3 个螺栓拧下，用力将风罩往外拔，风罩便能脱离机壳 |
| 拆卸风扇 |  | 先用尖嘴钳取下转子轴端风扇上的定位销子或螺钉。用手锤均匀轻敲风扇四周并取下风扇 |

续表

| 拆卸步骤 | 图示 | 说明 |
| --- | --- | --- |
| 拆卸后端盖 |   | 拆卸后端盖 3 个螺钉<br>注意：端盖螺钉的松动与紧固必须按对角线上下左右依次旋动 |
| 拆卸前端盖螺钉 |   | 拆卸前端盖 3 个螺钉 |
| 拆卸后端盖 |   | 用木锤敲打轴伸端，使后端盖脱离机座<br>注意：不能用手锤直接敲打电动机的任何部位，只能用紫铜棒在垫好木块后再敲击或直接用木锤敲打 |

续表

| 拆卸步骤 | 图示 | 说明 |
| --- | --- | --- |
| 取出后端盖及转子 |  | 当后端盖稍与机座脱开，即可把后端盖连同转子一起抬出机座<br>注意：抽出转子或安装转子时动作要小心，一边送一边接，不可擦伤定子绕组 |
| 拆卸前端盖 |  | 用硬杂木条从后端伸入，顶住前端盖的内部敲打 |
| 取下前端盖 | 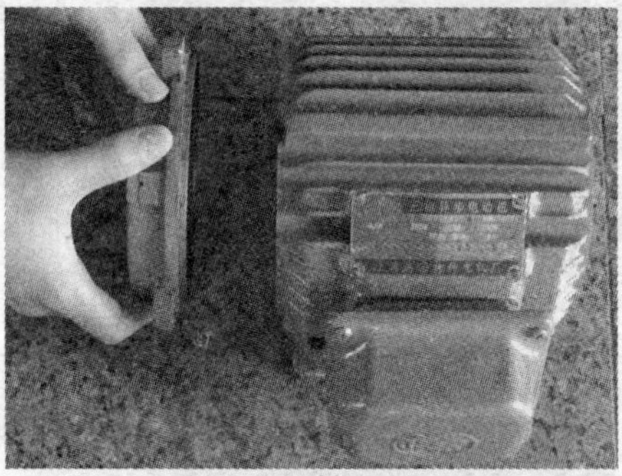 | 用双手轻轻地将前端盖取下 |
| 取下后端盖 | 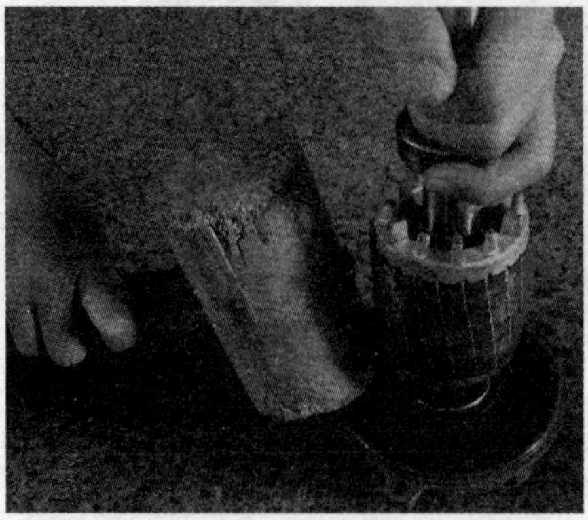 | 用木锤均匀敲打后端盖四周，即可将其取下 |

续表

| 拆卸步骤 | 图示 | 说明 |
| --- | --- | --- |
| 拆卸电动机轴承 | 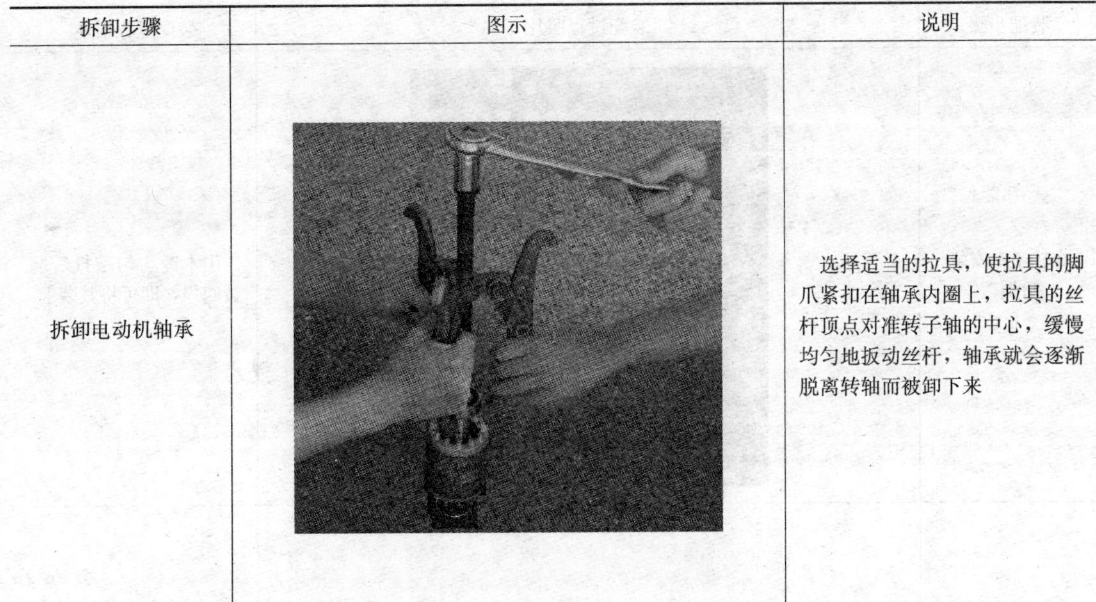 | 选择适当的拉具，使拉具的脚爪紧扣在轴承内圈上，拉具的丝杆顶点对准转子轴的中心，缓慢均匀地扳动丝杆，轴承就会逐渐脱离转轴而被卸下来 |

## 二、三相异步电动机的装配

三相异步电动机的装配顺序与拆卸相反。在组装前应清洗电动机内部的灰尘，清洗轴承并加足润滑油，然后按以下顺序操作。

| 装配步骤 | 装配过程照片 | 装配过程描述 |
| --- | --- | --- |
| 安装轴承 |  | 用紫铜棒将轴承压入轴颈，要注意使轴承内圈受力均匀，切勿总是敲击一边，或敲轴承外圈 |

续表

| 装配步骤 | 装配过程照片 | 装配过程描述 |
|---|---|---|
| 在转子上安装后端盖 |  | 用木锤均匀敲打后端盖四周，即可将其装上 |
| 安装转子 |  | 用手托住转子慢慢移入<br>注意：抽出转子或安装转子时动作要小心，一边送一边接，不可擦伤定子绕组 |
| 安装后端盖 |  | 用木锤小心敲打后端盖 3 个耳朵，使螺钉孔对准标记。并用螺栓固定后端盖 |

续表

| 装配步骤 | 装配过程照片 | 装配过程描述 |
| --- | --- | --- |
| 安装前端盖 |   | 用木锤均匀敲打前端盖四周，并调整至对准标记。调整的方法同安装后端盖。并用螺栓固定前端盖<br>注意：电动机装配后，要检查转子转动是否灵活，有无卡阻现象 |
| 安装风扇 |   | 用木锤敲打风扇 |
| 安装风罩 |   | 将风罩上的螺钉孔与机座上的螺母对准并将螺钉拧紧即可 |

续表

| 装配步骤 | 装配过程照片 | 装配过程描述 |
| --- | --- | --- |
| 安装插销 |  | 轻轻地用木锤敲打插销（固定键）入槽 |
| 安装联轴器 |  | 将联轴器的插槽对准插销并用木锤敲击进行安装 |

## 任务小结

本任务是通过对 Y801－4 型三相异步电动机的拆卸与装配活动，掌握三相异步电动机的拆卸与装配的方法、技巧，深入了解三相异步电动机的组成结构。同时通过相关理论知识的学习，解决了在实践过程中所发现的问题，这样形成了“做中学，做中长”学习过程，使学习效果最优化。

## 一、三相异步电动机概述

随着科学技术的迅速发展，特别是变频技术的发展使得交流电动机逐步具备了直流电动机具有的调速范围宽、稳态精度高、动态响应快等良好技术性能，交流电动机代替直流电动机的发展趋势日趋明显。再者异步电动机更具有结构和制造工艺简单、价格低廉、三相供电效率高、控制方便等优点，现已广泛应用于工业上为电气传动提供动力的环节。

因此学好三相异步电动机知识及安装、维护、维修及控制对于从事电气自动化行业的人员来说相当重要。

## 二、三相异步电动机的结构

三相异步电动机的种类很多，但各类三相异步电动机的基本结构是相同的，它们都由定子和转子这两大基本部分组成，在定子和转子之间具有一定的气隙。此外，还有端盖、轴承、接线盒、吊环等其他附件，如图 5—2 所示。

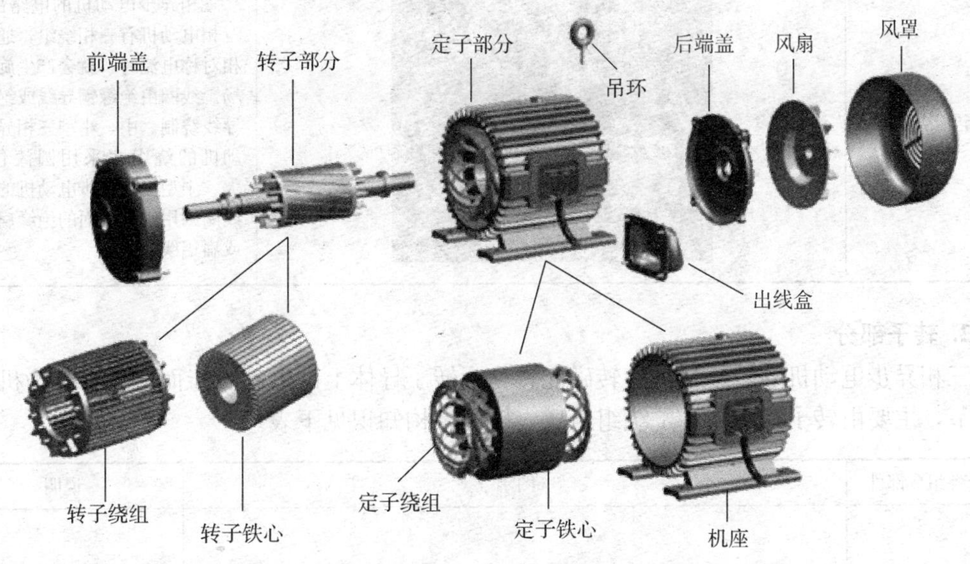


图 5—2　三相异步电动机的主要结构示意图

### 1. 定子部分

三相异步电动机的定子是用来产生旋转磁场的，是将三相电能转化为磁能的环节。三相异步电动机的定子一般由机座、定子铁心、定子绕组等部分组成。定子的组成结构知识见下表。

| 定子各组成部件 | 图示 | 说明 |
| --- | --- | --- |
| 机座 | | 由铸铁或铸钢浇铸成型（一般都铸有散热片），其主要作用是保护和固定三相异步电动机的定子绕组 |
| 定子铁心 | 定子叠片 压圈 扣片 定子铁心<br>a）定子铁心 b）定子冲片 | 定子铁心是电动机磁路的一部分，由 0.35～0.5 mm 厚表面涂有绝缘漆的薄硅钢片叠压而成，由于硅钢片较薄而且片与片之间是绝缘的，所以减少了由于交变磁通通过而引起的铁心涡流损耗。铁心内圆有均匀分布的槽口，用来嵌放定子绕圈 |
| 定子绕组 | | 三相异步电动机的电路部分：三相电动机有三相绕组，通入三相对称电流时，就会产生旋转磁场。线圈由绝缘铜导线或绝缘铝导线绕制。中、小型三相异步电动机的绕组多采用圆漆包线，大、中型三相异步电动机的定子线圈则用较大截面的绝缘扁铜线或扁铝线绕制 |

## 2. 转子部分

三相异步电动机的转子是将旋转磁能转化为转子导体上的电动势能而最终转化为机械能的环节，主要由转子铁心与转子绕组组成。转子结构知识见下表。

| 转子各组成部件 | 图示 | 说明 |
| --- | --- | --- |
| 转子铁心 | a）转子冲片 b）转子铁心 | 转子铁心一方面作为电动机磁路的一部分，另一方面用来安放转子绕组，用 0.5 mm 厚的硅钢片叠压而成，套在转轴上 |

续表

| 转子各组成部件 | 图示 | 说明 |
| --- | --- | --- |
| 绕线转子绕组 | 风叶 铁心 绕组 集电环 绕线转子实物照片<br>电刷支架　集电环 | 与定子绕组一样也是一个三相绕组，一般为星形联结，三相引出线分别接到转轴上的 3 个与转轴绝缘的集电环上，通过电刷装置与外电路相连。转子回路通过集电环和电刷才能闭合，从而当转子切割旋转磁场时，在三相绕组中产生电动势并在转子回路形成电流，产生电磁转矩；实际应用中，转子回路通过集电环和电刷接入外电阻，可以改善电动机的启动特性并在必要时可供调节转速 |
| 笼型转子绕组 | 笼型转子实物照片<br>铸铝转子绕组结构　铜条转子绕组结构 | 笼型转子绕组本身自成闭合回路，转子上的铝条或铜条导体切割旋转磁场，相互作用产生电磁转矩<br>笼型绕组是在转子铁心的每一个槽中插入一根铜条，在铜条两端各用一个铜环（称为端环）把导条连接起来，称为铜排转子。也可用铸铝的方法，把转子导条和端环风扇叶片用铝液一次浇铸而成。100 kW 以下异步电动机一般采用铸铝转子 |

**3. 附件部分**

三相异步电动机的附件部分包括端盖、轴承和轴承盖以及风扇和风罩等。附件部分结构知识见下表。

| 附件各部件 | 图示 | 说明 |
| --- | --- | --- |
| 端盖 | | 端盖除了起防护作用外，在端盖上还装有轴承，用以支撑转子轴。其是用铸铁或铸钢浇铸成型 |
| 轴承盖与轴承 | 轴承盖　轴承 | 轴承盖是用来固定转子的，使转子不能轴向移动，另外起存放润滑油和保护轴承的作用。轴承盖采用铸铁或铸钢浇铸成型；轴承用于支撑转轴转动，采用铸钢浇铸成型，轴承内注有润滑油 |
| 风扇罩与风扇 | 风罩　风扇 | 风罩用铸铁制造，安装在风扇的外端用来保护风扇；风扇用塑料制造，安装在转轴上，用来冷却电动机 |
| 接线盒 | | 接线盒用来保护和固定绕组的引出线端子，采用铸铁浇铸而成 |
| 吊环 | | 吊环用铸钢制造，安装在机座的上端，用来起吊、搬抬三相电动机 |

# 任务 2　三相异步电动机的安装

## 学习目标

1. 学会三相异步电动机在设备上的安装、调试方法及其与三相交流电源相连接的方法；
2. 掌握三相异步电动机的工作原理和旋转磁场、转差率、磁极对数的概念。

## 工作任务

本任务主要是针对如何将电动机安装在设备上，实现电气传动五个环节的训练，包括安装前的检查、电动机的固定、带传动的安装与电动机中心线校正、联轴器传动的安装与电动机中心线校正、电动机电气连接五项训练活动。

## 任务实施

### 一、电动机安装前的检查

| 说明 | 图示 |
| --- | --- |
| ①检查电动机的功率、电压等级和型号是否与图样规定相符<br>②检查电动机的外壳有无损伤、风罩风叶是否完好，转子转动是否灵活，轴向窜动是否超过规定<br>③拆开电动机接线盒，可以看到三相定子绕组的接线柱，用万用表粗测三相定子绕组阻值，判断三相定子绕组是否开路，如右图所示<br>④选择干燥、通风好、无腐蚀气体侵害的场所安装电动机 | 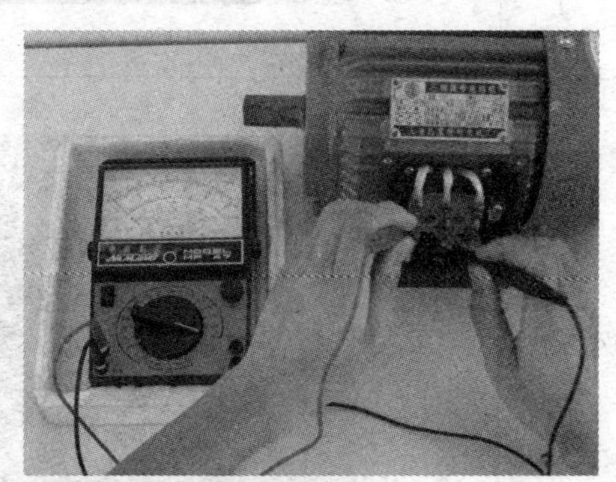 |

## 二、电动机的固定

新投入运行设备中的电动机和拆卸后的电动机，都需要进行安装。为保证电动机能正常驱动负载运转工作，必须平整牢固地将电动机安装在底座上，并对电动机与机械传动机构的连接进行必要的校正。

| 步骤 | 图示 | 说明 |
| --- | --- | --- |
| 电动机安装基础的预制 | | 固定电动机的基座可采用混凝土结构，应坚实牢靠，以保证电动机启动和运行的平稳性<br>本任务中采用混凝土预制的基座。其基座露出地平面150 mm。按电动机机座螺栓尺寸预埋基座上的地脚螺栓 |
| 将电动机放置于基座上 | | 对于小型电动机，可用人工抬；对于较重的电动机应使用起重设备吊装，待电动机机座或安装底板的地脚孔对准地脚螺栓后，再徐徐降落。电动机在吊装过程中，要特别注意安全 |
| 用水平尺校正水平 | | 将电动机抬到基座上后，用水平尺校正电动机纵向和横向的水平情况。即把水平尺靠在基座的纵方向和横方向，观察水平尺上的水珠情况<br>如水平尺中的水珠往某方向偏，则表明某方向偏高，需在偏低方向的机座下垫0.5～5 mm的钢片，直至水平正好为止。切忌垫木片、竹片和铝片 |

续表

| 步骤 | 图示 | 说明 |
| --- | --- | --- |
| 安装固定螺母 |  | 发现水平尺中的水珠处于正中位置时，说明电动机已处于水平位置，按对角顺序逐步交错拧紧各螺母，注意要分几次把各螺母均匀拧紧，其松紧程度要保持一致 |
| 小型电动机的槽轨安装法 |  | 如果电动机在使用过程中，需要调整位置，电动机功率较小时，可先在基座上预埋槽轨，槽轨的支脚深埋在基座下固定，电动机安装在槽轨上。这种安装方式可以方便电动机在安装时进行必要的校正或调整 |

## 三、带传动的电动机的安装与电动机中心线校正

| 步骤 | 图示 | 说明 |
| --- | --- | --- |
| 带传动的台钻电动机的安装 | 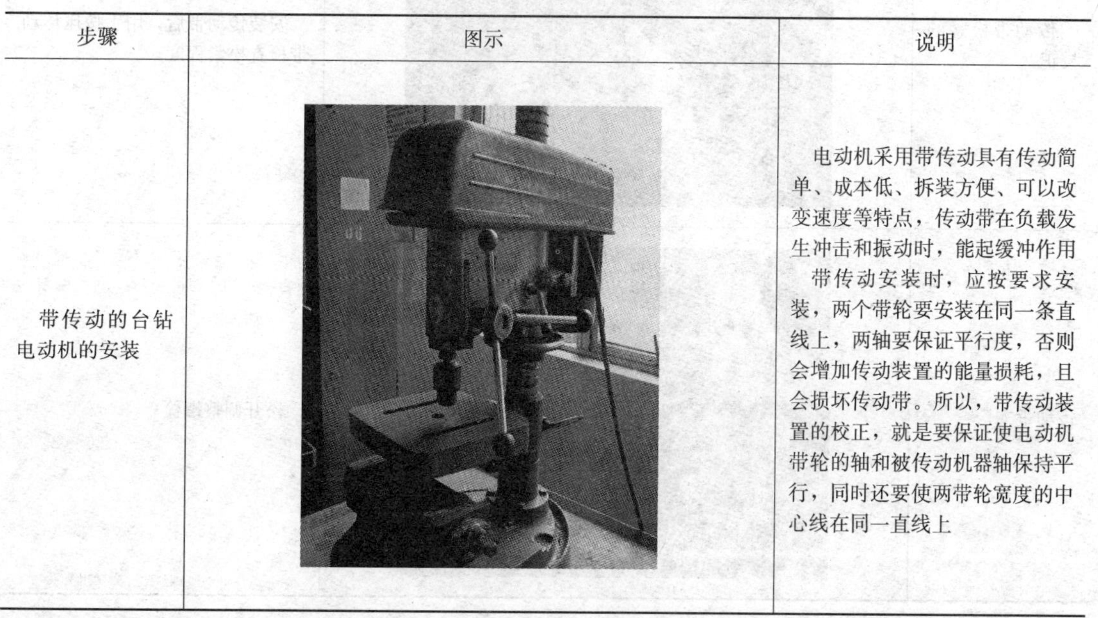 | 电动机采用带传动具有传动简单、成本低、拆装方便、可以改变速度等特点，传动带在负载发生冲击和振动时，能起缓冲作用<br>带传动安装时，应按要求安装，两个带轮要安装在同一条直线上，两轴要保证平行度，否则会增加传动装置的能量损耗，且会损坏传动带。所以，带传动装置的校正，就是要保证使电动机带轮的轴和被传动机器轴保持平行，同时还要使两带轮宽度的中心线在同一直线上 |

续表

| 步骤 | 图示 | 说明 |
| --- | --- | --- |
| 更换台钻电动机 |  | 只有对台钻传动机构进行维修更换过电动机后，才须对带传动的安装与电动机中心线进行校正<br>如左图将坏电动机拆下后，换上一台同型号的异步电动机，初步安装固定螺栓 |
| 电动机中心线校正 |  | 拉直一根细线，直接将拉直的细线紧贴被带动机械带轮侧面，再校正电动机，使它的带轮也贴住细线。如拉直的细线与两带轮的侧面刚好贴住，则电动机的中心线已校正好 |
| 传动带松紧的校正 |  | 安装传动带后，用手按压传动带检查松紧程度 |
| 传动带太松 |  | 松开调整螺栓 |

续表

| 步骤 | 图示 | 说明 |
| --- | --- | --- |
| 调整电动机位置 |   | 用锤子轻敲电动机底座中心处，直到传动带松紧合格 |
| 接线 |   | 接上三相四线制电源线 |
| 试车 |   | 经检查无误后，接通电源，调试检查电动机及带传动机构工作情况 |

## 四、联轴器传动的安装与电动机中心线校正

当电动机与被驱动的机械采用联轴器连接时，必须使电动机与负载机械的轴的中心线保持在一条直线上，否则，电动机转动时将产生很大的振动，严重时能损坏联轴器，甚至扭弯、扭断电动机或负载机械的主轴。另外，电动机转子和机械转动会有一部分的质量使轴产

生一定的挠度，从而使联轴器的两端面不平行。

| 步骤 | 图示 | 说明 |
| --- | --- | --- |
| 将弹性联轴器安装在传动机械的轴上 | 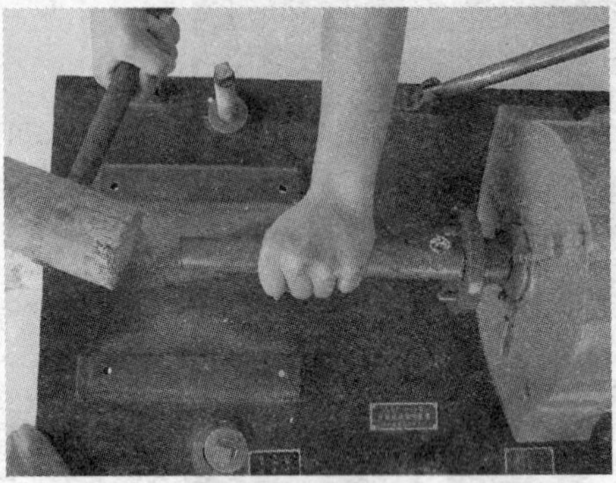 | 联轴器在安装时，先把两片联轴器分别装在电动机和机械的轴上，不同的联轴器可以采用不同的装配方法。对于低速和小型联轴器的装配，可采用动力压入法，这时通常用木锤敲打的方法，通过垫放的木块或其他软材料作为缓冲件，依靠木锤的冲击力，把联轴器敲入 |
| 将联轴器安装到电动机的转轴上 |  | |
| 安装防振圈 | 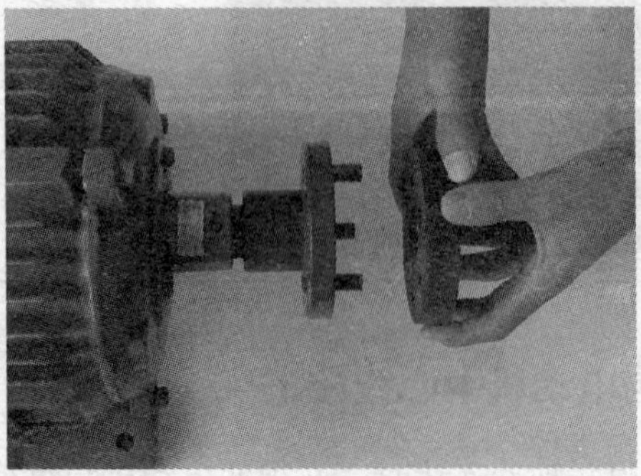 | 安装防振圈，减小运行时的振动 |

续表

| 步骤 | 图示 | 说明 |
| --- | --- | --- |
| 联轴 |   | 把电动机移近连接处 |
| 电动机预固定 |   | 当两轴相对的处于一条直线上时，先初步拧紧电动机的机座地脚螺栓，但不要拧得太紧，待传动中心线校正后再正式拧紧 |
| 联轴器传动的中心线校正 |   | 校正时，首先将钢板尺搁在两个半片联轴器的上侧面上，查看联轴器转动时是否有高低不一致的现象，如左图所示。钢板尺在两联轴器上要靠得很紧密，观察不到尺与联轴器的外缘有缝隙。然后用手转动电动机侧的半联轴器，每转动 90°用尺靠一次，若靠 4 次结果均相同，说明两侧轴线已经重合，中心线已经校准。校正后锁紧螺栓 |

操作提示

联轴器传动安装时，如果检查发现两个半片联轴器存在高低不一致的现象，则应在电动机机座下或机械传动机座下适当垫些钢片，使其联轴器上下平衡，当两个半片联轴器处于同一轴心位置时，可把地脚螺栓拧紧。

## 五、三相异步电动机的接线

在电动机安装工作中，电动机正确接线是一项非常重要的工作，如果接线不正确，不仅使电动机不能正常运行，严重时还会烧毁电动机的绕组。

| 步骤 | 图示 | 说明 |
|---|---|---|
| 松开接线螺钉 | | 打开电动机接线盒盖，分别松开六个接线柱上的螺钉 |
| 定子绕组引线端子 | | 三相异步电动机接线盒内部如左图所示，三相绕组的6个线头排成上下两排，其中 $U_1$、$V_1$、$W_1$ 为电动机绕组的首端，$U_2$、$V_2$、$W_2$ 为电动机绕组的末端。三相异步电动机有两种接线方法，即星形联结和三角形联结。在电网电压的既定条件下，根据电动机铭牌标明的额定电压与接法关系，决定电动机接线盒引出线的连接方法 |

续表

| 步骤 | 图示 | 说明 |
| --- | --- | --- |
| 定子绕组的星形联结 |  | 将接线盒中三相绕组尾端 $U_2$、$V_2$、$W_2$ 接线端短接，再将首端 $U_1$、$V_1$、$W_1$ 分别接三相电源的 L1、L2、L3 即构成星形联结。这时每相绕组的电压是线电压的 $\frac{1}{\sqrt{3}}$ |
| 定子绕组的三角形联结 |  | 将接线盒中三相绕组的 $U_1$ 与 $W_2$、$V_1$ 与 $U_2$、$W_1$ 与 $V_2$ 接线端短接，再将 $U_1$、$V_1$、$W_1$ 首端分别接三相电源的 L1、L2、L3 即构成三角形联结。这时每相绕组的电压等于线电压<br>因此，从理论上讲定子绕组接成三角形运行时其功率是接成星形运行时的 3 倍 |
| 准备电源线 |  | 剥开电源线的四芯皮线，通过接线盒防水圈引入接线盒 |
| 接好接地保护线 |  | 将电源线的接地线接在电动机外壳接线柱上 |

续表

| 步骤 | 图示 | 说明 |
| --- | --- | --- |
| 安装接线盒盖 |  | 用螺钉固定接线盒盖 |

**操作提示**

接线时，一定要按照电动机铭牌上规定的联结方式接线，接线时如果将三角形联结的电动机错接成星形联结，电动机的转矩将大大减少，带不动负载；反过来如果将星形联结的电动机错接成三角形联结，电动机的每相绕组将因电压高达额定电压的$\sqrt{3}$倍，导致电流过大而烧毁。

## 任务小结

本任务主要完成了三相异步电动机安装前的检查、固定、带传动电动机的安装与电动机中心线校正、联轴器传动的安装与电动机中心线校正、电动机电气连接五项训练活动。通过这五项训练活动掌握了三相异步电动机在设备安装及调试时的技能与方法。通过对相关理论知识的学习，掌握了三相异步电动机旋转原理及旋转磁场、转差率、磁极对数的概念。

## 问题探究

### 一、异步电动机的旋转原理

如图 5—3 所示的实验简图中，准备一质量很轻的铝框并设法固定在两个支点上，使铝框能灵活地转动。拿一磁铁在靠近框边外围旋转，发现铝框将跟随磁铁神奇地旋转起来。这是为什么？

如图 5—3 所示，假设磁铁绕着铝框顺时针转动，由于靠近铝框左边框导体的是 N 极，左边框导体将切割磁力线产生电动势 $E$，并由右手定则可知 $E$ 的方向向上。由于该导体与

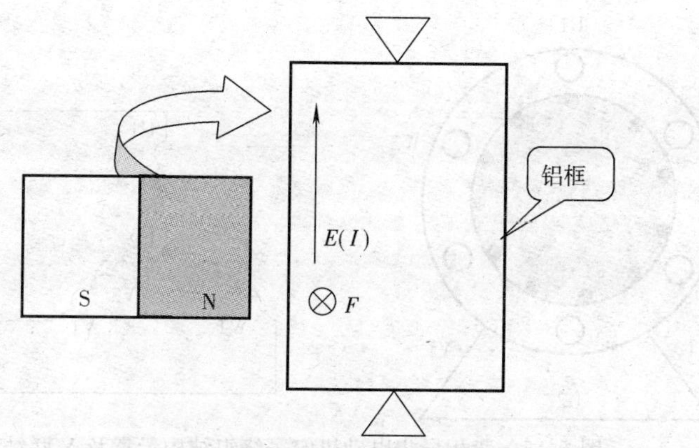


图 5—3 磁铁带动铝框旋转实验简图

其余三段导体已经构成闭合回路，因此左边框导体将形成向上方向的电流 $I$。因为通电导体在磁场中会受到垂直于框面的作用力 $F$，用左手定则可判断该导体受的力 $F$ 的方向为向里，在该力的作用下铝框也将顺时针转动起来。

可见，磁铁在闭合铝框外围转动→铝框导体感生电动势 $E$→在铝框导体构成的闭合回路中形成电流 $I$→通电导体在磁场中受力的作用→使铝框跟随磁铁旋转起来。这就是异步电动机的旋转原理。

注意事项如下：

第一，磁铁的转速比铝框快。这样导体与磁场间才有相对运动，所产生力的方向才会跟随磁铁旋转。

第二，铝框必须形成闭合回路。这样才能产生电流。

## 二、旋转磁场的产生

异步电动机的定子绕组能自动产生旋转磁场。如三相异步电动机定子绕组通三相交流电源就能产生旋转磁场。

如图 5—5 所示，U1U2、V1V2、W1W2 为三相定子绕组，在空间彼此相隔 120°，接成 Y 联结。三相绕组的首端 U1、V1、W1 接在对称三相电源上，有对称三相交流电流通过三相绕组。设电源的相序为 U、V、W，初相角为零（见图 5—4）。

即：

$$i_U = I_m \sin\omega t$$

$$i_V = I_m \sin(\omega t - 120°)$$

$$i_W = I_m \sin(\omega t + 120°)$$

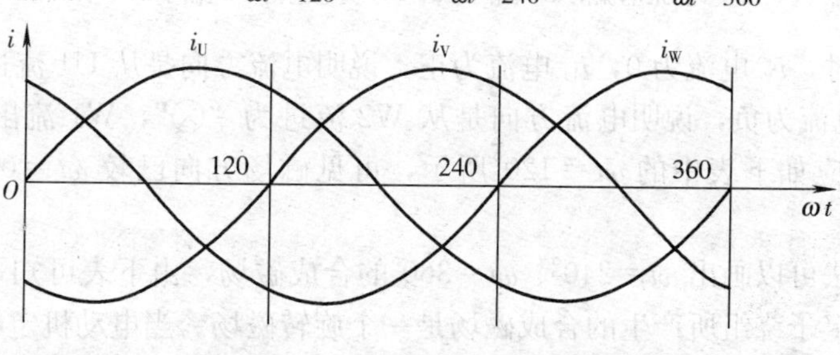

$\omega t=0°$ $\omega t=120°$ $\omega t=240°$ $\omega t=360°$

$i$ $i_U$ $i_V$ $i_W$ 120 240 360 $O$ $\omega t$

图 5—4 三相交流电电流波形图

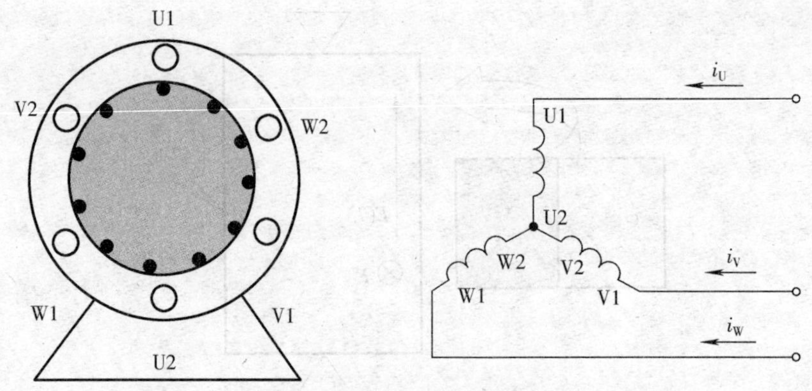


图 5—5　三相异步电动机定子绕组结构示意及 Y 联结

为了分析方便，如图 5—6 所示，假设电流为正值时，电流从绕组始端流向末端，电流为负值时，电流从绕组末端流向首端。在旋转磁场形成过程表中，当 $\omega t=0°$时，$i_U$ 电流为 0，$i_W$ 电流为正，说明电流方向是从 W1 流进为“⊗”，W2 流出为“⊙”（规定“⊗”表示向纸面流进，“⊙”表示从纸面流出）。$i_V$ 电流为负，说明电流方向是从 V2 流进，V1 流出。根据“右手螺旋定则”判断：W1、V2 线圈有效边电流流入，产生的磁力线为顺时针方向，W2、V1 线圈有效边电流流出，产生的磁力线为逆时针方向。V、W 两相的合成磁场应如表中的 $\omega t=0°$所示。磁力线穿过定子、转子的间隙部位时，磁场恰好合成一对磁极，上方是 N 极，下方是 S 极。

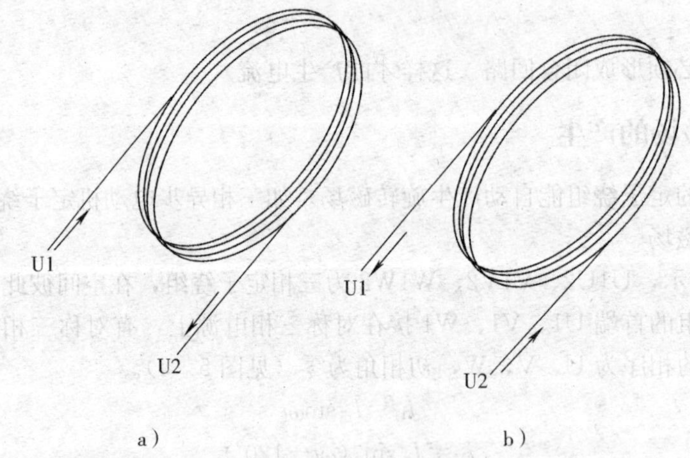


图 5—6　三相异步电动机定子绕组电流方向关系图
a）正电流由 U1 流向 U2　b）负电流由 U2 流向 U1

当 $\omega t=120°$时，$i_V$ 电流为 0，$i_U$ 电流为正，说明电流方向是从 U1 流进为“⊗”，U2 流出为“⊙”。$i_W$ 电流为负，说明电流方向是从 W2 流进为“⊗”，W1 流出为“⊙”。U、W 两相的合成磁场应如下表中的 $\omega t=120°$所示，可见磁场方向已较 $\omega t=0°$时顺时针转过了 120°。

用同样的方法可以画出 $\omega t=240°$、$\omega t=360°$的合成磁场，由下表可知，对称三相交流电流流过对称三相定子绕组所产生的合成磁场是一个旋转磁场。当电动机定子绕组按图示排列时，定子电流产生的磁场为两极磁场（一个 N 极，一个 S 极，即磁极对数 $p=1$）。两极磁场电动机当三相交流电流变化一个周期时，旋转磁场转过一周。

| $\omega t=0°$时三相导体电流及产生合磁场的方向 | $\omega t=120°$时三相导体电流及产生合磁场的方向 | $\omega t=240°$时三相导体电流及产生合磁场的方向 | $\omega t=360°$时三相导体电流及产生合磁场的方向 |
|---|---|---|---|
| U1 V2 W2 N S W1 V1 U2 | U1 V2 W2 S N W1 V1 U2 | U1 V2 W2 N S W1 V1 U2 | U1 V2 W2 N S W1 V1 U2 |

当定子绕组连接形成的是两对磁极时（见图 5—7），运用相同的方法可以分析出此时电流变化一个周期，磁场只转动了半圈，即转速减慢了一半。

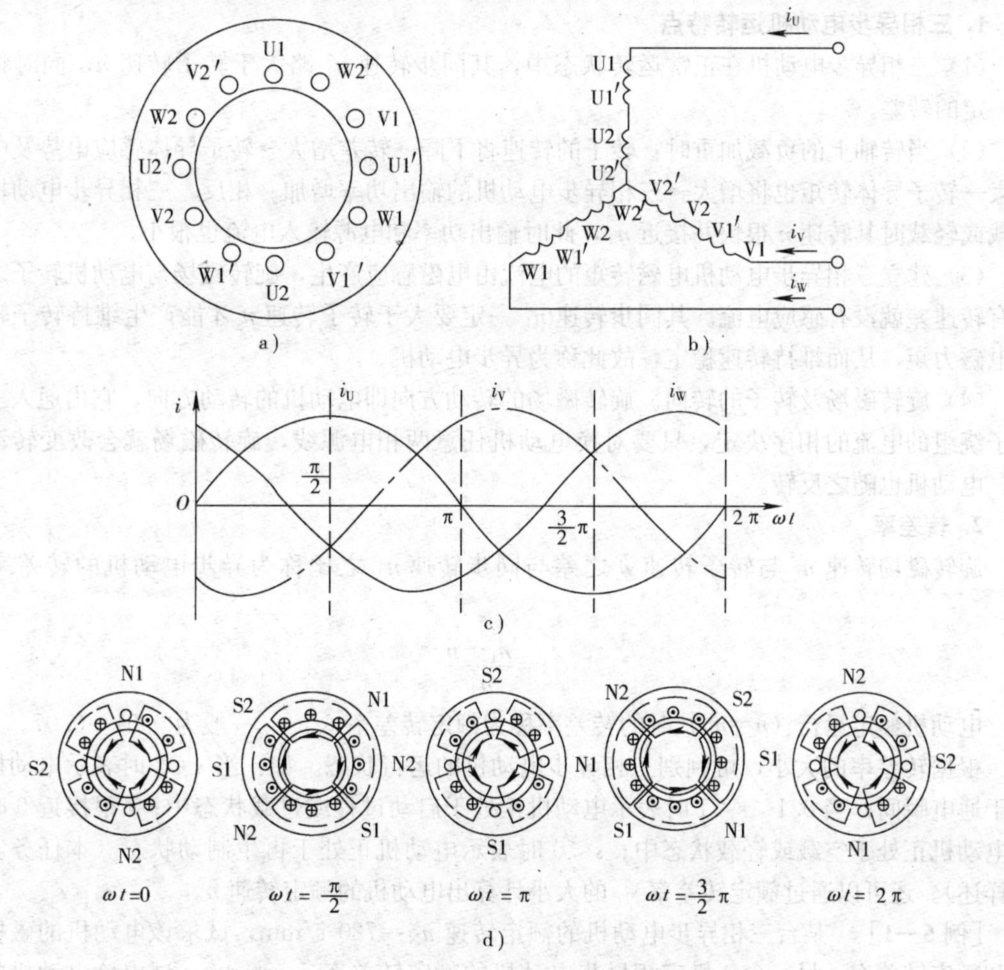


图 5—7　三相（四极）定子绕组的旋转磁场的形成

以此类推，当旋转磁场具有 $p$ 对磁极时（即磁极数为 $2p$），交流电每变化一个周期，其旋转磁场就在空间转动 $1/p$ 转。因此，三相电动机定子旋转磁场每分钟的转速 $n_1$、定子电流频率 $f$ 及磁极对数 $p$ 之间的关系是：

$$n_1=\frac{60f}{p}$$

$n_1$ 为同步转速。

我国交流电源的频率等于 50 Hz，当三相异步电动机旋转磁场的磁极对数等于 1 时，$n_1=3\ 000$ r/min，同步转速最高。三相异步电动机常见的同步转速见下表。

| 磁极对数 $p$ | 1 | 2 | 3 | 4 | 5 |
|---|---|---|---|---|---|
| 旋转磁场转速 $n_1$ | 3 000 r/min | 1 500 r/min | 1 000 r/min | 750 r/min | 600 r/min |

产生旋转磁场的必要条件是对称三相定子绕组中通入对称三相交流电流。

## 三、三相异步电动机运转特点及转差率

### 1. 三相异步电动机运转特点

(1) 三相异步电动机在正常运转状态中，其同步转速 $n_1$ 略大于转子转速 $n$，同时将保持一定的转差。

(2) 当转轴上的负载加重时：转子的转速将下降→转差增大→转子导体感应电势及电流增大→转子导体转矩也将增大→三相异步电动机的输出功率增加。相反，三相异步电动机在空载或轻载时其转速 $n$ 很快并接近 $n_1$，此时输出功率和电源输入电流也很小。

(3) 建立三相异步电动机电磁转矩的电流由电磁感应产生，旋转磁场与电动机转子之间没有转速差就没有感应电流。其同步转速 $n_1$ 一定要大于转子转速 $n$ 才能产生维持转子转速的电磁力矩，从而维持转速稳定，故此称为异步电动机。

(4) 旋转磁场及转子的转向。旋转磁场的转动方向即电动机的转动方向，它由通入三相定子绕组的电流的相序决定，只要对换电动机任意两相电源线，旋转磁场就会改变转动方向，电动机也随之反转。

### 2. 转差率

旋转磁场转速 $n_1$ 与转子转速 $n$ 之差与同步转速 $n_1$ 之比称为异步电动机的转差率 $s$，即：

$$s=\frac{n_1-n}{n_1}$$

电动机额定运行（$n=n_N$）时的转差率称为额定转差率 $s_N$，$s_N$ 一般为 0.01～0.07。

根据转差率的大小，可判别三相异步电动机的运行状态。如：当 $s=1$ 时表示电动机正处于通电瞬间；当 $0.1<s<1$ 时表示电动机正处于启动过程或过载状态中；$s$ 很接近 0 时表示电动机正处于空载或轻载状态中；$s<0$ 时表示电动机正处于再生制动状态（本任务实施中详述）。还可以通过额定转差率 $s_N$ 的大小计算出电动机的额定转速 $n$。

**［例 5—1］** 某台三相异步电动机的额定转速 $n_N=720$ r/min，试求该电动机的磁极对数和额定转差率；另一台 4 极三相异步电动机的额定转差率 $s_N=0.05$，试求该电动机的额定转速。

**解**　(1) 在电源频率为工频交流电时，根据三相异步电动机额定转速要小于同步转速且相差不大的关系，由三相异步电动机的额定转速 $n_N=720$ r/min，可以得到电动机的同步转速 $n_1=750$ r/min，则该电动机的磁极对数为 4，额定转差率为：

$$s_N=\frac{n_1-n}{n_1}=\frac{750-720}{750}=0.04$$

(2) 三相异步电动机的磁极对数为 4，则电动机的同步转速为：

$$n=\frac{60f}{p}=\frac{60\times50}{2}=1\,500\ \text{r/min}$$

由额定转差率 $s_N=0.05$ 得额定转速：

$$n_N=n_1\ (1-s)\ =1\,500\times\ (1-0.05)\ =1\,425\ \text{r/min}$$

# 任务 3　三相异步电动机的运行

1. 了解三相异步电动机的运行控制的重要性，掌握其常规的控制方法；

2. 熟练掌握三相异步电动机的启动、转向、调速、制动相关控制电路的工作原理及各自的特点。

本任务将对三相异步电动机进行直接启动、Y—△减压启动操作，并进行接触器正反转控制电路的安装调试。

## 任务实施

### 一、三相异步电动机的启动控制

#### 1. 直接启动

| 任务步骤 | 图示 | 说明 |
| --- | --- | --- |
| 直接启动线路安装 |  | 了解三相异步电动机的铭牌数据，明确电动机的额定值、接线方法及使用条件。按图 5—8 所示直接启动线路图接线，检查确认无误 |
| 通电试验 |  | 合上断路器 QF，电动机通电直接启动，通过钳形电流表观察并记录启动瞬间启动电流的大小。连续测量 3 次启动电流并计算平均值 |

## 2. Y—△减压启动

| 任务步骤 | 图示 | 说明 |
| --- | --- | --- |
| Y—△减压启动线路安装 | 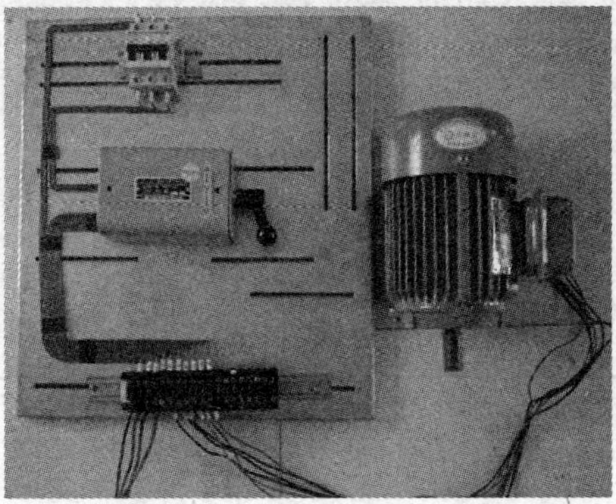 | 按图 5—9 所示 Y—△减压启动接线图接线，并确认无误 |
| Y 联结启动试验 | 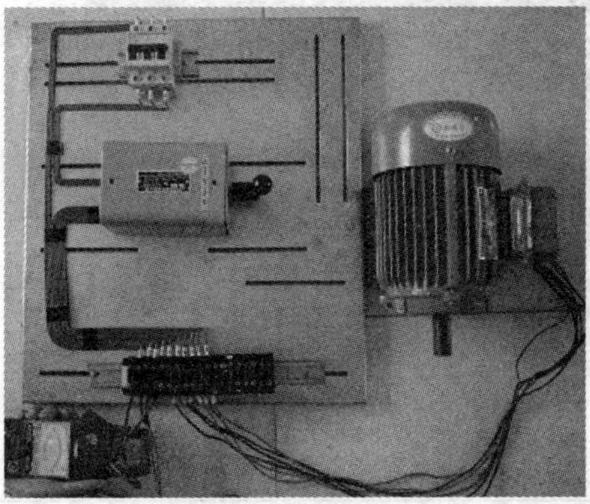 | 先将倒顺开关 S2 合至“Y”位置，再合上开关 QS，电动机接成“Y”联结启动。观察并记录启动电流的大小。连续测量 3 次启动电流并计算平均值 |
| △联结运行试验 | 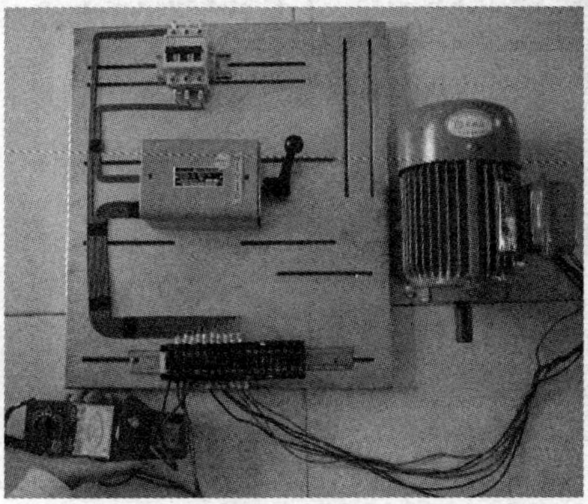 | 先将倒顺开关 S2 合至“△”位置，再合上开关 QS，电动机接成“△”联结启动。观察并记录启动电流的大小。连续测量 3 次启动电流并计算平均值 |

操作提示

1. 再次启动前必须让电动机完全停止转动，否则测量值会偏小。
2. 启动电流的测量时间很短，读数时应迅速准确。
3. 试验时启动次数不宜过多。
4. 遇异常情况时，迅速断开电源开关，处理故障后再继续试验。

## 二、三相异步电动机的正反转控制

| 任务步骤 | 图示 | 说明 |
| --- | --- | --- |
| 接触器连锁控制的三相异步电动机的正反转控制电路安装 | 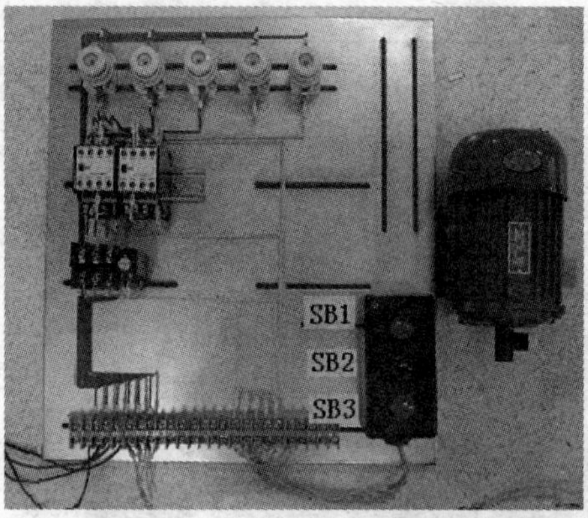  | 按图 5—11 所示接触器连锁控制的三相异步电动机的正反转控制电路接好线，并确认无误 |
| 通电正转试验 | 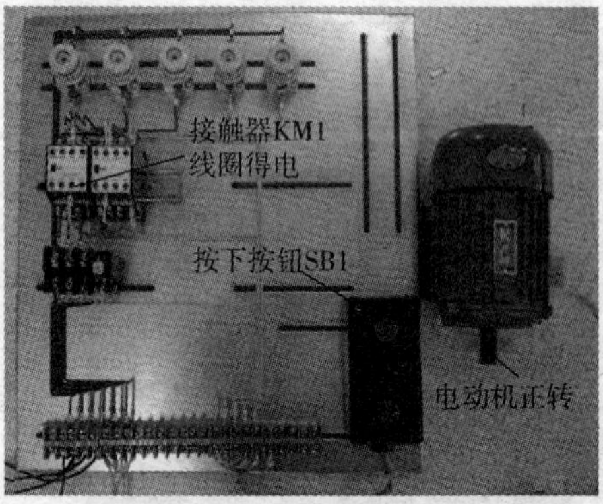  | 合上开关 QS，按下正转启动 SB1，KM1 线圈得电，电动机三相电源按正序接通，观察电动机的转动方向 |

续表

| 任务步骤 | 图示 | 说明 |
| --- | --- | --- |
| 通电反转试验 | 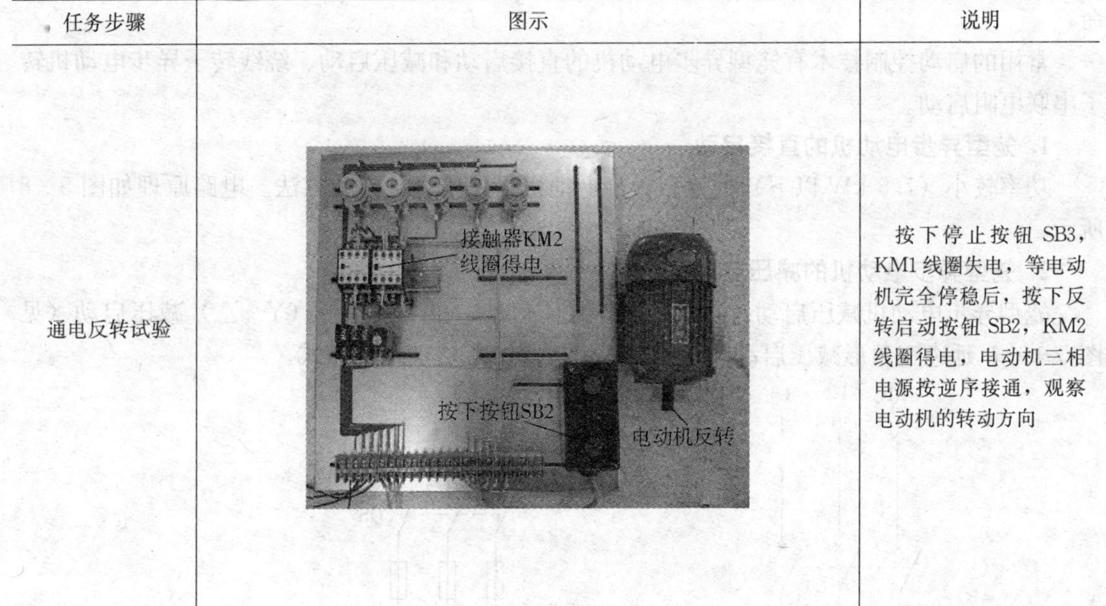 | 按下停止按钮 SB3，KM1 线圈失电，等电动机完全停稳后，按下反转启动按钮 SB2，KM2 线圈得电，电动机三相电源按逆序接通，观察电动机的转动方向 |



## 任务小结

本任务主要完成了三相异步电动机的直接启动、Y—△减压启动及接触器正反转控制电路的安装、调试技能训练，通过训练掌握了三相异步电动机基本控制方法，提高了对三相异步电动机控制电路的安装调试技能。通过对相关理论知识的学习，懂得三相异步电动机的启动、转向、调速、制动相关控制电路的工作原理及各自的特点。

## 问题探究

### 一、三相异步电动机的启动技术

在三相异步电动机启动时其转子转速 $n$ 是从 0 开始增加的。而旋转磁场的转速 $n_1$ 是固定不变的，依据转差原理可知此时转子与旋转磁场间的相对速度很大，该相对速度也就是转子导体切割磁力线的速度。因此在三相异步电动机启动过程中，在转子导体上产生很大的感应电流的同时也产生很大的转矩。因三相异步电动机转子上一切能量都是由定子绕组中的电能转换而来的，不难推测在启动过程中定子绕组电流也很大（一般为额定电流的 4～7 倍）。电动机启动电流大将带来两种不好的影响：

（1）大启动电流在线路上产生很大的电压降，影响同一线路上其他负载的正常工作。

（2）经常需要启动的电动机，容易造成绕组发热，绝缘老化，从而缩短电动机的使用寿命。

常用的启动控制技术有笼型异步电动机的直接启动和减压启动、绕线转子异步电动机转子串联电阻启动。

**1. 笼型异步电动机的直接启动**

功率较小（7.5 kW 以下）的笼型异步电动机可采用直接启动方法。电路原理如图 5—8 所示。

**2. 笼型异步电动机的减压启动**

笼型异步电动机减压启动有自耦变压器减压启动，星—三角形（Y—△）减压启动（见图 5—9），延边三角形减压启动和定子绕组串电阻减压启动几种方式。

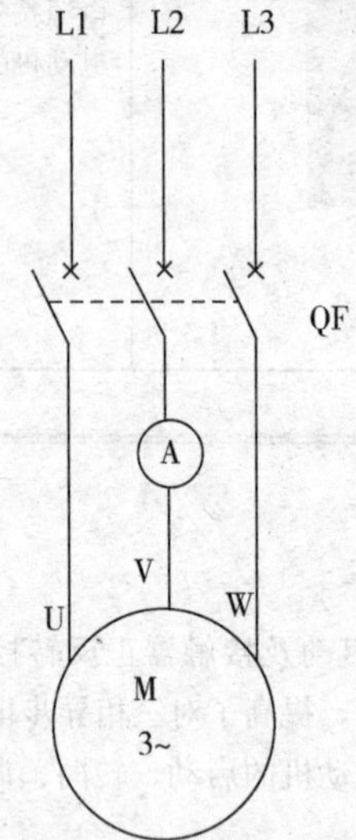

图 5—8　直接启动控制线路图

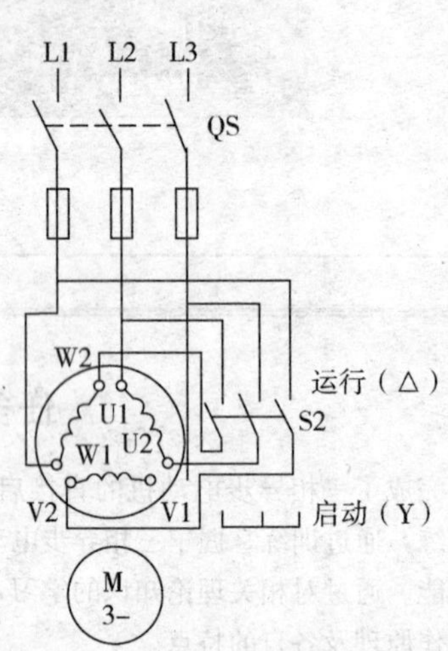

图 5—9　Y—△降压启动控制线路图

**3. 绕线转子异步电动机的启动方法**

绕线转子异步电动机有转子串联电阻及转子串接频敏变阻器两种启动方法。

总之，启动控制技术的最终目的是减小启动电流，避免造成电网电压的波动。不管采用哪种启动方法，最重要的一点是要保证电动机的启动转矩，以确保电动机能顺利地启动。

## 二、三相异步电动机的正反转控制技术

旋转磁场的转动方向即电动机的运转方向，它由通入三相定子绕组的电流的相序决定，只要对换电动机任意两相电源线，旋转磁场就会改变运转方向，电动机也随之反转。

常用的正反转控制方法可有倒顺开关控制（见图 5—10）或接触器连锁（见图 5—11）控制。

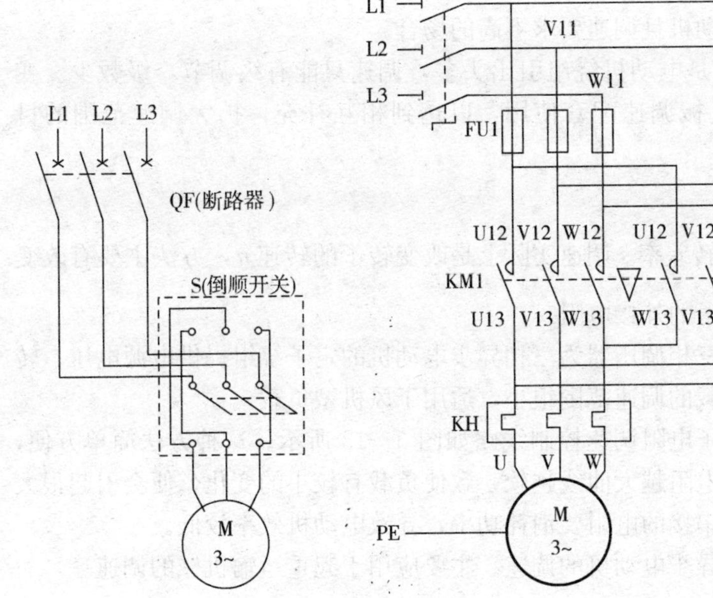

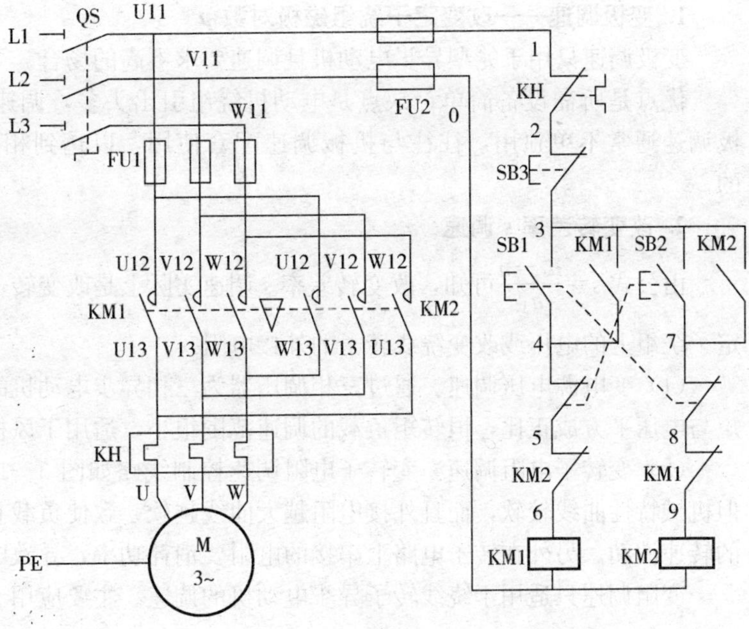

图 5—10 倒顺开关控制的三相异步电动机的正反转控制电路

图 5—11 接触器连锁控制的三相异步电动机的正反转控制电路

## 三、三相异步电动机的调速控制技术

在实际应用中，往往要改变异步电动机的转速，即调速。从异步电动机转速公式 $n=\frac{60f}{p}(1-s)$ 可知，三相异步电动机的调速控制可通过控制公式中的 $p$、$f$、$s$ 任一参数来实现，即改变定子绕组磁极对数 $p$ 调速、改变转差率 $s$ 调速、改变供给电动机电源的频率 $f$ 调速。如图 5—12 所示。

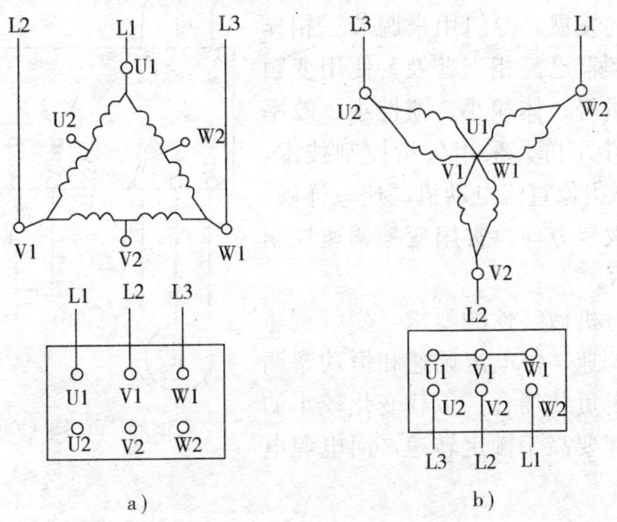


图 5—12 变极调速控制线路图

a) 低速—△接法（4 极） b) 高速—双 Y 接法（2 极）

**1. 变极调速——改变定子绕组磁极对数 $p$**

变极调速只用于笼型异步电动机且调速要求不高的场合。

优点是所需设备简单；缺点是电动机绕组引出头多，调速只能有级调节，级数少。变极调速通常不单独用，往往与机械调速配套使用，以达到相互补充，扩大调速范围的目的。

**2. 改变转差率 $s$ 调速**

由公式 $s=\frac{n_1-n}{n_1}$ 可知，改变转差率 $s$ 调速实际上是改变转子的转速 $n$，方法主要有改变定子绕组上的电压或改变绕线转子的外接电阻。

(1) 变电源电压调速。通过三相调压器为三相异步电动机的定子绕组提供电源电压。转矩与电压平方成正比，恒转矩负载的调速范围很小，适用于风机型负载。

(2) 变转子电阻调速。变转子电阻调速控制线路如图 5—13 所示。这种方法简单方便，但机械特性曲线较软，而且外接电阻越大曲线越软，致使负载有较小的变化，便会引起很大的转速波动。另外在转子电路上串接的电阻要消耗功率，导致电动机效率较低。

变阻调速只适用于绕线转子异步电动机的调速。主要应用于起重运输机械的调速。

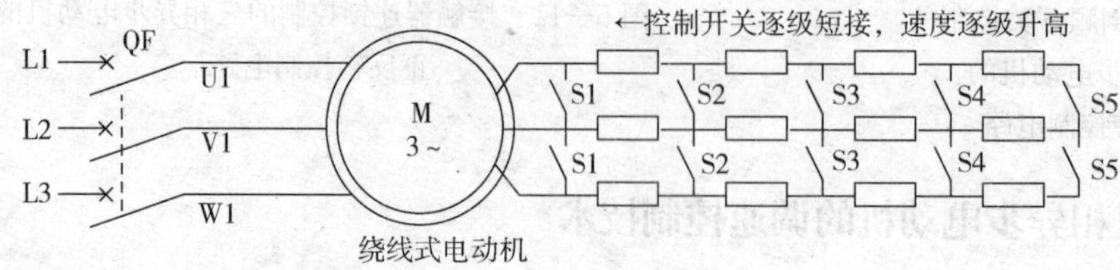


图 5—13　变转子电阻调速控制线路图

**3. 变频调速**

变频调速方法是通过改变供给电动机电源的频率 $f$ 来实现调速的一种调速技术。随着微电子技术和计算机技术的发展，专门用来调节三相异步电动机转速的变频器已经相当普及。使用变频器调速的优点是质量轻、体积小、惯性小、效率高等，价格也在逐步下降。采用矢量控制技术，机械特性曲线可以做得像直流电动机调速一样硬，是目前交流调速的发展方向。常用变频调速控制线路如图 5—14 所示。

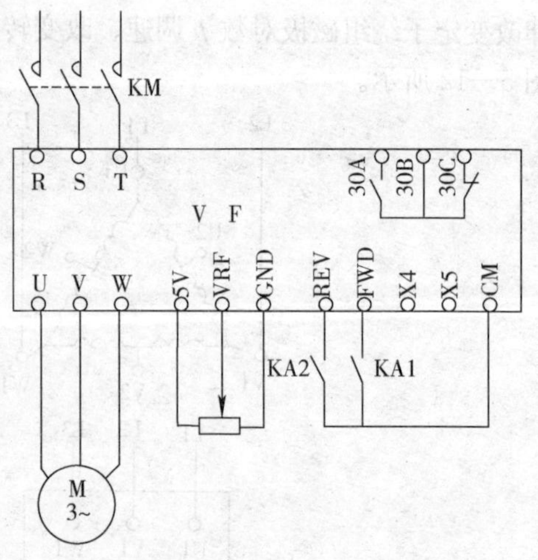


图 5—14　变频调速控制线路图

根据不同场合对机械特性的要求，变频调速技术可分为恒转矩调速、恒电流调速和恒功率调速，分别适用于恒定负载场合、负载变化较小的场合和电动机的调速要高于额定转速，而电源电压又不能提高的场合。

## 四、三相异步电动机的制动技术

三相异步电动机与电源断开之后，由于转子有惯性，要经过一段时间后才停车。为了使三相异步电动机迅速准确地停转，必须对三相异步电动机实行制动。

**1. 机械制动**

机械制动是利用机械装置使电动机在电源切断以后迅速停转的方法。常用的机械制动有电磁离合器和电磁抱闸，这里详细介绍电磁抱闸装置。

(1) 电磁抱闸结构。电磁抱闸分通电抱闸与断电抱闸两种。图 5—15 所示是断电抱闸的结构图，它的构成主要有两大部分：电磁铁和闸瓦制动器。电磁铁又有单相电磁铁和三相电磁铁之分，它主要由电磁线圈和铁心组成。闸瓦制动器包括弹簧、闸轮、杠杆、闸瓦和轴等，闸轮与电动机转轴是刚性固定式连接。

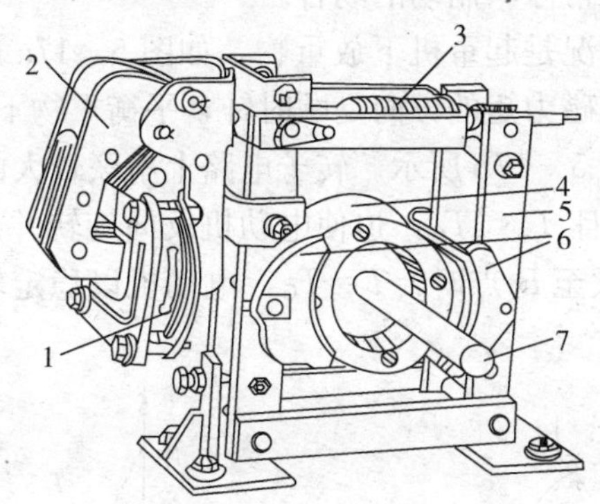


图 5—15　断电抱闸结构图

1—电磁线圈　2—铁心　3—弹簧　4—闸轮　5—杠杆　6—闸瓦　7—轴

(2) 断电抱闸的工作原理。电动机通电启动时，同时给电磁抱闸的电磁铁线圈通电，电磁铁的动铁心被吸引与静铁心合拢，同时克服弹簧拉力，迫使杠杆向外张开，闸瓦与闸轮松开，闸轮可自由转动，电动机就正常运转。当切断电动机电源时，电磁铁的线圈电源也同时被切断，动铁心与静铁心无吸引力，在弹簧的作用下，闸瓦把闸轮紧紧抱住，电动机迅速停止转动。由于电动机和电磁铁共用一个电源和控制线路，同时通、断电，因此只要电动机不通电，闸瓦总是把闸轮紧紧抱住，电动机总是被制动。为此，电磁线圈连接必须可靠，不能在电磁线圈回路中装接熔断器。

(3) 机械制动的特点及适用范围。电磁抱闸制动装置广泛应用于起重机械上。上吊重物时，电动机和电磁铁同时通电，闸瓦松开，电动机运转；停车或停电时，闸瓦立即把闸轮抱住，电动机迅速制动，重物不仅不会因断电而下落，而且能准确地停留在某一位置上，杜绝了因突然停电而发生的事故。对具有位能性质的负载，它是必不可少的安全装置。

机械制动虽然可靠，但容易磨损，应定期检查。

**2. 电气制动**

(1) 反接制动。依靠改变电动机定子绕组的电源相序来产生制动力矩，迫使电动机迅速停转的方法叫反接制动。反接制动接线方法如图 5—16 所示。

反接制动的特点是停车迅速，设备简易；缺点是对电动机及负载冲击大。反接制动一般

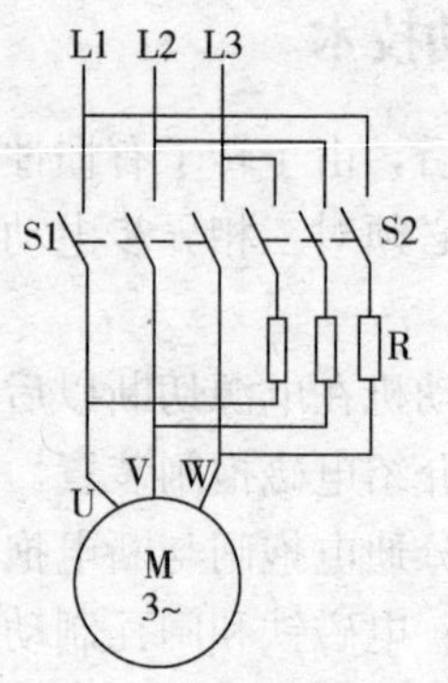

图 5—16　反接制动接线图

只用于小型电动机，且不经常停车制动的场合。

反接制动的一种特殊情况是起重机下放重物，如图 5—17a 所示。重物 G 下放，电动机逆时针转动，而电动机的电磁力矩的方向是顺时针，平衡重物下放力矩。这时线绕转子异步电动机的机械特性曲线如图 5—17b 所示。转子电路上串联较大的电阻，启动转矩 $T_{st}$ 的方向与重物下放力矩 $T_G$ 相反，且 $T_{st}<T_G$，迫使电动机反向旋转并加速，电动机的转差率 $s>1$ 并增大，电磁力矩 $T$ 也增大至 $B$ 点时，$T=T_G$，电动机以稳定转速 $-n_2$ 运行。这种制动也称负载倒拉反接制动。

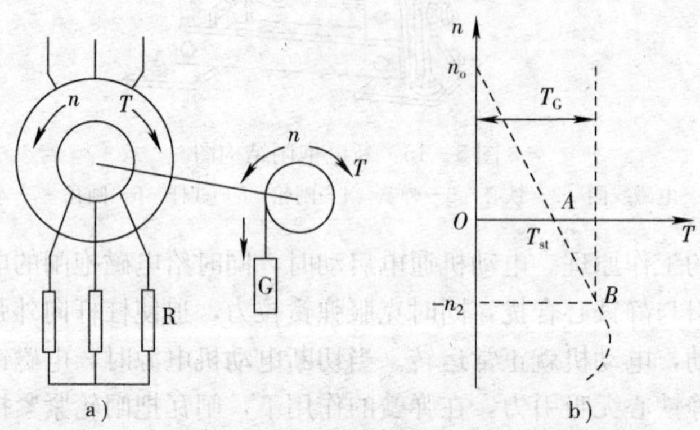

图 5—17　绕线转子异步电动机转子串电阻的反接制动

a）电路图　b）机械特性曲线

（2）能耗制动

1）能耗制动原理。能耗制动的方法是指电动机切断交流电源后，通过立即在定子绕组的任意两相中通入直流电，以消耗转子惯性运动的动能进行制动的，故又称动能制动。能耗制动原理的分析见下表。

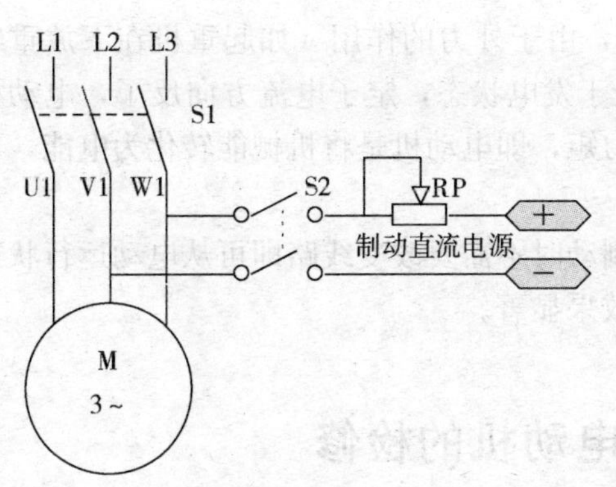


能耗制动电路原理图

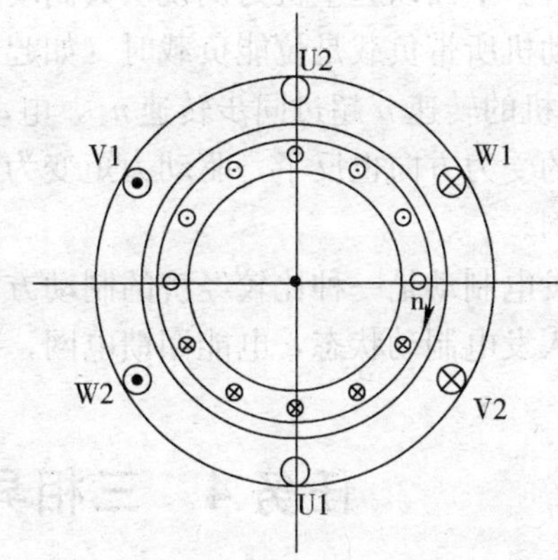


定子绕组V、W相制动电流及转子旋转方向与感应电动势

假定电动机是顺时针旋转，断开开关 S1，电动机脱离三相电源，但由于惯性的作用，转子仍沿着顺时针方向继续转动

立即合上开关 S2，直流电源通过电阻 RP 加在定子 W 相、V 相绕组上，通入的直流电流大小应为（1.5～2）$I_N$，直流电流在定子绕组 W 相、V 相流过，产生一个固定的磁场

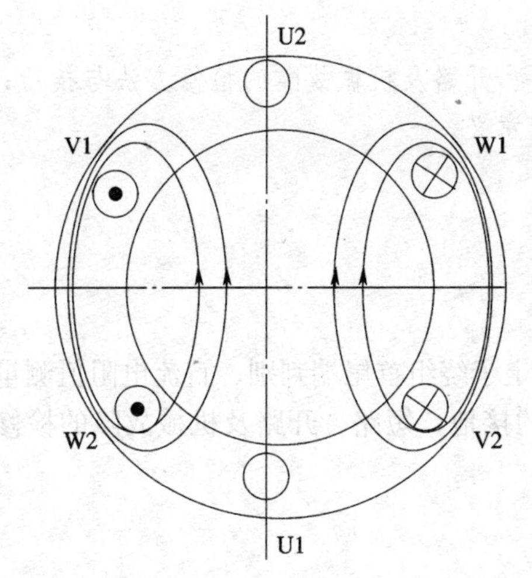


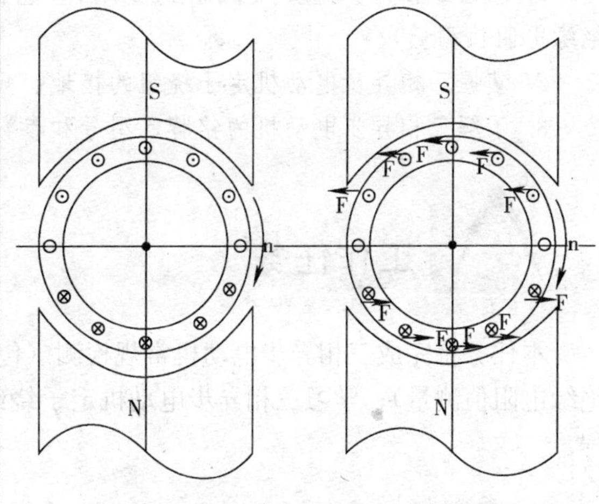


转子导体感应电流方向与所受电磁力矩方向

当 V 相与 W 相通入直流电流后将产生竖直向上且固定不旋转的磁通（右手定则判别），该磁通称为制动磁通

因制动磁通不旋转，转子因惯性作用继续朝顺时针方向旋转，这时惯性运动的转子导体切割固定磁场的磁通，产生感应电动势及电流（用右手定则判别），这个电流又与固定磁场作用产生电磁力矩，其方向与转子转动方向相反（用左手定则判别），使转子较快地停止转动

2）能耗制动特点。能耗制动优点是制动力较强，能耗少，制动较平稳，对电网及机械设备冲击小；但在低速时制动力矩也随之减小，不易制动停止，需要直流电源。能耗制动常用于机床设备中。

（3）再生发电制动。再生发电制动（又称回馈制动）主要用在起重机、电力机车和多速异步电动机。下面以起重机为例说明其制动原理。

当电动机所带负载是位能负载时（如起重机），由于外力的作用（如起重机在下放重物时），电动机的转速 $n$ 超过同步转速 $n_1$，电动机处于发电状态，定子电流方向反了，电动机转子导体的受力方向也反了，驱动力矩变为制动力矩，即电动机是将机械能转化为电能，再回馈到电网。

再生发电制动是一种比较经济的制动方法，制动时不需要改变线路即可从电动运行状态自动地转入发电制动状态，电能回馈电网，节能效果显著。

# 任务4　三相异步电动机的检修

1. 掌握三相异步电动机常规检测方法（包括定子绕组首尾端判别、直流电阻值测量和绝缘电阻值测量）；
2. 掌握三相异步电动机定子绕组的接地、短路、开路及机械故障的检修方法与技巧；
3. 了解三相异步电动机的铭牌、型号和参数及意义。

本任务将完成三相异步电动机常规检测（包括定子绕组首尾端判别、直流电阻值测量和绝缘电阻值测量）；学习三相异步电动机定子绕组的接地、短路、开路及机械故障的检修过程。

## 一、三相异步电动机检测

### 1. 三相异步电动机定子绕组首尾端判别

当三相定子绕组拆装后，定子绕组的6个出线端经常不能分清其首端和尾端。若绕组首尾端错误，接线后通电试车，电动机可能会因为电流过大造成事故。正确辨别三相定子绕组的首尾端是一项非常重要的内容。下面介绍三相异步电动机定子绕组首尾端判别的方法。

定子绕组首尾端判别使用材料、设备和仪表有：220/36 V电源变压器、连接线、干电池、万用表和三相异步电动机等，如图5—18所示。

（1）干电池法

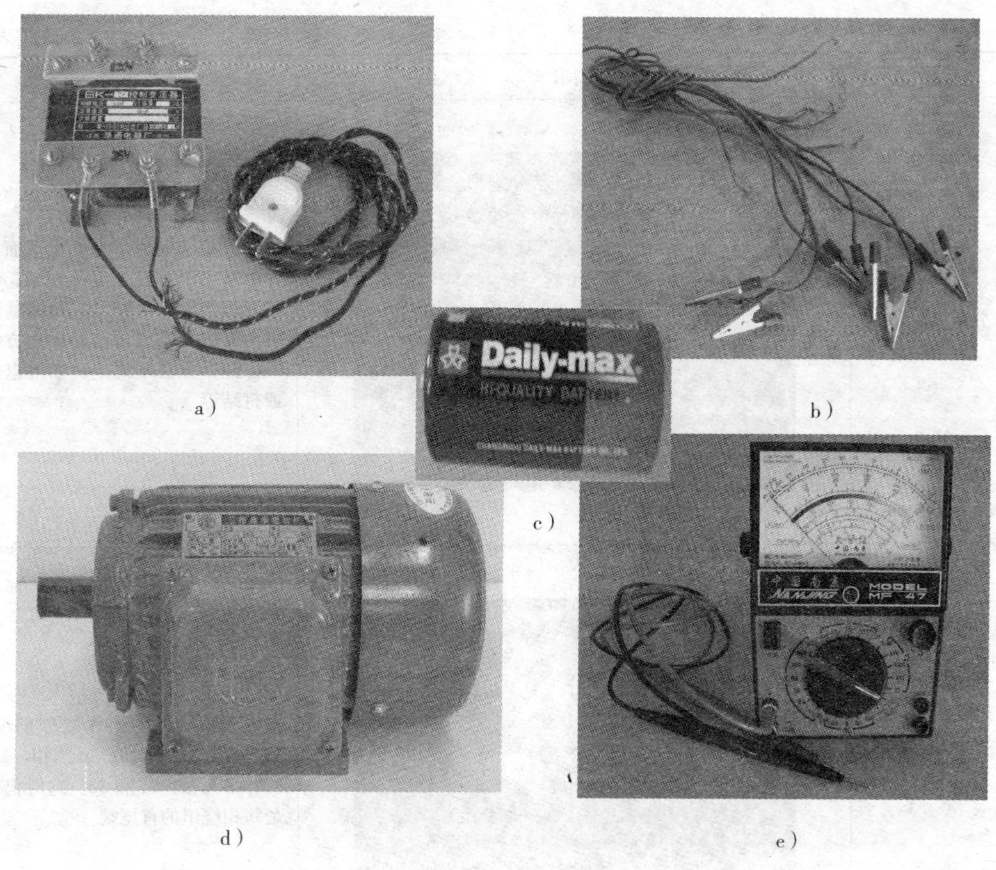


图 5—18　首尾端判别使用材料及仪表

a）220/36 V 电源变压器　b）连接线　c）干电池　d）三相异步电动机　e）万用表

1）判别过程。如果万用表指针正偏，则说明电池正极所接出线端与万用表负极（黑表棒）所接出线端同为首端（或尾端）。

| 步骤 | 图示 | 说明 |
| --- | --- | --- |
| 分相 | 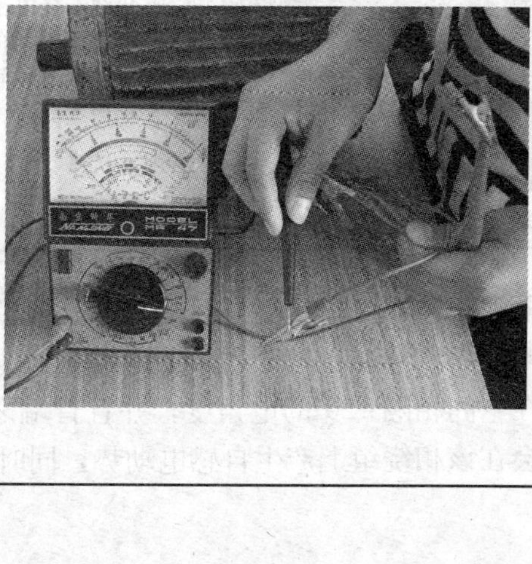  | 三相异步电动机定子绕组首尾端共有6个引出端，如果不清楚哪2根属于同一相绕组的首尾端，可以用万用表欧姆挡进行判别。判别方法是：首先将万用表选择开关打到欧姆 R×1k 挡，然后将万用表红黑表笔分别与定子绕组6个引出端中任意2个接触，如果万用表指针不偏转，说明这2个引出端子不属于同一相的2个出线端，换掉其中一个引出端继续进行，直到万用表指针发生偏转，说明这2个引出端子是同一相的2个出线端，如左图所示。将三相绕组区分清楚后还不清楚每相绕组的首尾端 |

续表

| 步骤 | 图示 | 说明 |
| --- | --- | --- |
| 分相标记号 | 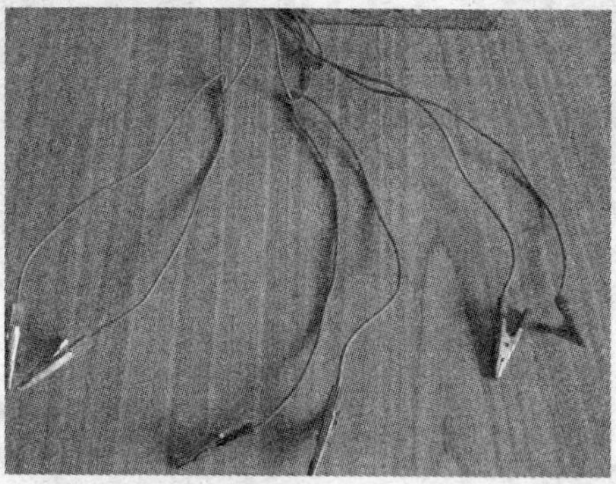  | 在分相结束后，为了在下面的工作中不至于再发生混乱现象，可以将三相绕组标上记号，每相的标记可由操作者按照自己的操作方法加以标注，方法不确定，如可以打圈或打结等 |
| 编线号 | 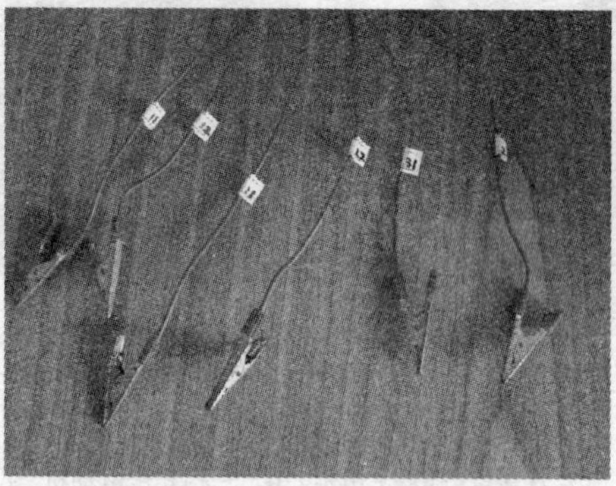  | 将三相绕组的出线端分别编号，第一相：11 和 12；第二相：21 和 22；第三相：31 和 32。这时仍不清楚每相绕组的首尾端 |
| 判别定子绕组首尾端 | 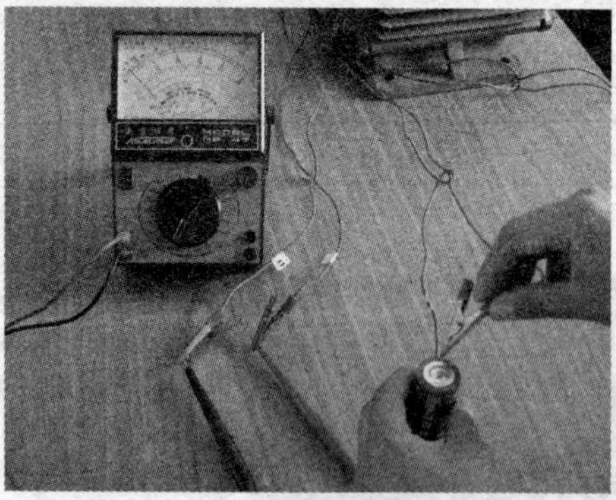  | 将万用表置于直流最小毫安挡。取定子绕组中任意一相绕组的两出线端分别接在万用表的两表笔上。再取定子绕组中另一相绕组的一根出线端接电池的负极，另一根出线端去碰电池的正极，接通电池。在电池接通瞬间，万用表的指针可能正偏或反偏 |

如果万用表指针反偏，则说明电池正极所接出线端与万用表正极（红表棒）所接线同为首端（或尾端）。

这是因为定子绕组首端与首端在空间相隔 120°的电角度，并且首端之间相互是异名端。当某一相绕组接通直流电源瞬间，会在该相绕组上产生自感电动势，同时在另一相绕组上产生互感电动势。图 5—19a 所示一台三相异步电动机 U 相定子绕组通过开关接通直流电源的情况，当开关合上瞬间，增大的电流从 U1 流进、U2 流出，该电流产生的磁场磁力线同时穿过 U 相绕组和 V 相绕组，在 U 相绕组中产生阻碍电流变化的自感电动势 $e_L$，其方向是由 U2 指向 U1；在 V 相绕组产生互感电动势 $e_M$，由图 5—19b 可以看出 $e_M$ 的方向是由 V1 指向 V2。

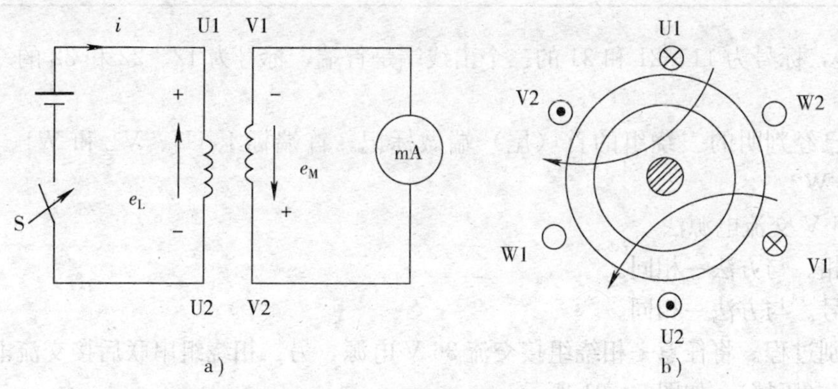


图 5—19　干电池法原理分析

这时，如果万用表的正极（红表笔）接 V1、负极（黑表笔）接 V2，则万用表指针会反偏，如图 5—20a 所示，电池正极所接的引出端和万用表正极（红表笔）所接的引出端是异名端，即同为首端；如果万用表的正极（红表笔）接 V2、负极（黑表笔）接 V1，则万用表指针会正偏，如图 5—20b 所示，电池正极所接的引出端和万用表负极（黑表笔）所接的引出端是异名端，即同为首端。

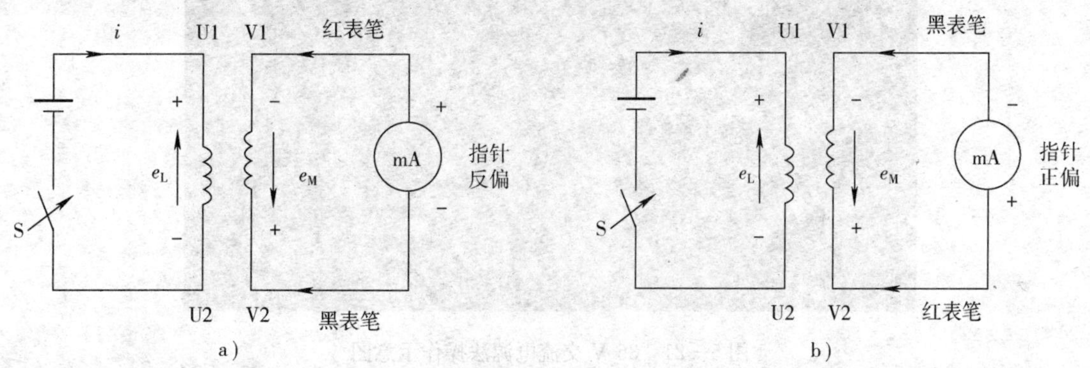


图 5—20　干电池法仪表指针偏转情况

2）填写操作记录表格

**干电池法操作记录表**

| 次数 | 接万用表正极的出线端号码 | 接电池正极的出线端号码 | 万用表指针偏转方向 | 结论 |
|---|---|---|---|---|
| 第一次 | | | | |
| 第二次 | | | | |

例如：

| 次数 | 接万用表正极的出线端号码 | 接电池正极的出线端号码 | 万用表指针偏转方向 | 结论 |
| --- | --- | --- | --- | --- |
| 第一次 | 11 | 22 | 正偏 | 11 号和 21 号端是首端 |
| 第二次 | 11 | 31 | 反偏 | 11 号和 31 号端是首端 |

结果是，标号为 11、21 和 31 的三个出线端是首端，标号为 12、22 和 32 的三个出线端是尾端。

3）将已经判明的三绕组的首（尾）端做标记。首端标上 U1、V1 和 W1，尾端标上 U2、V2 和 W2。

（2）36 V 交流电源法

1）分相。与方法一相同。

2）编号。与方法一相同。

3）判别过程。将任意一相绕组接交流 36 V 电源，另二相绕组串联后接交流电压表（万用表的交流电压挡），如图 5—21 所示。

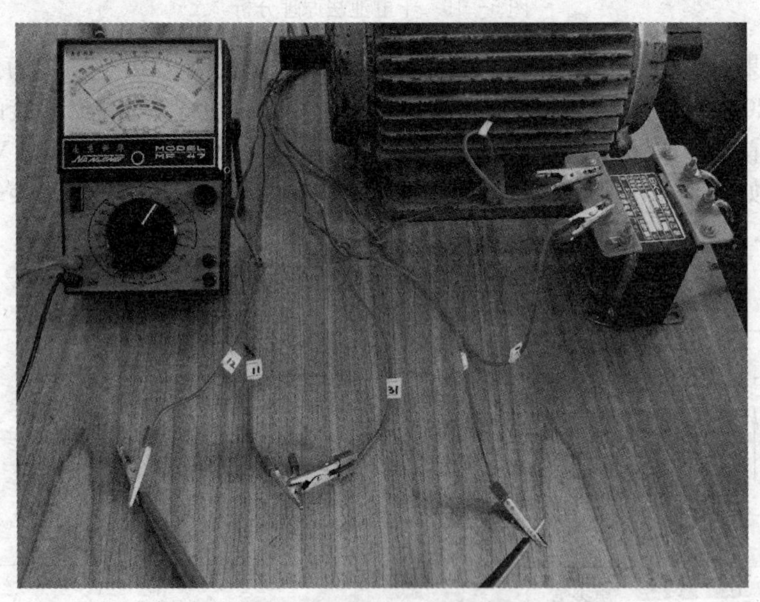


图 5—21　36 V 交流电源法操作示意图

如果电压表有读数，则连接在一起的两个出线端一个为首端，另一个为尾端（即首尾相连），如图 5—22a 所示。

如果电压表无读数，则连接在一起的两个出线端都是首端或尾端（即首首相连或尾尾相连），如图 5—22b 所示。

这是因为接交流电源的绕组相当于变压器的一次侧，另两个串联绕组相当于变压器的二次侧，这两个绕组的首端（或尾端）产生的互感电动势极性始终是相同的。当电压表有读数时，说明接在一起的两个出线端不同时为首端（或尾端），两个串联绕组上的感应电动势叠加，所以电压表有读数。反之，电压表无读数。图 5—23 反映了电源电压增加过程中，两个

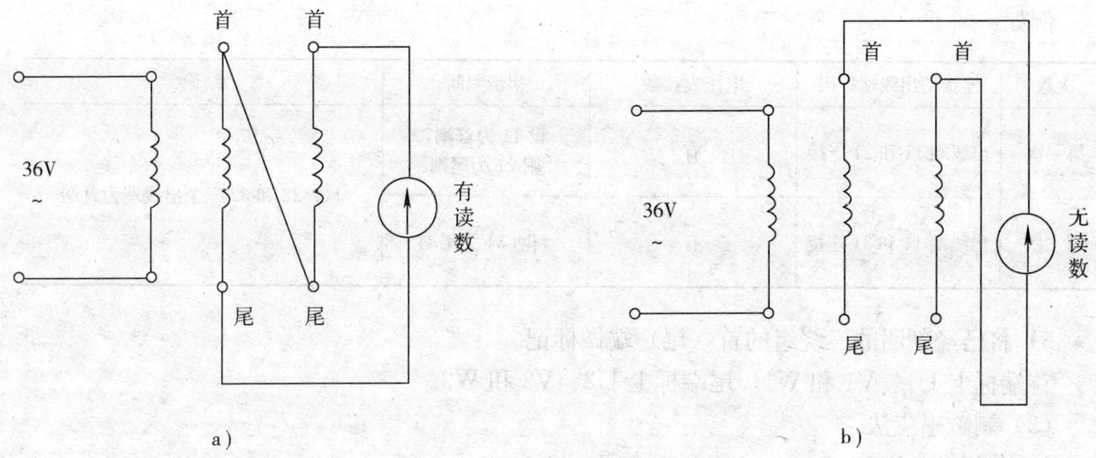


图 5—22 36 V 交流电源法原理图

串联绕组上感应电动势的方向。

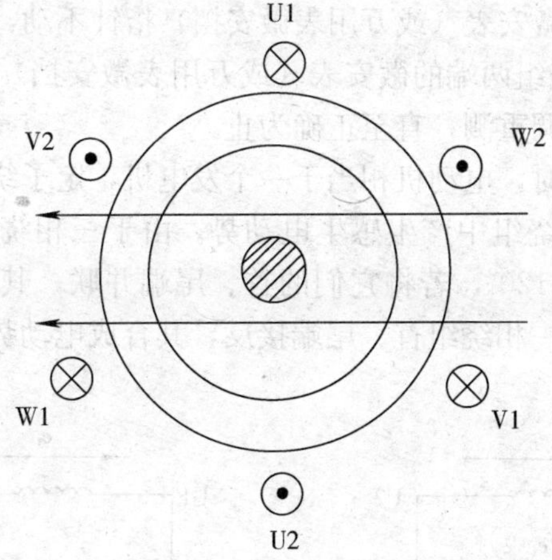


图 5—23 36 V 交流电源法操作原理分析

4）填写操作记录表格。

**36 V 交流电源法操作记录表**

| 次数 | 连接的出线端号码 | 电压表读数 | 初步判断 | 结论 |
|---|---|---|---|---|
| 第一次 | | 有 | | |
| | | 无 | | |
| 第二次 | | 有 | | |
| | | 无 | | |

例如：

| 次数 | 连接的出线端号码 | 电压表读数 | 初步判断 | 结论 |
|---|---|---|---|---|
| 第一次 | 出线端 11 和 21 连接 | 有 | 设 11 为首端，则 21 为尾端 | 11、22 和 32 三个出线端为首端 |
| 第二次 | 出线端 11 和 31 连接 | 有 | 判断 31 为尾端 | |

5）将已经判明的三绕组的首（尾）端做标记。

首端标上 U1、V1 和 W1，尾端标上 U2、V2 和 W2。

（3）剩磁感应法

1）分相。

2）编号。

3）判别过程。将三相定子绕组并联后接入微安表（或万用表微安挡），用手转动电动机转子，若并接在绕组两端的微安表（或万用表微安挡）指针不动，说明并联在一起的是 3 个首端（或尾端）；若并接在绕组两端的微安表（或万用表微安挡）指针摆动，说明并联在一起的不都是首端。应逐相对调重测，直至正确为止。

这是因为用手转动转子时，电动机相当于一个发电机，定子绕组线圈切割电动机定子及转子铁心中的剩磁，在每相绕组中产生感生电动势。由于三相绕组中的感生电动势大小相等、频率相同、相位差互为 120°，若将它们的首、尾端并联，其合成电动势应该为零，这时候微安表指针不动。若有一相绕组首、尾端接反，其合成电动势则不等于零，微安表指针会偏转，如图 5—24 所示。

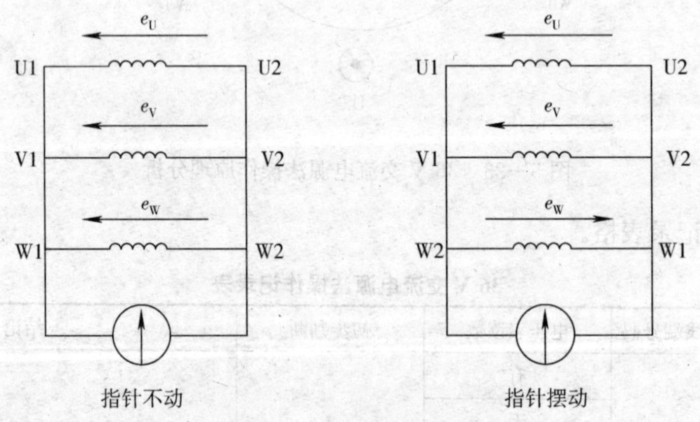


图 5—24　剩磁感应法原理分析

**2. 三相异步电动机定子绕组直流电阻值测量**

定子绕组经过绝缘处理和装配等工序，可能会发生机械损伤造成线头断裂、松动和导线绝缘层损坏，应该进行三相绕组直流电阻值的测量，看其偏差是否在允许范围内（一般各相绕组的直流电阻值与三相电阻平均值之间不超过平均值的±2%）。测量步骤如下：

（1）拆掉三相异步电动机接线盒中连线。三相异步电动机正常运行时，可能会接成 Y 联结、△联结或其他联结形式，测量直流电阻值时，将接线盒中各相绕组之间的连线（或短路片）拆掉，才能测得各相绕组的实际电阻值。如果不拆除接线，电动机定子绕组接成 Y 联结时，两个出线端测出的结果是每相绕组实际电阻值的 2 倍；电动机定子绕组接成△联结时，两个出线端测出的结果是每相绕组实际电阻值的 2/3 倍。由于定子绕组电阻值较小，测量仪器采用直流双臂电桥。

（2）测量过程

| 步骤 | 图示 | 说明 |
| --- | --- | --- |
| 测量前检查仪器、电池 |  | 测量前，检查仪器背面电池盒中是否装入 5 节 1 号干电池和 1 节 9 V 层叠电池，并要注意电池电压是否正常，不要因为电压不足而影响电桥的灵敏度 |
| 内外电源选择 | 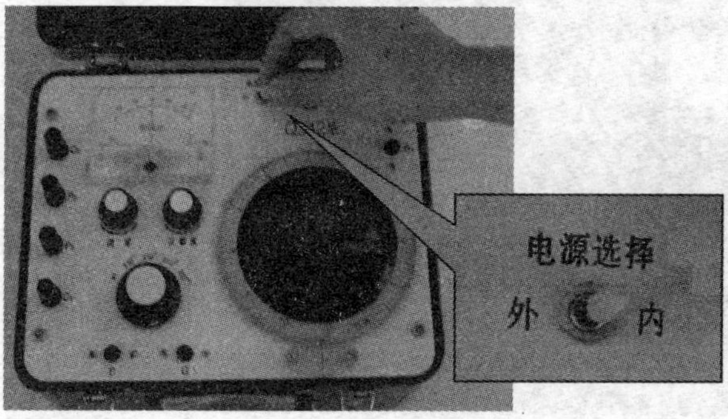 电源选择<br>外 内 | 或准备外接稳压电源，要注意电源的极性不能接错，电源电压不要超过说明书上的规定值。电源的选择由表盘上电源选择开关决定，如采用直流双臂电桥内部电源，将拨钮开关合到“内”这一挡进行测量 |
| 测量接线 | 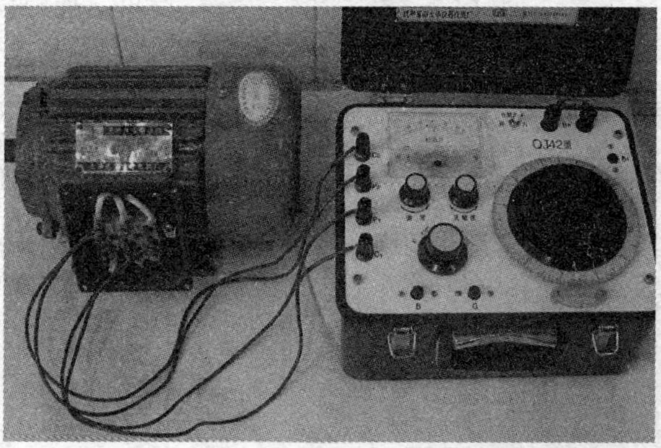 | 直流双臂电桥一般测量 $10^{-4}\sim10\ \Omega$ 的电阻，由于与被测电阻连接需要导线，这样，与被测电阻相比，导线电阻和接触电阻的影响相对较大，要消除其对测量结果的影响，测量时应采用粗而短的导线将直流双臂电桥电位端钮 P1、P2 分别与电动机接线盒中接线柱 U1、U2 连接，电流端钮 C1、C2 也分别与电动机接线柱 U1、U2 连接，要保证接头拧紧且接触良好，同时注意电位端钮的引线 P1、P2 须在内侧，电流端钮的引线 C1、C2 须在外侧，电流端钮和电位端钮的连接线不能互相绞在一起 |

| 步骤 | 图示 | 说明 |
| --- | --- | --- |
| 调零 | 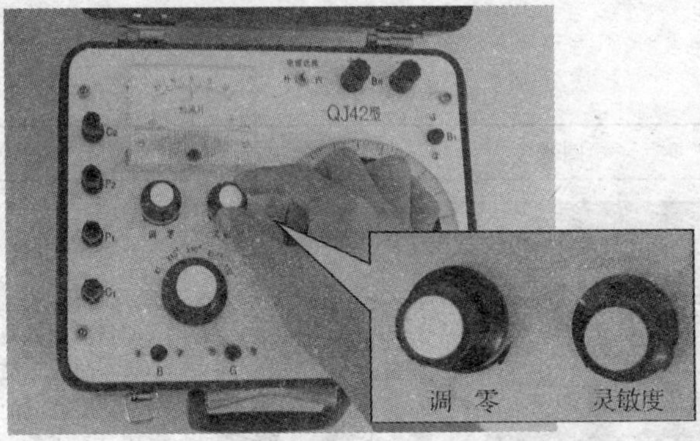 | 按下“B1”按钮，调节“调零”旋钮，使检流计指针指在零位，调节“灵敏度”旋钮，使灵敏度适中 |
| 通过万用表估测选择倍率 | 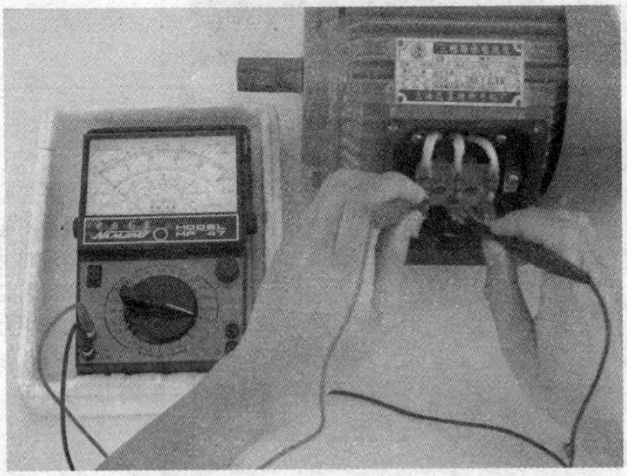 | 为了减小测量误差，要选择合适的倍率。可用万用表估测被测电阻值，将倍率旋钮旋至相应的位置，一般被测电阻为几欧姆时，倍率选×1 挡；被测电阻小于 1 Ω时，倍率选$\times10^{-1}$挡 |
| 测量 |  | 用左手的食指按下按钮“B1”，接通电源，再用中指按下按钮“G”，接通检流计，如果检流计的指针指向“－”的方向，应旋动读数盘，减少数字，若读数盘已是在最小数字上，无法减少时，应重新选择倍率；如果检流计指向“＋”的方向，这时将读数盘向增加方向旋动。当检流计指针指在零位时，说明电桥平衡，先松开按钮“G”，再松开按钮“B”。特别要注意测量动作应迅速，尽量缩短测量时间 |

(3) 计算电阻值

被测电阻值=倍率数×读数盘读数

(4) 测量其他两相定子绕组电阻值。按测量 U 相定子绕组电阻值的步骤，测量出 V 相和 W 相绕组的电阻值。把三相异步电动机直流电阻的测量值填写在表中。

**三相异步电动机直流电阻的测量值**

| 测量项目 | U 相直流电阻/Ω | V 相直流电阻/Ω | W 相直流电阻/Ω |
|---|---|---|---|
| 测量结果 | | | |
| 测量结论：三相　　平衡（填：是或不是） | | | |

(5) 计算三相平均电阻值

测量结束，计算三相平均电阻值 $R_e$：

$$R_e=\frac{R_u+R_v+R_w}{3}$$

三相平均电阻值与各相电阻值的差别应小于等于 5%，即：

$$\frac{R_e-R_u}{R_e}\times 100\%\leqslant\pm 5\%$$

如电阻值相差过大，则表明绕组中有短路、断路、绕组匝数有误或接触不良等故障。

**3. 用兆欧表测量各相绕组相间及对机壳之间的绝缘电阻**

定子绕组经过绝缘处理和装配等工序，可能使绕组的对地绝缘和相间绝缘受损，因此必须使用兆欧表，测量电动机的各相绕组之间以及各相绕组与机壳之间的绝缘电阻。

测量方法如下：

| 步骤 | 图示 | 说明 |
|---|---|---|
| 打开电动机接线盒，拆开连接片 | | 对于额定电压是 380 V 的电动机，选用 500 V 兆欧表测量，其绝缘电阻值不得低于 1 MΩ。新绕制电动机的绝缘电阻值通常都在 5 MΩ 以上 |

续表

| 步骤 | | 图示 | 说明 |
|---|---|---|---|
| 兆欧表性能校验 | 短路试验 | 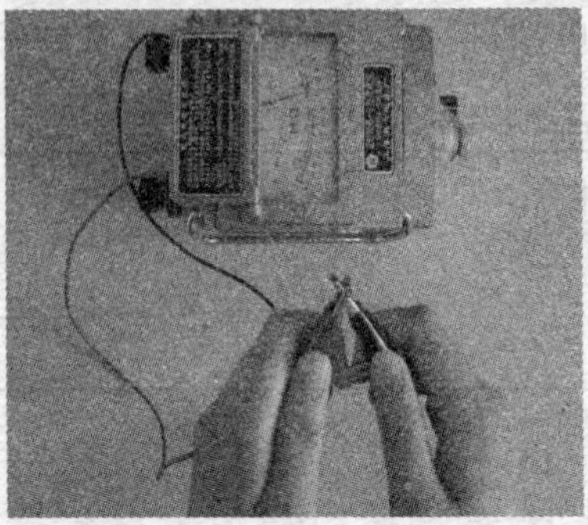 | 把两表笔接触，手柄摇几转，表针应该指到“0”位 |
| | 开路试验 | 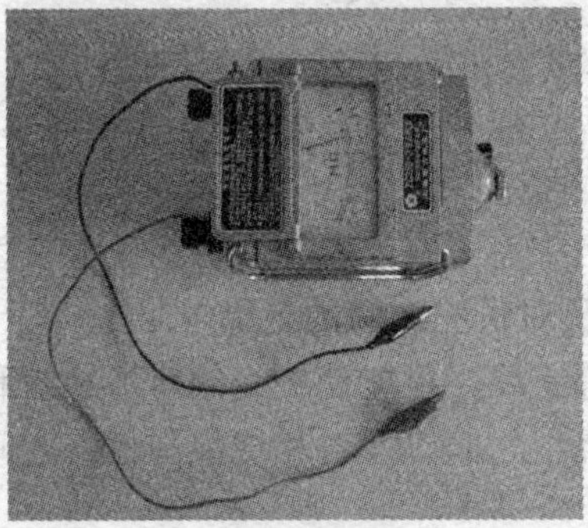 | 分开两根表棒，再摇几转，表针应指到“∞”位 |
| 测试相对地绝缘电阻值 | |  | 将“L”接到电动机绕组引线上，“E”接到电动机外壳上 |
| 测试相间绝缘电阻值 | | 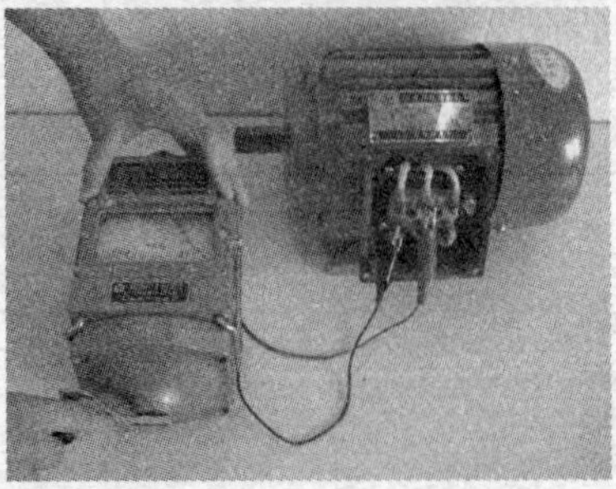 | 将“L”接到电动机绕组引线上，“E”接到另一相电动机绕组引线上 |

续表

| 步骤 | 图示 | 说明 |
| --- | --- | --- |
| 识读绝缘电阻值 | | 放平兆欧表，摇动手柄，逐渐增加速度至 120 r/min 时，待指针稳定后识读绝缘电阻值 |

把三相异步电动机绝缘电阻的测量值填写在下表中。

| 序号 | 测量项目 | 测量值（MΩ） |
| --- | --- | --- |
| 1 | U 相—地 | |
| 2 | V 相—地 | |
| 3 | W 相—地 | |
| 4 | U 相—V 相 | |
| 5 | V 相—W 相 | |
| 6 | W 相—U 相 | |

## 二、三相异步电动机检修方法

三相异步电动机定子绕组是产生旋转磁场的部分。其受到腐蚀性气体的侵入，机械力和电磁力的冲击，以及绝缘的老化、受潮等，都会影响异步电动机的正常运行。另外，异步电动机在运行中长期过载、过压、欠压、断相等，也会引起定子绕组故障。定子绕组的故障是多种多样的，其产生的原因也各不相同。常见的故障有以下几种，应针对不同故障采取不同的检修方法。

**1. 定子绕组接地故障的检修**

三相异步电动机的绝缘电阻较低，虽经加热烘干处理，绝缘电阻仍很低，经检测发现定子绕组已与定子铁心短接，即绕组接地，绕组接地后会使电动机的机壳带电，绕组过热，从而导致短路，造成电动机不能正常工作。

（1）定子绕组接地故障的原因

1）绕组受潮。

2）绝缘老化和绕组制造工艺不良，以致绕组绝缘性能下降。

3）电动机在运行中线圈发生振动、摩擦及局部位移而损坏主绝缘，或槽绝缘移位，造成导线与铁心相碰。

4）铁心硅钢片凸出，或有尖刺等损坏了绕组绝缘。

5）绕组端部过长，若与端盖相碰会造成引线绝缘损坏，若与机壳相碰易受雷击或电力系统过电压影响而使绕组绝缘击穿损坏。

（2）定子绕组接地故障的检查方法

<table>
<tr><th>观察法</th><th>兆欧表检查法</th></tr>
<tr><td>绕组接地故障经常发生在绕组端部或铁心槽口部分，而且绝缘常有破裂和烧焦发黑的痕迹。因而当电动机拆开后，可先在这些地方寻找接地处。如果引出线和这些地方没有接地的迹象，则接地点可能在槽里</td><td>用兆欧表检查时，应根据被测电动机的额定电压来选择兆欧表的等级。500 V 以下的低压电动机，选用 500 V 的兆欧表；3 kV 的电动机采用 1 000 V 的兆欧表；6 kV 以上的电动机应选用 2 500 V 的兆欧表。测量时，兆欧表的一端接电动机绕组，另一端接电动机机壳。按 120 r/min 的速度摇动摇柄，若指针指向零，表示绕组接地；若指针摇摆不定，说明绝缘已被击穿；如果绝缘电阻在 0.5 MΩ 以上，则说明电动机绝缘正常</td></tr>
<tr><th>万用表检查法</th><th>校验灯检查法</th></tr>
<tr><td>检测时，先将三相绕组之间的连接线拆开，使各相绕组互不接通。然后将万用表的量程旋到 R×10 kΩ 挡位上，将一只表笔碰触在机壳上，另一只表笔分别碰触三相绕组的接线端。若测得的电阻较大，则表明没有接地故障；若测得的电阻很小或为零，则表明该相绕组有接地故障</td><td rowspan="3">将绕组的各相接头拆开，用一只 40～100 W 的灯泡串接于 220 V 火线与绕组之间，如图所示。一端接机壳，另一端依次接三相绕组的接头。若校验灯亮，表示绕组接地；若校验灯微亮，说明绕组绝缘性能变差或漏电<br>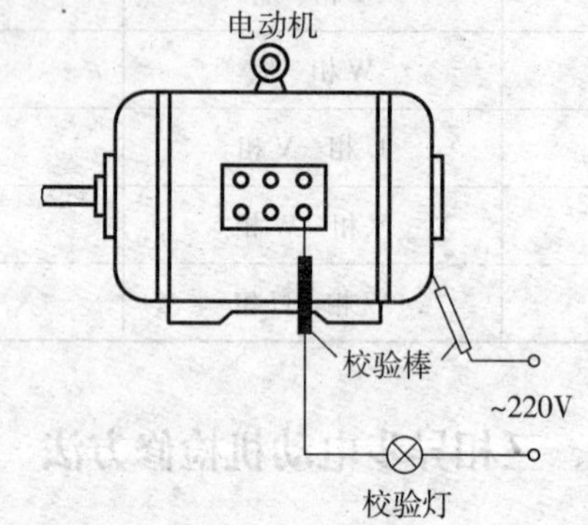<br></td></tr>
<tr><th>冒烟法</th></tr>
<tr><td>在电动机的定子铁心与线圈之间加一低电压，并用调压器来调节电压，逐渐升高电压后接地点会很快发热，使绝缘烧焦并冒烟，此时应立即切断电源，在接地处做好标记。采用此法时应掌握通入电流的大小。一般小型电动机不超过额定电流的 2 倍，时间不超过 0.5 min；对于容量较大的电动机，则应通入额定电流的 20%～50%，或者逐渐增大电流至接地处冒烟为止</td></tr>
<tr><th colspan="2">电流定向法</th></tr>
<tr><td colspan="2">将有故障一相绕组的两个头接起来，例如将 U 相首末端并联加直流电压。电源可用 6～12 V 蓄电池，串联电流表和可调电阻如图所示。调节可调电阻，使电路中电流为 0.2～0.4 倍额定电流，线圈内的电流方向如图中所示。则故障槽内的电流流向接地点。此时若用小磁针在被测绕组的槽口移动，观察小磁针的方向变化，可确定故障的槽号，再从找到的槽号上、下移动小磁针，观察磁针的变化，则可找到故障的位置<br>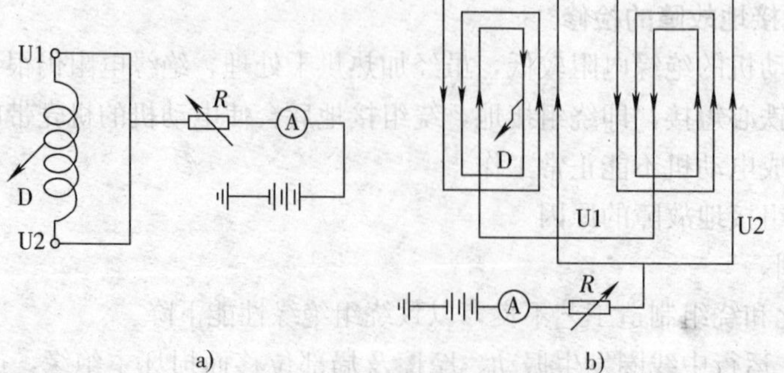<br><br>a)　　b)</td></tr>
</table>

（3）定子绕组接地故障的修复方法

只要绕组接地的故障程度较轻，又便于查找和修理时，都可以进行局部修理。

| 接地点在槽口 | 槽内线圈上层边接地 |
| --- | --- |
| 当接地点在端部槽口附近且又没有严重损伤时，则可按下述步骤进行修理<br>①在接地的绕组中，通入低压电流加热，在绝缘软化后打出槽楔<br>②用划线板把槽口的接地点撬开，使导线与铁心之间产生间隙，再将与电动机绝缘等级相同的绝缘材料剪成适当的尺寸，插入接地点的导线与铁心之间，再用小木锤将其轻轻打入<br>③在接地位置垫放绝缘以后，再将绝缘纸对折起来，最后打入槽楔 | ①在接地的线圈中通入低压电流加热，待绝缘软化后，再打出槽楔<br>②用划线板将槽机绝缘分开，在接地的一侧，按线圈排列的顺序，从槽内翻出一半线圈<br>③使用与电动机绝缘等级相同的绝缘材料，垫放在槽内接地的位置<br>④按线圈排列顺序，把翻出槽外的线圈再嵌入槽内<br>⑤滴入绝缘漆，并通入低压电流加热、烘干<br>⑥将槽绝缘对折起来，放上对折的绝缘纸，再打入槽楔 |
| **槽内线圈下层边接地** | **绕组端部接地** |
| ①在线圈内通入低压电流加热。待绝缘软化后，即撬动接地点，使导线与铁心之间产生间隙，然后清理接地点，并垫进绝缘<br>②用校验灯或兆欧表等检查故障是否消除。如果接地故障已消除，则按线圈排列顺序将下层边的线圈整理好，再垫放层间绝缘，然后嵌进上层线圈<br>③滴入绝缘漆，并通入低压电流加热、烘干<br>④将槽绝缘对折起来，放上对折的绝缘纸，再打入槽楔 | ①先把损坏的绝缘刮掉并清理干净<br>②将电动机定子放入烘房进行加热，使其绝缘软化<br>③用硬木做成的打板对绕组端部进行整形处理。整形时，用力要适当，以免损坏绕组的绝缘<br>④对于损坏的绕组绝缘，应重新包扎同等级的绝缘材料，并涂刷绝缘漆，然后进行烘干处理 |

**2. 定子绕组短路故障的检修**

定子绕组短路是异步电动机中经常发生的故障。绕组短路可分为匝间短路和相间短路，其中相间短路包括相邻线圈短路、极相组之间短路和两相绕组之间的短路。匝间短路是指线圈中串联的两个线匝因绝缘层破裂而短路。相间短路是由于相邻线圈之间绝缘层损坏而短路，一个极相组的两根引线被短接，以及三相绕组的两相之间因绝缘损坏而造成的短路。

绕组短路严重时，负载情况下电动机根本不能启动。短路匝数少，电动机虽能启动，但电流较大且三相不平衡，导致电磁转矩不平衡，使电动机产生振动，发出“嗡嗡”响声，短路匝中流过很大电流，使绕组迅速发热、冒烟并发出焦臭味甚至烧坏。

（1）定子绕组短路故障的原因

1）修理时嵌线操作不熟练，造成绝缘损伤，或在焊接引线时烙铁温度过高、焊接时间过长而烫坏线圈的绝缘。

2）绕组因年久失修而使绝缘老化，或绕组受潮，未经烘干便直接运行，导致绝缘击穿。

3）电动机长期过载，绕组中电流过大，使绝缘老化变脆，绝缘性能降低而失去绝缘作用。

4）定子绕组线圈之间的连接线或引线绝缘不良。

5）绕组重绕时，绕组端部或双层绕组槽内的相间绝缘没有垫好或击穿损坏。

6）由于轴承磨损严重，使定子和转子铁心相擦产生高热，而使定子绕组绝缘烧坏。

7）雷击、连续启动次数过多或过电压击穿绝缘。

（2）定子绕组短路故障的检查方法

<table>
<tr><th>观察法</th><th>万用表（兆欧表）法</th></tr>
<tr><td>观察定子绕组有无烧焦绝缘或有无浓厚的焦味，可判断绕组有无短路故障。也可让电动机运转几分钟后，切断电源停车之后，立即将电动机端盖打开，取出转子，用手触摸绕组的端部，感觉温度较高的部位即是短路线匝的位置</td><td>将三相绕组的头尾全部拆开，用万用表或兆欧表测量两相绕组间的绝缘电阻，其阻值为零或很低，即表明两相绕组有短路</td></tr>
<tr><th colspan="2">直流电阻法</th></tr>
<tr><td colspan="2">当绕组短路情况比较严重时，可用电桥测量各相绕组的直流电阻值，电阻值较小的绕组即为短路绕组（一般阻值偏差不超过5%可视为正常）。<br>若电动机绕组为三角形联结，应拆开一个连接点再进行测量</td></tr>
<tr><th colspan="2">电压法</th></tr>
<tr><td>将一相绕组的各极相组连接线的绝缘套管剥开，在该相绕组的出线端通入50～100 V低压交流电或12～36 V直流电，然后测量各极相组的电压降，读数较小的即为短路绕组，如右图所示。为进一步确定是哪一只线圈短路，可将低压电源改接在极相组的两端，再在电压表上连接两根套有绝缘的插针，分别刺入每只线圈的两端，其中测得的电压最低的线圈就是短路线圈</td><td>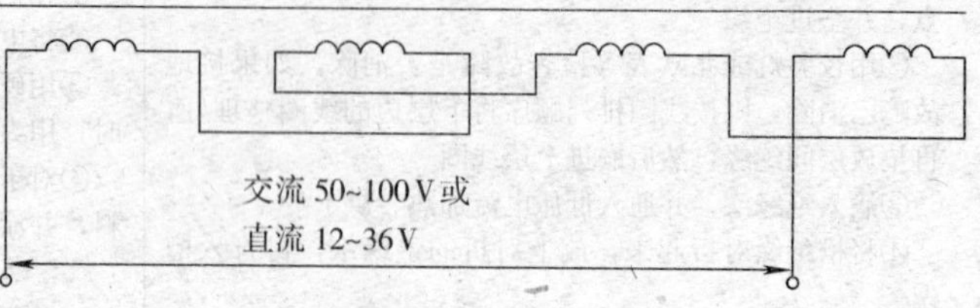</td></tr>
<tr><th colspan="2">感应电压法</th></tr>
<tr><td colspan="2">将12～36 V单相交流电通入U相，测量V、W相的感应电压；然后通入V相，测量W、U相的感应电压；再通入W相，测量U、V相的感应电压。记下测量的数值进行比较，感应电压偏小的一相即有短路</td></tr>
<tr><th colspan="2">电流平衡法</th></tr>
<tr><td colspan="2">测量电路如右图所示，电源变压器可用36 V变压器或交流电焊机焊接变压器。每相绕组串接一只电流表，通电后记下电流表的读数，电流过大的一相即存在短路<br>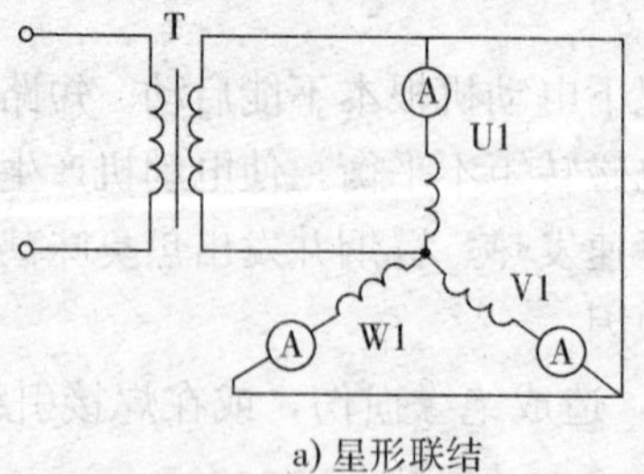a) 星形联结<br>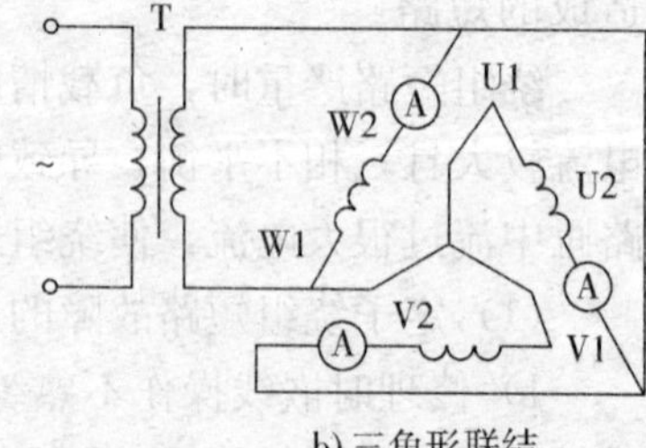b) 三角形联结</td></tr>
</table>

续表

**短路侦察器法**

短路侦察器是一个开口变压器，它与定子铁心接触的部分做成与定子铁心相同的弧形，宽度也做成与定子齿距相同，如图所示。其检查方法如下：

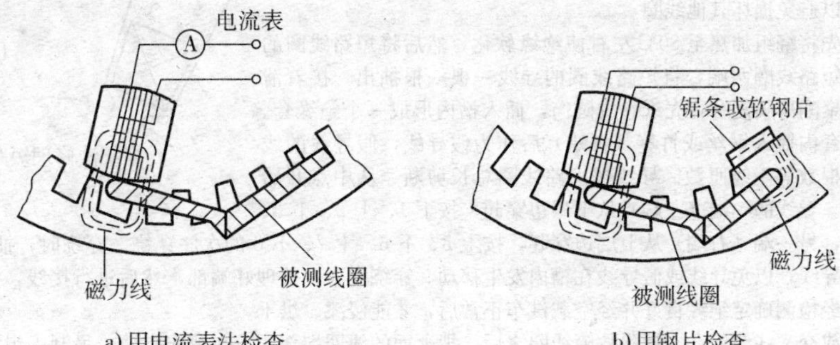


a)用电流表法检查　　b)用钢片检查

取出电动机的转子，将短路侦察器的开口部分放在定子铁心中所要检查的线圈边的槽口上，给短路侦察器通入交流电，这时短路侦察器的铁心与被测定子铁心构成磁回路，而组成一个变压器，短路侦察器的线圈相当于变压器的一次线圈，定子铁心槽内的线圈相当于变压器的二次线圈。如果短路侦察器是处在短路绕组，则形成类似一个短路的变压器，这时串接在短路侦察器线圈中的电流表将显示出较大的电流值。用这种方法沿着被测电动机的定子铁心内缘逐槽检查，找出电流最大的那个线圈就是短路的线圈

如果没有电流表，也可用约 0.6 mm 厚的钢锯条片放在被测线圈的另一个槽口，若有短路，则这片钢锯条就会产生振动，说明这个线圈就是故障线圈。对于多路并联的绕组，必须将各个并联支路打开，才能采用短路侦察器进行测量

## (3) 定子绕组短路故障的修复方法

| 端部修理法 | 拆修重嵌法 |
| --- | --- |
| 如果短路点在线圈端部，是因接线错误而导致的短路，可拆开接头，重新连接。当连接线绝缘管破裂时，可将绕组适当加热，撬开引线处，重新套好绝缘套管或用绝缘材料垫好。当端部短路时，可在两绕组端部交叠处插入绝缘物，将绝缘损坏的导线包上绝缘布 | 在故障线圈所在槽的槽楔上，刷涂适当溶剂（丙酮 40%，甲苯 35%，酒精 25%），约 0.5 h 后，抽出槽楔并逐匝取出导线，用聚氯胶带将绝缘损坏处包扎好，重新嵌回槽中。如果故障在底层导线中，则必须将妨碍修理操作的邻近上层线圈边的导线取出槽外，待有故障的线匝修理完毕后，再依次嵌回槽中 |
| **匝间短路处理的截除故障点法** | **去除故障线圈的跳接法** |
| 对于匝间短路的一些线圈，在绕组适当加热后，取下短路线圈的槽楔，并截断短路线圈的两边端部，小心地将导线抽出槽外，接好余下线圈的断头，而后再进行绝缘处理 | 在急需电动机使用，而一时又来不及修复时，可进行跳接处理，即把短路的线圈废弃，跳过不用，用绝缘材料将断头包好。但这种方法会造成电动机三相电磁不平衡，恶化了电动机性能，应慎用，事后应进行补救 |

续表

| 局部调换线圈法 |
| --- |
| 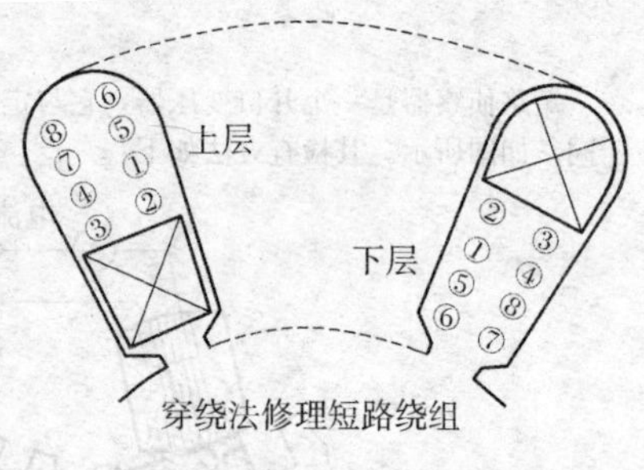<br><br>穿绕法修理短路绕组<br>如果同心绕组的上层线圈损坏，可将绕组适当加热软化，完整地取出损坏的线圈，仿制相同规格的新线圈，嵌到原来的线槽中。对于同心式绕组的底层线圈和双层叠绕组线圈短路故障，可采用穿绕法修理。穿绕法较为省工省料，还可以避免损坏其他线圈<br>穿绕修理时，先将绕组加热至80℃左右使绝缘软化，然后将短路线圈的槽楔打出，剪断短路线圈两端，将短路线圈的导线一根一根抽出。接着清理线槽，用一层聚酯薄膜复合青壳纸卷成圆筒，插入槽内形成一个绝缘套。穿线前，在绝缘套内插入钢丝或竹签（打蜡）后作为假导线，假导线的线径比导线略粗，根数等于线匝数。导线按短路线圈总长剪断，从中点开始穿线，如图所示。导线的一端（左端）从下层边穿起，按下1、上2、下3、上4的次序穿绕，另一端（右端）从上层边穿起，按上5、下6、上7、下8的次序穿绕。穿绕时，抽出一根假导线，随即穿入一根新导线，以免导线或假导线在槽内发生移动。穿绕完毕，整理好端部，然后进行接线，并检查绝缘和进行必要的试验，经检测确定绝缘良好并经空载试车正常后，才能浸漆、烘干<br>对于单层链式或交叉式绕组，在拆除故障线圈之后，把上面的线圈端部压下来填充空隙，另制一组导线直径和匝数相同的新线圈，从绕组表层嵌入原来的线槽内 |

**3. 定子绕组断路故障的检修**

当电动机定子绕组中有一相发生断路，电动机星形联结时，通电后发出较强的“嗡嗡”声，启动困难，甚至不能启动，断路相电流为零。当电动机带一定负载运行时，若突然发生一相断路，电动机可能还会继续运转，但其他两相电流将增大许多，并发出较强的“嗡嗡”声。三角形联结的电动机，虽能自行启动，但三相电流极不平衡，其中一相电流比另外两相约大70%，且转速低于额定值。采用多根并绕或多支路并联绕组的电动机，其中一根导线断线或一条支路断路并不造成一相断路，这时用电桥可测得断股或断支路相的电阻值比另外两相大。

（1）定子绕组断路故障的原因

1）绕组端部伸在铁心外面，导线易被碰断，或由于接线头焊接不良，长期运行后脱焊，造成绕组断路。

2）导线质量低劣，导线截面有局部缩小处，原设计或修理时导线截面选择偏小，以及嵌线时刮削或弯折致伤导线，运行中通过电流时局部发热产生高温而烧断。

3）接头脱焊或虚焊，多根并绕或多支路并联绕组断股未及时发现，经一段时间运行后发展为一相断路，或受机械力影响断裂及机械碰撞使线圈断路。

4）绕组内部短路或接地故障，没有发现，长期过热而烧断导线。

（2）定子绕组断路故障的检查方法。定子绕组断路故障的检查实践证明，断路故障大多数发生在绕组端部、线圈的接头以及绕组与引线的接头处。因此，发生断路故障后，首先应检查绕组端部，找出断路点，重新进行连接、焊牢，包上相应等级的绝缘材料，再经局部绝缘处理，涂上绝缘漆晾干，即可继续使用。定子绕组断路故障的检查方法有以下几种。

| 观察法 |
|---|
| 仔细观察绕组端部是否有碰断现象，找出碰断处 |

| 万用表法 |
|---|
| 将电动机出线盒内的连接片取下，用万用表或兆欧表测各相绕组的电阻值，当电阻值大到几乎等于绕组的绝缘电阻值时，表明该相绕组存在断路故障，测量方法如图所示<br>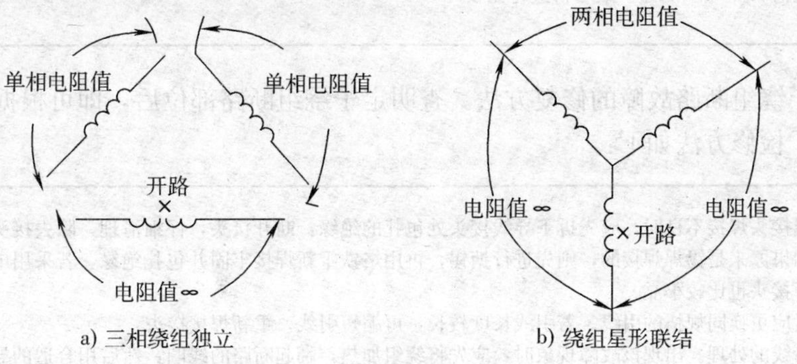<br><br>a) 三相绕组独立　b) 绕组星形联结 |

| 检验灯法 |
|---|
| 小灯泡与电池串联，两根引线分别与一相绕组的头尾相连，若有并联支路，拆开并联支路端头的连接线；有并绕的，则拆开端头，使之互不接通。如果灯不亮，则表明绕组有断路故障。测量方法如图所示<br>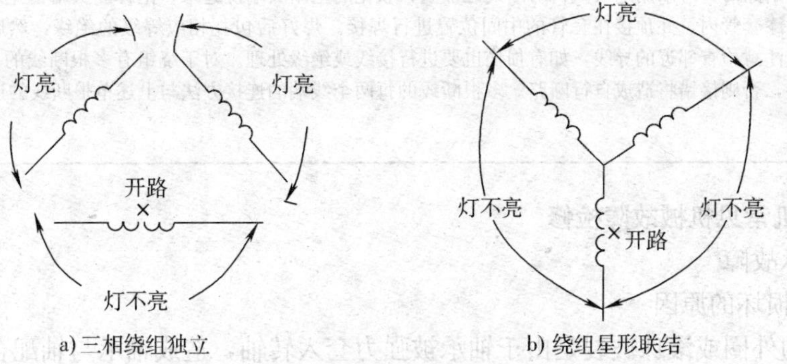<br><br>a) 三相绕组独立　b) 绕组星形联结 |

| 三相电流平衡法 |
|---|
| 对于 10 kW 以上的电动机，由于其绕组都采用多股导线并绕或多支路并联，往往不是一相绕组全部断路，而是一相绕组中的一根或几根导线或一条支路断开，所以检查起来较麻烦，这种情况下可采用三相电流平衡法来检测<br>将异步电动机空载运行，用电流表测量三相电流。如果星形联结的定子绕组中有一相部分断路，则断路相的电流较小，如图 a 所示。如果三角形联结的定子绕组中有一相部分断路，则三相线电流中有两相的线电流较小，如图 b 所示<br>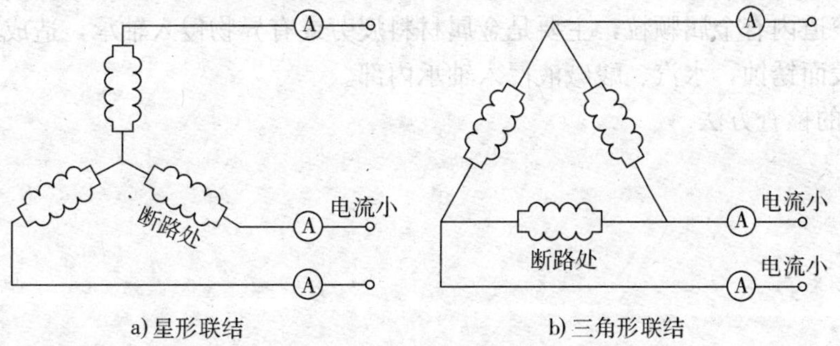<br><br>a) 星形联结　b) 三角形联结 |

续表

| 电阻法 |
| --- |
| 用直流电桥测量三相绕组的直流电阻值，如三相直流电阻阻值相差大于 2%时，电阻值较大的一相即为断路相。由于绕组的接线方式不同，因此检查时可分为以下几种情况。<br>对于每相绕组均有两个引出线引出机座的电动机，可先用万用表找出各相绕组的首末端，然后用直流电桥分别测量各相绕组的电阻值 $R_u$、$R_v$ 和 $R_w$，最后再进行比较 |

（3）定子绕组断路故障的修复方法。查明定子绕组断路部位后，即可根据具体情况进行相应的修理，检修方法如下：

| ①当绕组导线接头焊接不良时，应先拆下导线接头处包扎的绝缘，断开接头，仔细清理，除去接头上的油污、焊渣及其他杂物。如果原来是锡焊焊接的，则先进行搪锡，再用烙铁重新焊接牢固并包扎绝缘，若采用电弧焊焊接，则既不会损坏绝缘，接头也比较牢靠<br>②引线断路时应更换同规格的引线。若引线长度较长，可缩短引线，重新焊接接头<br>③槽内线圈断线的处理。出现该故障现象时，应先将绕组加热，翻起断路的线圈，然后用合适的导线接好焊牢，包扎绝缘后再嵌回原线槽，封好槽口并刷上绝缘漆。但注意接头处不能在槽内，必须放在槽外两端。另外，也可以调换新线圈。有时遇到电动机急需使用，一时来不及修理，也可以采取跳接法，直接短接断路的线圈，但此时应降低负载运行。这对于小功率电动机以及轻载、低速电动机是比较适用的。这是一种应急修理办法，事后应采取适当的补救措施。如果绕组断路严重，则必须拆除绕组重绕<br>④当绕组端部断路时，可采用电吹风机对断线处加热，软化后把断头端挑起来，刮掉断头端的绝缘层，随后将两个线端插入玻璃丝漆套管内，并顶接在套管的中间位置进行焊接。焊好后包扎相应等级的绝缘，然后再涂上绝缘漆晾干。修理时还应注意检查邻近的导线，如有损伤也要进行接线或绝缘处理。对于绕组有多根断线的，必须仔细查出哪两根线对应相接，否则接错将造成自行断路。多根断线的每两个线端的连接方法与上述单根断线的连接方法相同 |
| --- |

**4. 电动机常见机械故障检修**

（1）轴承故障

1）轴承损坏的原因

①轴承的外圈或滚珠破裂是由于轴承被强力套入转轴，造成轴承与轴配合不当而损坏轴承。

②滚珠、钢圈、夹持器变成蓝色，是由于轴承少油，滚珠干磨引起高温，或加油过多，高速转动时剧烈搅拌发热，或在装配时轴或轴承座配合不当及安装时轴不对中（同轴度定位公差尺）。

③滚道有凹痕，由于安装方法不当或传动带拉得太紧所致。

④轴承滚道内有金属颗粒，主要是金属材料疲劳或有异物侵入轴承，造成磨损。

⑤轴承表面锈蚀，水汽、酸碱液侵入轴承内部。

2）轴承的检查方法

| 听声音检查 |
| --- |
| 用螺钉旋具顶在电动机的外轴承盖上，仔细听电动机运转的声音，通过轴承滚动所发出的声音来判断轴承故障。<br>①听到滚动体有不规律的撞击声，则说明个别滚珠有破裂现象<br>②听到滚动体有明显的振动声，则说明轴承间隙过大，有跑套现象<br>③滚动体声音发哑，声色沉重，则说明轴承润滑油太脏，有杂质侵入<br>④听到轴承滚动发出尖叫声，则说明轴承润滑油过少或干枯<br>⑤声音单调且均匀，但轴承温度过高，则说明轴承润滑油过量或润滑油黏度太大<br>⑥声音有周期性的忽高忽低，则说明电动机的负载有变化，轻重不一致<br>⑦对已拆卸并清洗过的轴承，套在手上，用力转动外圈，若听到有不均匀的杂音和有振动感，则说明轴承间隙过大 |

| 温度检查 | 测量检查 |
| --- | --- |
| 对一台正在运行的电动机，用温度计测量轴承的温度，若滚动轴承的温度超过 60℃、滑动轴承的温度超过 45℃，则说明轴承发热严重，有故障 | 用塞尺测量滑动轴承轴颈与衬套之间的间隙，若超过规定值，说明轴承已损坏 |

| 手动检查 |
| --- |
| ①用手握住电动机的转轴，用力上下晃动，若发现有松动现象，超过定子铁心和转子铁心的正常间隙，则说明轴承已损坏<br>②用手指捏住轴承的外圈，沿着轴向的方向晃动数次，若晃动过大，则说明轴承间隙过大<br>③将已拆卸并清洗过的轴承用手握紧，用力摇动，若滚珠在内外圈之间有明显的撞击声，则说明轴承间隙过大 |

3）轴承的修复方法

| 擦除锈迹 | 增大摩擦力处理轴承过松 |
| --- | --- |
| 轴承有锈迹、过紧时可用 00 号砂纸擦除锈迹，再用汽油清洗干净。对已破损或钢圈有裂纹的轴承，就必须更换相同型号的新轴承 | 轴承过松情况有两种，一种是轴承内圈与转轴配合不紧，俗称跑内套；另一种是轴承外圈与端盖内圆配合不紧，俗称跑外套<br>处理方法是在转轴和端盖内圆的表面上用冲子冲一些对称的麻点，以减小轴承与它们之间的距离，增大摩擦力 |
| **轴承清洗过程** | **轴承加油过程** |
| 先刮去钢珠表面的废油；用棉布擦去残余的废油；然后把轴承浸在汽油里，用毛刷洗刷钢珠；再把轴承放在干净的汽油里漂洗干净；最后把轴承放在纸上使汽油挥发干 | 对滚动轴承润滑脂的选择，主要考虑轴承的运转条件，如使用环境（潮湿或干燥）、工作温度和电动机转速等。加润滑油的容量不宜超过轴承室容积的 2/3<br>轴承加润滑油时，应从轴承的一面把油挤压进去，然后用手指轻轻刮去多余的油，只要把油加到能平平封住钢珠即可。在轴承盖上加润滑油时，不要加得太满，有 60%～70%即可 |

（2）转轴故障

1）对转轴的要求

①轴的中心线应为直线，没有弯曲。

②轴径与轴枢表面应平滑，没有凹坑、波纹、刮痕。

③键槽的工作表面应平滑、垂直，没有裂痕和毛刺。

2）转轴检修的方法

①转轴弯曲。用千分表测量转轴，其弯曲度不得超过 0.2 mm，否则应将轴放在压力机上矫正、矫直。

②键槽磨损。先在键磨损处进行堆焊，然后放在车床上重新铣削键槽。

③轴颈磨损。轴颈磨损较轻时，可用电镀在轴颈处镀一层铬，再磨削至原有尺寸。轴颈磨损较重时，可在轴颈磨损处进行堆焊，然后放在车床上车削磨光，达到原有尺寸。

④轴有裂纹或断裂。对有裂纹或断裂的轴，一般需要换新轴。

(3) 机座检修。机座一般用铸铁制成，若有裂纹或断裂时，可用铸铁焊条进行焊接，在焊接时应注意不要烫伤定子绕组。

若地脚完全断裂，可用角铁修补。

(4) 端盖检修

1）若端盖破裂会影响电动机定子和转子的同心度，可用铸铁焊条进行焊接。

2）端盖破裂修理。若端盖破裂严重，裂纹较多，不宜电焊时，可用 5～7 mm 厚的钢板修补，按修补裂缝所需尺寸割取适当形状的钢板，用螺栓紧固在端盖上。

3）端盖轴承孔间隙过大修理。端盖轴承孔间隙超过 0.05 mm，将造成电动机定子和转子铁心相接触，出现扫膛现象。处理方法是，装配时用一条宽度等于轴承宽度的薄铜片，垫在轴承外圆与端盖内圆之间，来消除间隙。

4）端盖止口松动修理。由于端盖拆装频繁或锤击、腐蚀等原因，造成止口表面受伤，影响与机壳的配合。可用锉刀把突出的伤痕锉平，若止口松动，可在止口圆周上衬垫薄铜皮，否则应更换新端盖。

(5) 铁心检修

1）铁心表面有擦伤。由于轴承磨损、轴弯曲和端盖松动等故障，会造成定转子铁心相接触，在运行过程中相互摩擦、发热，严重时将烧坏铁心和绕组。修理时先找到根源，予以排除，再用刮刀将擦伤处的毛刺刮掉，并在铁心表面涂一层薄薄的绝缘漆。

2）铁心表面烧伤。当绕组发生接地故障，会在槽口处烧坏铁心，形成凹凸不平的现象，妨碍嵌线，埋下故障隐患。修理时可用小圆锉把烧损铁心表面的熔积物和毛刺锉平。

3）铁心齿松动。在拆除绕组时，易把铁心在槽口处的齿片拔松，会造成齿片振动。修理时可用较宽的槽楔把齿卡紧。

(6) 风扇检修

1）风扇叶修理。风扇分为铸铝风扇和塑料风扇。一般风扇在拆装过程中容易损坏，若风扇叶断裂，则需更换相同规格的新风扇；若塑料风扇有裂纹，可用强力胶把裂纹处粘牢。若铸铝风扇的夹紧头松动，可在夹紧头与转轴间垫上薄铜皮处理。

2）风扇罩修理。风扇罩受外力作用凹陷时，可拆下风扇罩，在风扇罩里面用铁锤轻轻敲击凹陷处，使其恢复平整。

## 任务小结

本任务主要完成了三相异步电动机定子绕组首尾端判别、直流电阻值测量和绝缘电阻值测量的技能训练活动，掌握三相异步电动机常规检测方法；通过解读三相异步电动机定子绕组的接地、短路、断路及机械故障的检修过程，掌握三相异步电动机定子绕组的接地、短路、断路及机械故障的检修方法与技巧。通过相关理论知识的学习，懂得三相异步电动机的铭牌、型号和参数及意义，从而掌握了正确选用和使用三相异步电动机的方法。

## 一、三相异步电动机铭牌数据

在三相电动机的外壳上钉有一块牌子，称为铭牌。铭牌上注明这台三相电动机的主要技术数据，是选择、安装、使用和修理（包括重绕绕组）三相电动机的重要依据，如某三相异步电动机的铭牌数据如图 5—25 所示。

| 三相异步电动机 | | | |
|---|---|---|---|
| 型号 Y100L－2 | | 编号 | |
| 2.2 KW | 380 V | 6.4 A | 接法 Y |
| 2870 r/min | LW 79 dB (A) | | B 级绝缘 |
| 防护等级 IP44 | 50 Hz | 工作制 S1 | kg |
| 标准编号 ZBK22007－88 | | 2001 年 月 日 | |

图 5—25　Y100L－2 型三相异步电动机铭牌

**1. 型号（Y100L－2）**

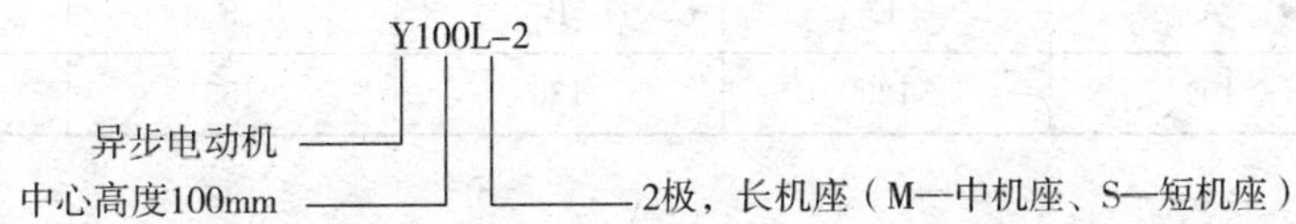


又如：

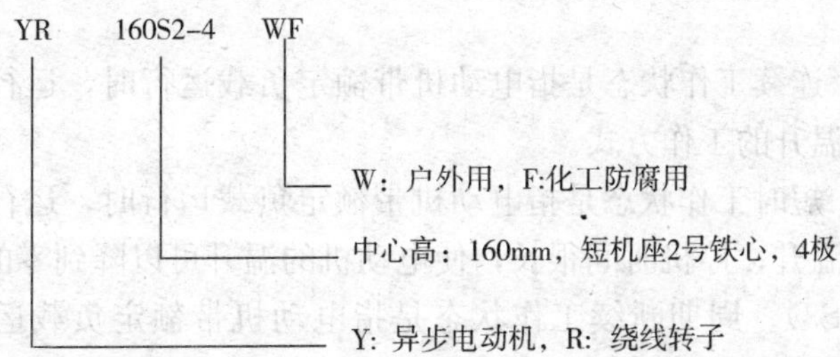

三相异步电动机型号字母含义：

Y——异步电动机；IP44——封闭式；IP23——防护式；W——户外；F——化工防腐用；Z——冶金起重；Q——高启动转矩；D——多速；B——防爆；R一绕线式；CT——电磁调速；X——高效率；H——高转差率。

注：其他型号的含义可查电工手册。

**2. 额定值**

（1）额定功率（$P_N=4$ kW）。额定功率是指在满载运行时三相电动机轴上所输出的额定机械功率，用 $P_N$ 表示，以千瓦（kW）或瓦（W）为单位。

（2）额定电压（$U_N=380$ V）。额定电压是指接到电动机绕组上的线电压，用 $U_N$ 表示，以伏（V）为单位。三相电动机要求所接的电源电压值的变动一般不应超过额定电压的±5%。电压过高，电动机容易烧毁；电压过低，电动机难以启动，即使启动后电动机也可能带不动负载，容易烧坏。

（3）额定电流（$I_N=8.2$ A）。额定电流是指三相电动机在额定电源电压下，输出额定功率时，流入定子绕组的线电流，用 $I_N$ 表示，以安（A）为单位。若超过额定电流过载运行，三相电动机就会过热乃至烧毁。

三相异步电动机的额定功率与其他额定数据之间有如下关系式：

$$P_N=\sqrt{3}U_N I_N \cos\varphi_N \eta_N$$

式中　$\cos\varphi_N$——额定功率因数；

$\eta_N$——额定效率。

（4）额定频率（$f_N=50$ Hz）。额定频率是指电动机所接的交流电源每秒钟内周期变化的次数，用 $f_N$ 表示。我国规定标准电源频率（工频）为 50 Hz。

（5）额定转速（$n_N=2\ 800$ r/min）。额定转速表示三相电动机在额定工作情况下运行时每分钟的转速，用 $n_N$ 表示，一般是略小于对应的同步转速 $n_1$。如 $n_1=1\ 500$ r/min，则 $n_N=1\ 440$ r/min。

**3. 绝缘等级**

绝缘等级是指三相电动机所采用的绝缘材料的耐热能力，它表明三相电动机允许的最高工作温度。耐热能力可分为 A、E、B、F、H 五个等级，见下表。

| 绝缘等级 | A | E | B | F | H |
|---|---|---|---|---|---|
| 极限工作温度/℃ | 105 | 120 | 130 | 155 | 180 |

**4. 工作制**

工作制是指三相电动机的运转状态，即允许连续使用的时间，分为连续、短时、周期断续三种。

（1）连续（S1）。连续工作状态是指电动机带额定负载运行时，运行时间很长，电动机的温升可以达到稳态温升的工作方式。

（2）短时（S2）。短时工作状态是指电动机带额定负载运行时，运行时间很短，使电动机的温升达不到稳态温升；停机时间很长，使电动机的温升可以降到零的工作方式。

（3）周期断续（S3）。周期断续工作状态是指电动机带额定负载运行时，运行时间很短，使电动机的温升达不到稳态温升；停止时间也很短，使电动机的温升降不到零，工作周期小于 10 min 的工作方式。

S3 工作制主要适用于起重及冶金绕线转子异步电动机，例如，S3－25％表征工作方式为 S3，负载持续率为 25％。

**5. 定子绕组接法（△）**

三相电动机定子绕组的连接方法有星形（Y）联结和三角形（△）联结两种。定子绕组的连接只能按规定方法连接，不能任意改变接法，否则会损坏三相异步电动机。

**6. 防护等级（IP44）**

防护等级表示三相电动机外壳的防护等级，其中 IP 是防护等级标志符号，其后面的两位数字分别表示电动机防固体颗粒和防水能力。数字越大，防护能力越强，如 IP44 中第一位数字“4”表示电动机能防止直径或厚度大于 1 mm 的固体进入电动机内壳。第二位数字“4”表示能承受任何方向的溅水。

## 二、三相异步电动机的故障处理

异步电动机的故障可分为机械故障和电气故障两类。机械故障如轴承、铁心、风叶、机座、转轴等的故障，一般比较容易观察与发现。电气故障主要是定子绕组、转子绕组、电刷等导电部分出现的故障。当电动机不论出现机械故障或电气故障时都将对电动机的正常运行带来影响，因此如何通过电动机在运行中出现的各种不正常现象来进行分析，从而找到电动机的故障部位与故障点，这是电动机故障处理的关键，也是衡量操作者技术熟练程度的重要标志。由于电动机的结构形式、制造质量、使用和维护情况的不同，往往可能出现同一种故障有不同的外观现象，或同一外观现象由不同的故障原因引起。因此要正确判断故障，必须先进行认真细致的研究、观察和分析，然后进行检查与测量，找出故障所在，并采取相应的措施予以排除。检查电动机故障的一般步骤如下。

**1. 调查**

首先了解电动机的型号、规格、使用条件及使用年限，以及电动机在发生故障前的运行情况，如所带负载的大小、温升高低、有无不正常的声音、操作使用情况等，并认真听取操作人员的反映。

**2. 查看故障现象**

查看的方法要按电动机故障情况灵活掌握，有时可以把电动机接上电源进行短时运转，直接观察故障情况，再进行分析研究。有时电动机不能接上电源，通过仪表测量或观察进行分析判断，然后再把电动机拆开，测量并仔细观察其内部情况，找出故障所在。

**3. 分析故障原因**

三相异步电动机常见故障现象、产生故障的可能原因主要有以下几种。

| 故障现象 | 造成故障的可能原因 |
| --- | --- |
| 电源接通后电动机不转 | ①定子绕组接线错误<br>②定子绕组断路、短路或接地，绕线转子异步电动机转子绕组断路<br>③负载过重或传动机构卡住<br>④绕线转子异步电动机转子回路断开<br>⑤电源电压过低 |
| 电动机温升过高或冒烟 | ①负载过重或启动过于频繁<br>②三相异步电动机断相运行<br>③定子绕组接线错误<br>④定子绕组接地或匝间、相间短路<br>⑤笼型异步电动机转子断条<br>⑥绕线转子异步电动机转子绕组断相运行<br>⑦定子、转子相擦<br>⑧通风不良<br>⑨电源电压过高或过低 |
| 电动机振动 | ①转子不平衡<br>②带轮不平衡或轴身弯曲<br>③电动机或负载轴线不对(同轴度定位公差大)<br>④电动机安装不良<br>⑤负载突然过重 |
| 运行时有异声 | ①定子转子相擦<br>②轴承损坏或润滑不良<br>③电动机两相运行<br>④风叶碰机壳等 |
| 电动机带负载时转速过低 | ①电源电压过低<br>②负载过大<br>③笼型异步电动机转子断条<br>④绕线转子异步电动机转子绕组一相接触不良或断开 |
| 电动机外壳带电 | ①接地不良或接地电阻太大<br>②绕组受潮<br>③绝缘有损坏、有脏物或引出线碰壳 |

课题六

# 单相异步电动机

## 任务1　单相异步电动机的拆装

### 学习目标

1. 了解单相异步电动机的结构和相关的控制电路的构成；
2. 掌握单相异步电动机拆卸与安装的基本技能。

### 工作任务

本任务将拆卸小型空气压缩机中的单相异步电动机，充分了解单相异步电动机的结构，并将其重新装好。

### 任务实施

### 一、单相异步电动机的拆卸步骤

单相异步电动机的拆卸一般比较简单，在拆卸前先仔细观察被拆电动机的外部结构，以确定拆卸的步骤。下面以小型空气压缩机中的单相异步电动机为例叙述。

**1. 小型空气压缩机拆卸步骤**

| 步骤 | 图示 | 说明 |
| --- | --- | --- |
| 准备一台单相异步电动机驱动的小型空气压缩机 |  | 该小型空气压缩机是由一台功率为 1.5 kW 的单相双电容启动式异步电动机驱动 |

续表

| 步骤 | 图示 | 说明 |
| --- | --- | --- |
| 打开接线盒 | | 将接线盒的螺钉松卸后打开接线盒。对照铭牌上的接线图发现其接法是铭牌上逆转接法 |
| 取下电源线 | | 为了防止重新安装时接错线，在取下电源线之前应先做好相应的标记并对照实物画出接线图，以确保安装的正确性 |
| 解读电动机铭牌参数 | | 型号为 YL—90S2，额定转速为 2 800 r/min，额定功率为 1.5 kW，额定电压为 220 V，绝缘等级为 E 级，额定电流为 9.44 A，工作频率为 50 Hz，运转电容 $C_1$ 为 30 $\mu$F，启动电容 $C_2$ 为 200 $\mu$F，防护等级为 IP44（参照课题 5） |
| 拆卸带轮防护罩 | | 将带轮防护罩的螺栓取下，用双手托住此带轮同时将传动带轮取下 |

续表

| 步骤 | 图示 | 说明 |
| --- | --- | --- |
| 取下传动带 |  | 用较长的旋具在带轮侧撬动传动带，同时用另一只手拨动带轮往外侧旋转直到带轮松脱 |
| 拆卸电动机螺栓 | 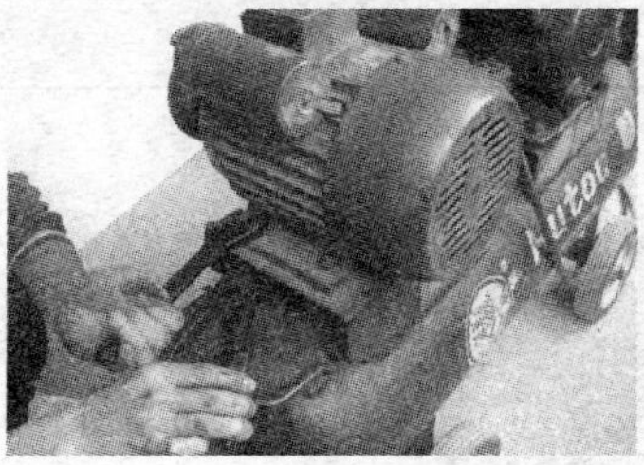 | 利用扳手等工具将固定电动机的 4 个螺栓卸下并取出 |
| 取下电动机 |  | 待电动机的螺栓和电源线拆完后，将电动机取下 |

**2. 单相双电容启动式异步电动机的拆卸步骤**

该小型空气压缩机的驱动电动机为单相双电容启动式异步电动机。

| 步骤 | 图示 | 说明 |
| --- | --- | --- |
| 拆卸带轮 |  | 用拉具和扳手（或管钳）将带轮取下 |

续表

| 步骤 | 图示 | 说明 |
| --- | --- | --- |
| 取出键楔 |   | 用一字螺钉旋具将键楔朝槽口方向撬起卸下 |
| 拆卸风扇防护罩 |   | 待风扇防护罩的 4 个螺钉取下后，将防护罩取下 |
| 拆卸风扇 |   | 将风扇套管上的螺钉松开取下后，沿轴方向往外用力将风扇取下 |
| 拆卸后端盖与转子 |   | 用扳手将后端盖的 4 个螺钉取下，然后用胶锤或木锤在前端盖处敲击转轴使后端盖松脱 |

续表

| 步骤 | 图示 | 说明 |
| --- | --- | --- |
| 取出后端盖与转子 |  | 待后端盖松脱后，用双手握紧后端盖小心地将后端盖连同转子取出。在此过程中要注意不要碰到定子绕组以免损伤绕组线圈 |
| 分离后端盖与转子 |  | 用胶锤均匀地敲击后端盖的周围使后端盖从后轴承上脱落下来 |
| 拆卸完毕后的后端盖与转子 |  | 待后端盖和转子分离后，认真地观察它们的结构。特别应结合相关理论知识观察转子导体结构。同时留意在前端轴承与笼型转子间有个离心重锤机构，它是在转子速度达到一定值后，靠重锤的离心力作用推开常闭的启动开关，将启动电容 $C_2$ 断开 |
| 拆卸前端盖 | 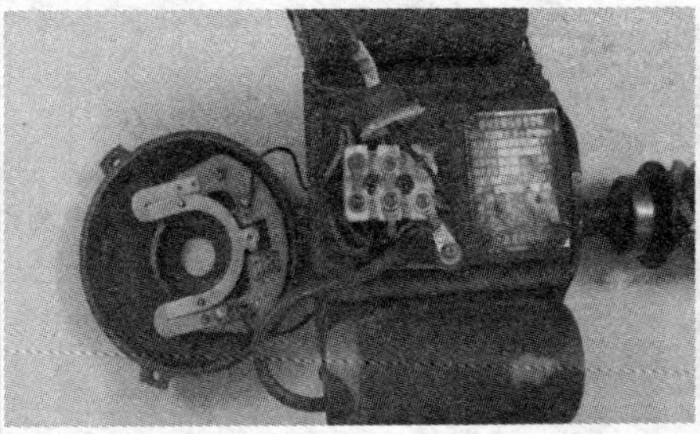 | 待前端盖的 4 个螺钉取下后将前端盖连同启动开关拆卸下来 |

续表

| 步骤 | 图示 | 说明 |
| --- | --- | --- |
| 研究启动开关的工作原理 | 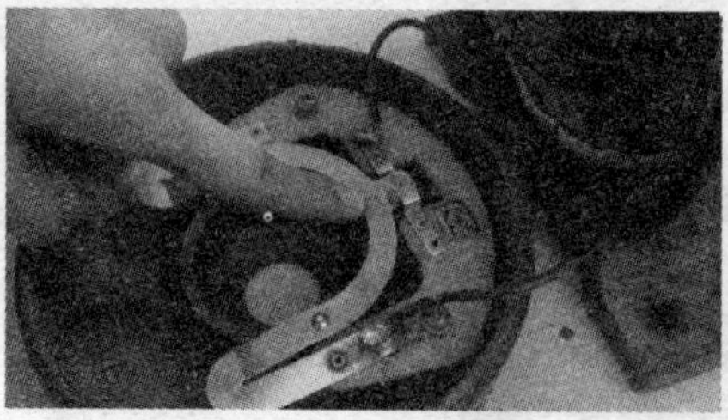  | 启动开关与接线盒中 $V_1V_2$ 端子相连接，是常闭触点 |
| 测试启动开关 | 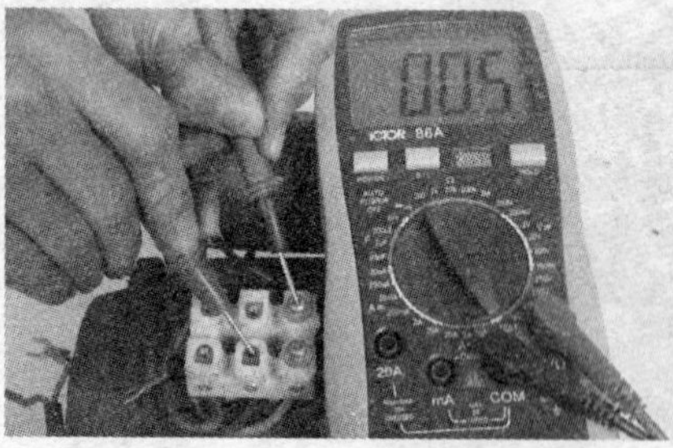  | 用万用表测试启动开关（接线盒中 $V_1$ 和 $V_2$ 端子），经测试启动开关是常闭触点式 |
| 测量工作绕组直流电阻值 | 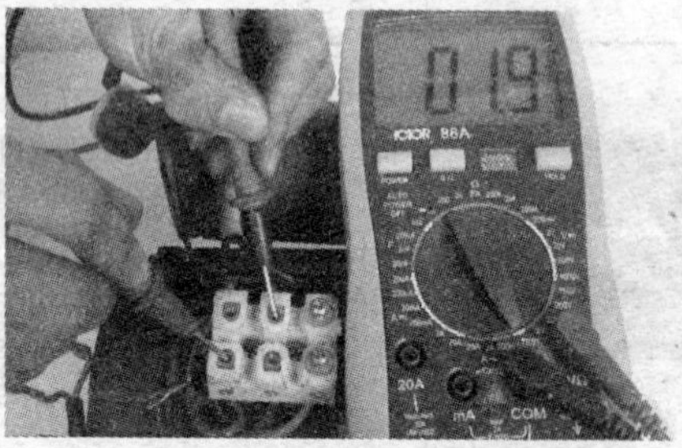  | 用万用表测量工作绕组的直流电阻值（接线盒中 $U_1$ 和 $U_2$ 端子），图中测得工作绕组的直流电阻值为 1.9 Ω |
| 测量启动绕组直流电阻值 | 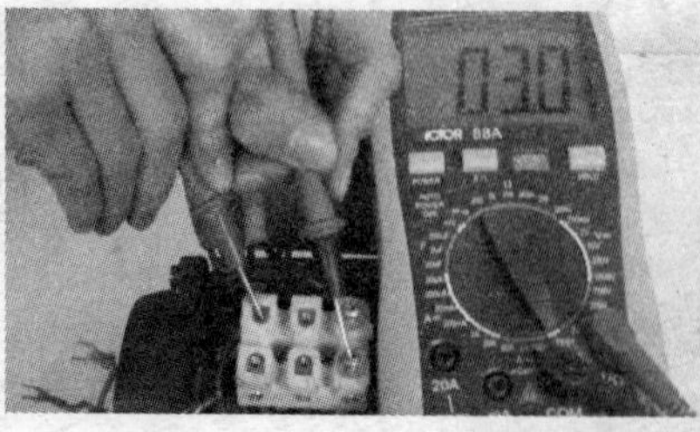  | 用万用表测量启动绕组的直流电阻值（接线盒中 $Z_1$ 和 $Z_2$ 端子），图中测得启动绕组的直流电阻值为 3.0 Ω |

| 步骤 | 图示 | 说明 |
| --- | --- | --- |
| 描绘原理图 | 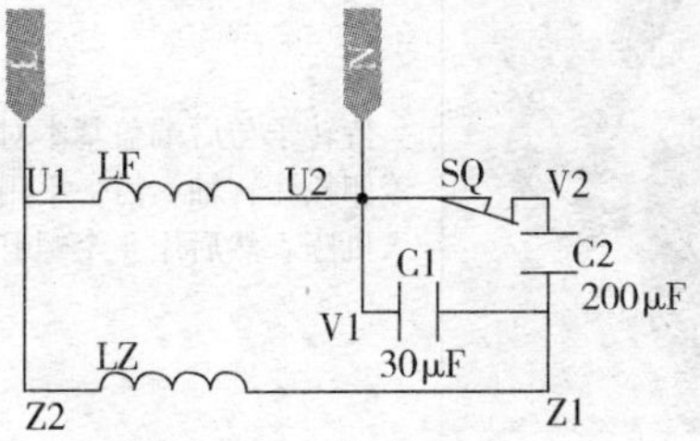 L N U1 LF U2 SQ V2 C2 200μF C1 V1 30μF LZ Z2 Z1 | 参照以上测量和铭牌上标志内容绘制出该电动机的电气原理图并进行工作原理分析，同时写出其工作原理 |

## 二、装配步骤

将各零部件清洗干净并检查完好后，按与拆卸相反的步骤进行装配。由于小功率电动机零部件小，结构刚性低，易变形，因此在装配操作受力不当时会使其失去原来的精度，影响电动机装配质量，所以在装配时要合理使用工具，用力适当。在装配过程中尽量少用修理工具修理，如刮、砂、锉等操作。因为这些工具会将屑末带入电动机内部，影响电动机零部件的原有精度。

| 步骤 | 图示 | 说明 |
| --- | --- | --- |
| 安装前端盖 |   | 在安装前端盖时应注意：<br>①要使前端盖对准机座的原位进行安装，切莫错位<br>②端盖位置对准后用胶锤敲击端盖的周围使之紧密地镶进机座<br>③别将端盖上的轴承弹片丢失 |
| 安装转子与后端盖 |   | 先将后端盖套进转轴的后轴承，然后将后端盖连同转子小心地水平塞进机座 |

续表

| 步骤 | 图示 | 说明 |
| --- | --- | --- |
| 固定转子与后端盖 |  | 待转子与后端盖基本对准原位后，一手在前端盖侧托住转轴，另一手用胶锤敲击后端盖使之嵌入机座，然后用 4 个螺钉固定后端盖 |
| 测试转轴灵活性 |  | 待端盖安装好后用手旋转转轴，看转轴是否能灵活转动。如果转动不灵活，可能是端盖偏位或个别螺钉未拧紧，应重新将端盖螺钉稍微拧松后用胶锤敲击端盖使转轴转动灵活，然后将螺钉锁紧<br>注意：在锁紧四个螺钉时，切勿一步锁紧，而是四个螺钉轮流多次用力，同时不停地测试转轴的灵活性 |
| 测试绕组间及绕组对地绝缘电阻值 | 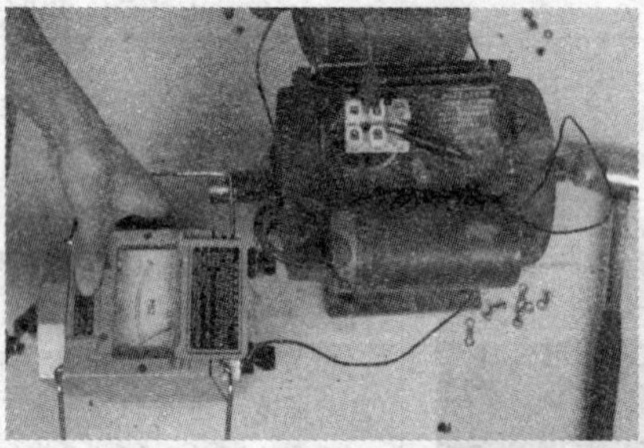 | 为了确保电动机重装后能安全正常使用，已经装配好的电动机要进行一次绝缘测试，主要是用兆欧表测量工作绕组与启动绕组间及其各自与外壳间的绝缘电阻值，应大于 0.5 MΩ 以上才可使用。如绝缘电阻值较低，则应先将电动机进行烘干处理，然后再测绝缘电阻值，合格后才可通电使用 |
| 电动机试运行 |  | 待电动机机械性能与电气性能检查无问题后，要进行试运行测试。按正确的方法接好各端子及电源线后通电试运行，同时用钳形电流表测量运行电流，图中测得其空载电流为 4.88 A，对照其额定电流 9.44 A 可推测该电动机工作基本正常 |

续表

| 步骤 | 图示 | 说明 |
| --- | --- | --- |
| 在空气压缩机上重新安装电动机 | | 待电动机装配与测试完毕后，按拆卸过程相反的步骤将电动机重新安装到空压机上，空气压缩机上的传动带、带轮、防护罩等附属部件重新安装好，恢复空气压缩机拆卸前的面貌及性能 |

## 任务小结

本任务进行了小型空气压缩机拆卸与装配训练活动，首先是对小型空气压缩机的解体，并取出其中的单相异步电动机，然后对被取出的单相异步电动机进行拆卸，待充分了解单相异步电动机的结构后重新进行安装。这样的训练活动可使学员能更为清晰直观地了解单相异步电动机的结构，为学习分析其工作原理打下坚实基础。同时通过相关理论知识的学习，掌握单相异步电动机的用途、分类及结构知识。

单相异步电动机是利用单相电源供电的一种小容量交流电动机。它具有结构简单、运行可靠、维修方便等优点，特别是可以直接用220 V交流电源供电，所以得到广泛应用。但单相异步电动机与同容量的三相异步电动机相比较，体积较大，运行性能较差，效率较低。因此，一般只制成小型和微型系列，容量一般在1 kW之内，主要用于驱动小型机床、离心机、压缩机、泵、风扇、洗衣机、冷冻机等。

## 一、单相异步电动机的用途

单相异步电动机广泛应用于家用电器及工业设备中。如各类风扇、空调、小型鼓风机、吸尘器、洗衣机、机床设备等。

| 图示 | 说明 | 图示 | 说明 |
| --- | --- | --- | --- |
| | 吊扇 | | 吊扇电动机 |

续表

| 图示 | 说明 | 图示 | 说明 |
| --- | --- | --- | --- |
|  | 转叶扇 |  | 转叶扇电动机 |
|  | 制冷设备：空调 |  | 空调压缩机（内置电动机） |
|  | 鼓风机 |  | 吸尘器 |
|  | 洗衣机 |  | 洗衣机电动机 |

续表

| 图示 | 说明 | 图示 | 说明 |
| --- | --- | --- | --- |
|   | 机床设备 |   | 机床用电动机 |

## 二、单相异步电动机的分类

按启动和运行方式分为五类：

1. 单相电容运行式异步电动机，常用于家用小功率设备中或各种家用电器如电扇、吸尘器等设备中。

2. 单相电容启动式异步电动机，常用于小型空气压缩机、洗衣机、空调器等。

3. 单相电阻启动式异步电动机，常用于电冰箱、空调压缩机中。

4. 单相双电容启动式异步电动机，这种电动机有较大的启动转矩，广泛用于小型机床设备。

5. 单相罩极式异步电动机，单相罩极式异步电动机主要适用于小功率空载启动场合。如计算机散热风扇、仪表风扇、电唱机等。

| 图示 | 说明 | 图示 | 说明 |
| --- | --- | --- | --- |
|   | 单相电容运行式异步电动机（功率在 300 W 以上） |   | 单相电容运行式异步电动机（功率在 300 W 以下） |
|   | 单相电容启动式异步电动机 |   | 单相双电容启动式异步电动机 |

续表

| 图示 | 说明 | 图示 | 说明 |
| --- | --- | --- | --- |
|   | 单相电阻启动式异步电动机 |   | 单相电阻启动式异步电动机 |
| 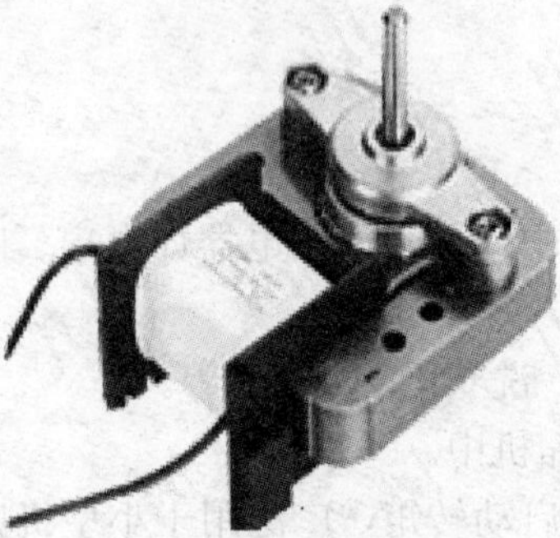  | 单相罩极式异步电动机 |   | 单相罩极式异步电动机 |
|   | 单相罩极式异步电动机 |  |  |

## 三、单相异步电动机结构

**1. 普通单相异步电动机的结构**（见图 6—1）

单相异步电动机结构与一般小型三相笼型异步电动机相似。

（1）定子。定子由定子铁心、定子绕组和机座组成。

1）定子铁心。定子铁心是用硅钢片叠压而成。

2）定子绕组。铁心槽内放置两套绕组。一套是主绕组，也称工作绕组；另一套是副绕组，又称启动绕组，如图 6—2 所示。

3）机座。机座是用铸铁或铝铸造而成，它能固定铁心和支撑端盖。

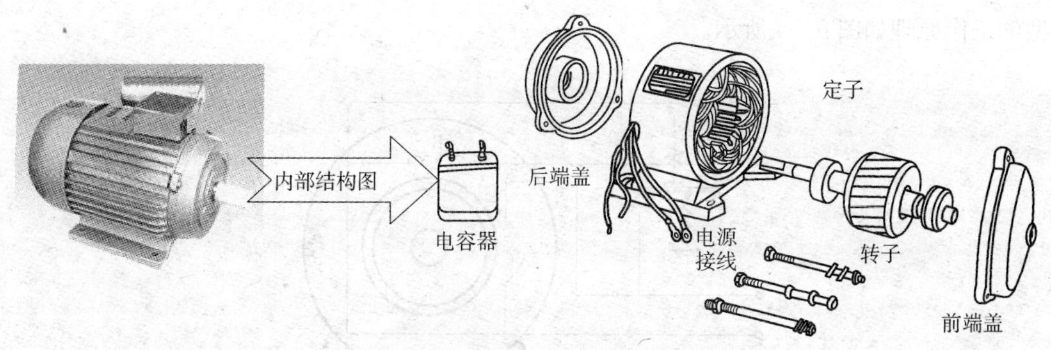


图 6—1　单相异步电动机的内部结构

(2) 转子。单相异步电动机转子与三相异步电动机笼型转子相同，采用笼型结构。

(3) 其他附件。包括端盖、轴承、轴承端盖、风扇等。

(4) 启动元件。电容器或电阻器。

(5) 启动开关

1) 离心式启动开关。离心开关是较常用的启动开关，一般安装在电动机端盖边的转子上。当电动机转子静止或转速较低时，离心开关的触头在弹簧的压力下处于接通位置；当电动机转速达到一定值后，离心开关中的重球产生的离心力大于弹簧的弹力，则重球带动触头向右移动，触头断开。其结构如图 6—3 所示。

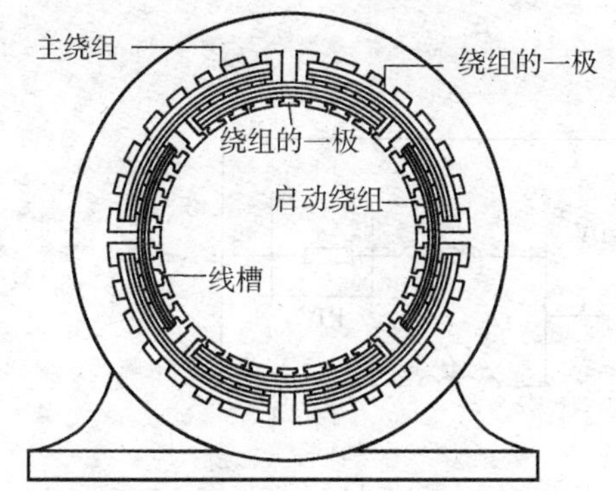


图 6—2　工作绕组和启动绕组的分布

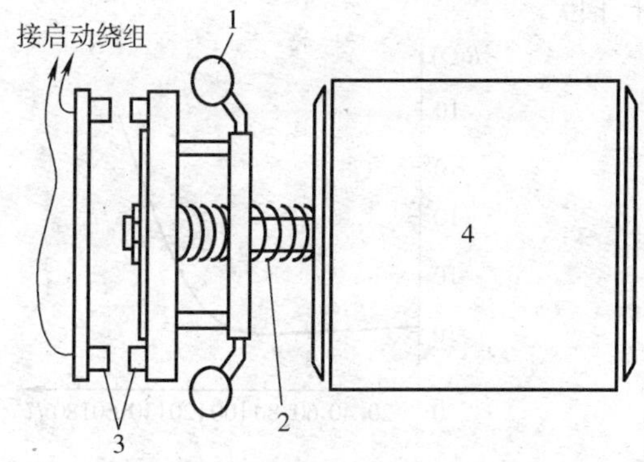


图 6—3　离心式开头结构图

1—重球　2—弹簧　3—触头　4—转子

2) 启动继电器。电磁启动继电器主要用于专用电动机上，如冰箱压缩电动机等，有电流启动型和电压启动型两种类型。电流启动型的工作原理如图 6—4 所示，继电器的线圈与电动机的工作绕组串联，电动机启动时工作绕组电流大，继电器动作，触头闭合，接通启动绕组。随着转速上升，工作绕组电流减少，当电磁启动继电器的电磁引力小于继电器铁心的重力及弹簧反作用力时，继电器复位，触头断开，切断启动绕组。电压启

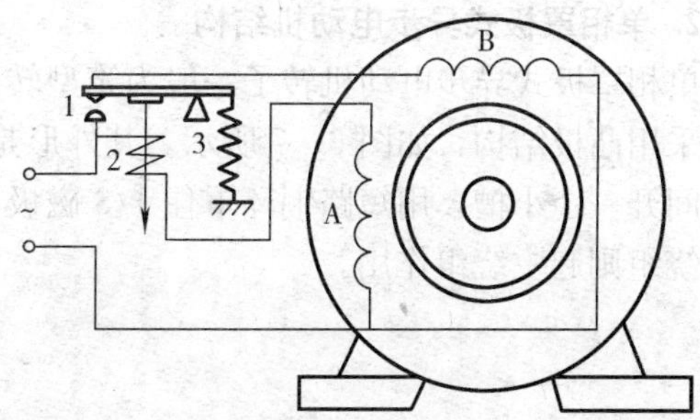


图 6—4　电流型启动继电器电动机启动电路图

1—触点　2—线圈　3—弹簧

A—工作绕组　B—启动绕组

动型的工作原理如图 6—5 所示。

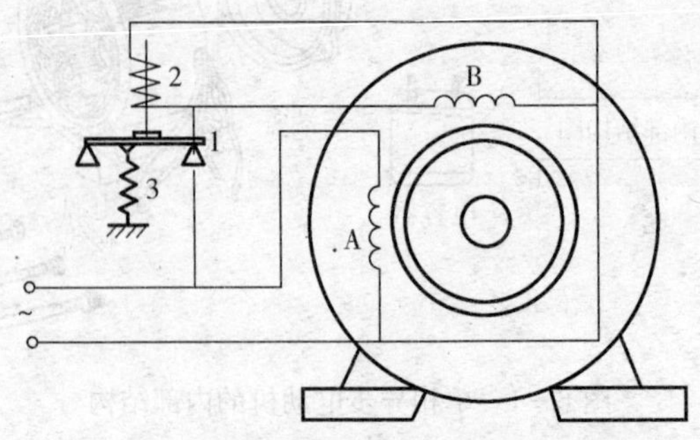


图 6—5　电压型启动继电器电动机启动电路图

1—触点　2—线圈　3—弹簧

A—工作绕组　B—启动绕组

3）PTC 元件。如图 6—6 所示，该元件是一种正温度系数的热敏电阻器，从“通”至“断”的过程即为低阻态向高阻态转变过程。一般冰箱、空调压缩机用的 PTC 元件，体积只有贰分硬币大小。其特点是：无触点、无电弧，工作过程比较安全、可靠、安装方便，价格便宜。缺点是不能连续启动，两次启动间隔 3～5 min。低阻时为几欧至几十欧，高阻时为几十千欧。

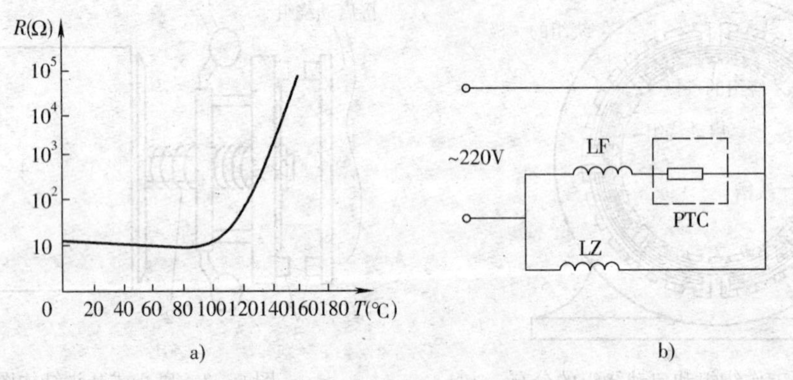


图 6—6　PTC 元件特性和接线图

**2. 单相罩极式异步电动机结构**

单相罩极式异步电动机转子一般为笼型转子，定子铁心有两种结构，凸极式或隐极式，一般采用凸极结构，如图 6—7 所示。其外形是一种方形或圆形的磁场框架，磁极凸出，凸极中间开一个小槽，用短路铜环罩住 1/3 磁极面积。短路环起辅助绕组作用，而凸极磁极上集中绕组则起主绕组作用。

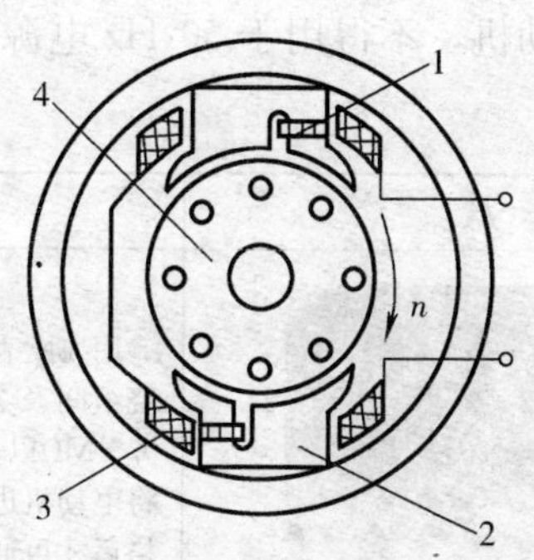


图 6—7　单相罩极式电动机的凸极结构

1—短路环　2—凸极定子铁心　3—定子绕组　4—转子

## 任务 2　单相异步电动机的使用与维护

### 学习目标

1. 了解单相异步电动机在使用和维护时应注意的事项，学会正确地使用和维护单相异步电动机；

2. 掌握各种单相异步电动机的工作原理。

### 工作任务

本任务将通过实际操作或观看录像的方式，了解单相异步电动机的正确使用和常规维护方法。

### 任务实施

单相异步电动机使用和维护与三相异步电动机相同，但要注意：

1. 单相异步电动机接线时，需正确区分工作绕组与启动绕组，并注意它们的首、尾端。如果出现标志脱落，则绕组直流电阻值大者为辅助绕组。

2. 更换电容器时，电容器的容量与工作电压必需与原规格相同。启动用的电容器应选用专用的电解电容器，其通电时间一般不得超过 3 s。

3. 单相启动式电动机，只有在电动机静止或转速降低到使离心开关闭合时，才能采用对其改变方向的接线。

4. 额定频率为 60 Hz 的电动机，不得用于 50 Hz 电源。否则，将引起电流增加，造成电动机过热甚至烧毁。

| 维护项目 | 图示 | 说明 |
| --- | --- | --- |
| 检查电动机绝缘电阻值 |  | 用兆欧表检测单相异步电动机的启动绕组与工作绕组间及各绕组对外壳间的绝缘电阻值，应大于 0.5 MΩ以上才可使用。如绝缘电阻值较低，则应先将电动机进行烘干处理，然后再测绝缘电阻值，合格后才可通电使用 |
| 电动机发热及温升检查 |  | 用手触及外壳，看电动机是否过热烫手，如发现过热，可在电动机外壳上滴几滴水，如果水急剧汽化，说明电动机显著过热，此时应立即停止运行，查明原因，排除故障后方能继续使用 |
| 机械性能检查 |  | 通过转动电动机的转轴，看其转动是否灵活。如转动不灵活，必须拆开电动机观察转轴是否有积炭、有无变形，是否缺润滑油？如果是有积炭可用小刀轻轻地将积炭刮掉，并补充少量凡士林作润滑。如果缺润滑油就补充适量的润滑油 |
| 运行中听声音 |  | 用长柄旋具头触及电动机轴承外的小油盖，耳朵贴紧旋具柄，细听电动机轴承有无杂音、振动，以判断轴承运行情况。如果为均匀的“沙沙”声，表示运转正常。如果有“嗞嗞”的金属碰撞声，说明电动机缺油；如果有“咕噜咕噜”的冲击声，说明轴承有滚珠被轧碎 |
| 检查机壳是否漏电 | 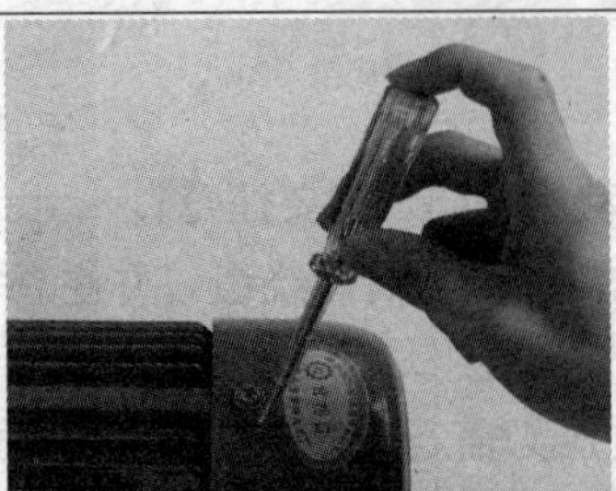 | 用手摸之前先用试电笔试一下外壳是否带电，以免发生触电事故 |

续表

| 维护项目 | 图示 | 说明 |
|---|---|---|
| 清洁 | | 对拆开的电动机进行清理，先清理掉各部件上所有灰尘和杂物，尤其定子绕组上的积尘，可先用皮老虎或空气压缩泵将灰尘吹掉，然后用干布擦掉油污，必要时可蘸少量汽油擦净，以不损伤绕组绝缘漆为原则。擦洗完毕，再吹一次 |

### 任务小结

本任务通过解读单相异步电动机的正确使用和维护方法，了解单相异步电动机在使用和维护时应注意的事项，确保能正确地使用和维护单相异步电动机。同时通过相关理论知识的学习，掌握各种单相异步电动机的工作原理。

## 一、单相异步电动机的工作原理

在三相异步电动机中曾讲到，向三相绕组通入三相对称交流电，则在定子与转子的气隙中会产生旋转磁场。当电源一相断开时，电动机就成了单相运行（也称为两相运行），气隙中产生的是脉动磁场。

**1. 单相异步电动机工作绕组的脉动磁场**

单相异步电动机工作绕组通入单相交流电时，产生的也是一个脉动磁场，脉动磁场如图6—8a所示，脉动磁场的磁通大小随电流瞬时值的变化而变化，但磁场的轴线空间位置不变，因此磁场不会旋转，当然也不会产生启动力矩。但可以应用矢量分解的方法，把这个磁场分成两个大小相等（$B_1=B_2$）、旋转方向相反的旋转磁场。从图6—8b中看出：在$t_0$时刻$B_1$、$B_2$正处在反向位置，矢量合成为零；在$t_1$时刻$B_1$顺时针旋转45°，$B_2$逆时针旋转

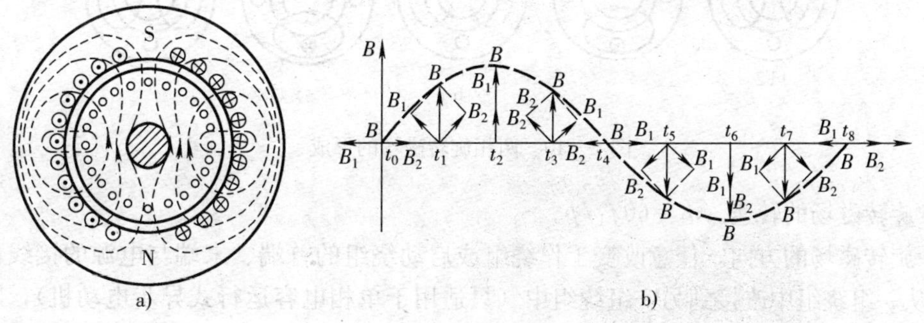


图6—8　单相脉动磁场及其分解

a）单相电动机工作绕阻的脉动磁场　b）脉动磁场的分解

45°，矢量合成为$\sqrt{2}B_1$；在 $t_2$ 时刻 $B_1$、$B_2$ 又各转了 45°，相位一致，矢量合成为 $2B_1$……如此继续旋转下去，两个正、反向旋转的磁场就合成了时间上随正弦交流电变化的脉动磁场。

脉动磁场分解成两个大小相等（$B_1=B_2$）、旋转方向相反的旋转磁场，这两个旋转磁场产生的转矩曲线如图 6—9 中的两条虚线所示。转矩曲线 $T_1$ 是顺时针旋转磁场产生的，转矩曲线 $T_2$ 是逆时针旋转磁场产生的。在 $n=0$ 处，两个力矩大小相等、方向相反，合成力矩 $T=0$；在 $n\neq0$ 处，两个力矩大小不相等、方向相反，合成力矩 $T\neq0$。从图 6—9 中还可以看出，转矩曲线 $T_1$ 和 $T_2$ 是以原点对称的，它们的合力矩 $T$ 是用实线画的曲线。说明单相绕组产生的脉动磁场是没有启动力矩的，但启动后电动机就有力矩了，电动机正反向都可转，方向由所加外力方向决定。

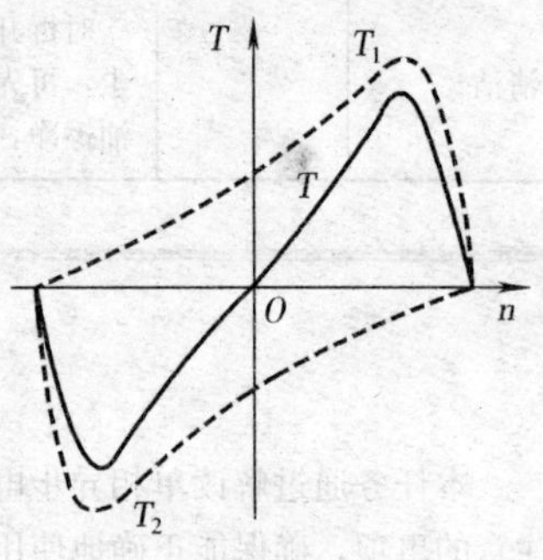

图 6—9 单相异步电动机的转矩特性

**2. 单相电容器（电阻器）异步电动机的工作原理**

（1）在电动机定子铁心上嵌放两套对称绕组：主绕组 $L_Z$（又称工作绕组）和副绕组 $L_F$（又称启动绕组）。

（2）在启动绕组 $L_F$ 中串入电容器（电阻器）以后再与工作绕组并连接在单相交流电源上，经电容器（电阻器）分相后，产生两相相位相差 90°的交流电，如图 6—10a 所示。

（3）与三相电流产生旋转磁场一样，两相电流也能产生旋转磁场，如图 6—10b 所示。

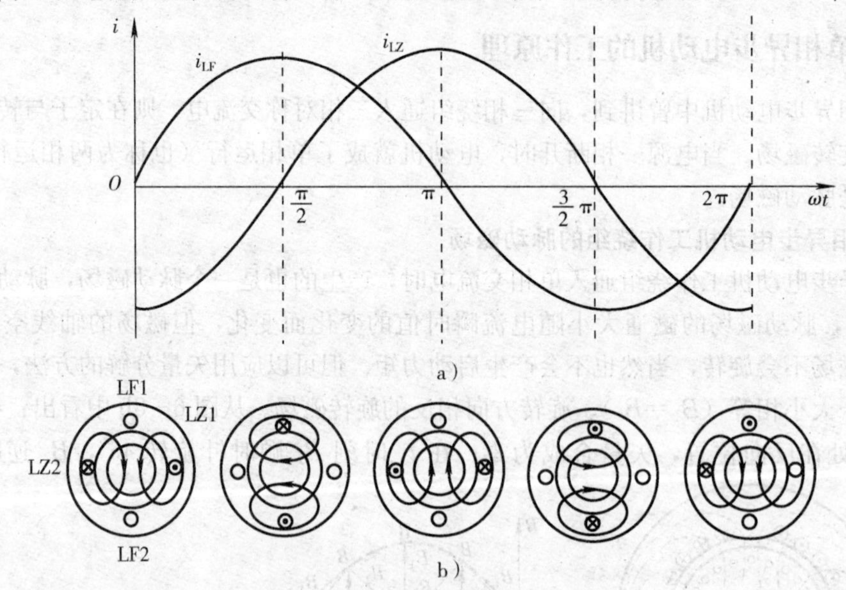

图 6—10 两相旋转磁场的形成

1）旋转磁场的转速。$n_1=60f_1/p$。

2）旋转磁场的方向。任意改变工作绕组或启动绕组的首端、末端与电源的接线，或将电容器从一组绕组中改接到另一组绕组中（只适用于单相电容运行式异步电动机），即可改变旋转磁场的转向。

（4）转子在旋转磁场中，感应出电流。

（5）感应电流与旋转磁场相互作用产生电磁力，电磁力作用在转子上将产生电磁转矩，并驱动转子沿旋转磁场方向异步转动。

## 二、单相罩极式异步电动机的工作原理

当给罩极式电动机励磁绕组内通入单相交流电时，在励磁绕组与短路铜环的共同作用下，磁极之间形成一个连续移动的磁场，好似旋转磁场一样，从而使笼型转子受力而旋转，如图 6—11 所示。

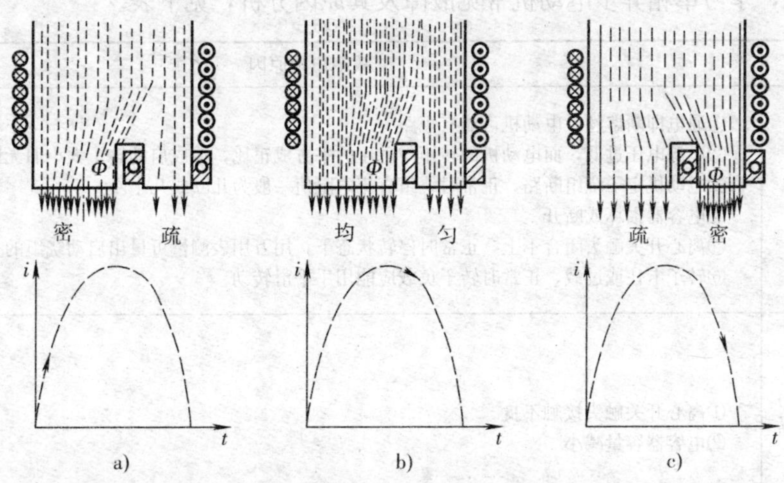


图 6—11　罩极式异步电动机中的磁场分布

# 任务 3　单相异步电动机的检修

1. 通过解读单相电动机的常见故障及其处理方法，进一步掌握单相电动机的工作原理和控制方法；

2. 掌握从电动机的故障现象判断故障原因的技能及培养故障处理能力。

单相异步电动机的维护与三相电动机相类似，即通过听、看、闻、摸等手段随时注意电动机的运行状态，不再详述。这里将对单相电动机的常见故障进行介绍，学习根据故障现象推断故障可能部位，并通过一定的检查方法，找出损坏的地方，以便排除故障。

本任务将通过观看录像的方式，了解单相电动机的常见故障及其处理方法。

任务实施

## 一、单相异步电动机常见故障及其原因分析

观看录像，学习单相异步电动机常见故障及其原因分析，见下表。

| 常见故障 | 故障出现原因 |
| --- | --- |
| 无法启动 | ①通电即断熔丝，电动机可能有短路<br>②电源电压过低，而电动机的转矩与电压的平方成正比，造成启动转矩太小而无法启动<br>③电动机定子绕组断路，正常时绕组直流电阻值一般为几欧或几十欧<br>④电容器损坏或断开<br>⑤离心开关触头闭合不上，正常时停转状态下，用万用表测量可量出启动绕组的直流电阻值<br>⑥转子卡住或过载，正常时转子负载应能用手平滑转动 |
| 启动转矩很小，或启动迟缓且转向不定 | ①离心开关触头接触不良<br>②电容器容量减小 |
| 电动机转速低于正常转速 | ①电源电压偏低<br>②绕组个别匝间短路，造成电动机气隙磁场不强，电动机转差率增大<br>③离心开关触头无法断开，启动绕组未切断。正常运行时，启动绕组磁场干预工作绕组磁场<br>④运行电容器容量变化<br>⑤电动机负载过重 |
| 电动机过热 | ①工作绕组或电容运行电动机的启动绕组个别匝间短路或接地<br>②电容启动电动机的工作绕组与启动绕组相互接错，两个绕组在设计时，电流密度就相差很大<br>③电容启动电动机的离心开关触头无法断开，使启动绕组长期运行而发热<br>④轴承发热，润滑油中的基础油脂挥发，润滑油干涸，降低润滑性能 |
| 电动机转动时噪声大或振动大 | ①绕组短路或接地<br>②轴承损坏或缺少润滑油<br>③定子与转子空隙中有杂物<br>④电动机的风扇风叶变形、不平衡<br>⑤电动机安装不良或负载不平衡 |

## 二、处理通电后电动机不转的故障

**1. 电动机通电后不转，发出“嗡嗡”声，用外力推动后可正常旋转**

(1) 用万用表检查启动绕组是否断开。如在槽口处断开，则只需一根相同规格的绝缘线把断开处焊接，加以绝缘处理；如内部断线，则要更换绕组。

(2) 对单相电容异步电动机，检查电容器是否损坏。如损坏，更换同规格的电容器。

判断电容器是否有击穿、接地、开路或严重泄漏故障方法如下：

将万用表拨至×10 kΩ或×1 kΩ挡，用螺钉旋具或导线短接电容两端进行放电后，把万用表两表笔接电容器出线端。表针摆动可能为以下情况。

1) 指针先大幅度摆向电阻零位，然后慢慢返回初始位置——电容器完好；

2) 指针不动——电容器有开路故障；

3) 指针摆到刻度盘上某较小阻值处，不再返回——电容器泄漏电流较大；

4) 指针摆到电阻零位后不返回——电容器内部已击穿短路；

5) 指针能正常摆动和返回，但第一次摆幅小——电容器容量已减小；

6) 把万用表拨至×100 Ω挡，用表笔测电容器两端接线端对地电阻，若指示为零说明电容器已接地。

(3) 对单相电阻式异步电动机，用万用表检查电阻元件是否损坏。如损坏，应更换同规格的电阻器。

(4) 对单相启动式异步电动机，要检查离心开关（或继电器）。如触点闭合不上，可能是有杂物进入，使铜触片卡住而无法动作，也可能是弹簧拉力太松或损坏。处理方法是清除杂物或更换离心开关（或继电器）。

(5) 对罩极式电动机，检查短路环是否断开或脱焊，更换或焊接短路环。

**2. 电动机通电后不转，发出“嗡嗡”声，外力推动也不能使之旋转**

(1) 检查电动机是否过载，若过载即减载。

(2) 检查轴承是否损坏或卡住，修理或更换轴承。

(3) 检查定子、转子铁心是否相擦，若是轴承松动造成，应更换轴承，否则应锉去相擦部位，校正转子轴线（转子与定子的同轴度）。

(4) 检查主绕组和副绕组接线，若接线错误，重新接线。

**3. 电动机通电后不转，没有“嗡嗡”声，外力也不能使之旋转**

(1) 检查电源是否断线，恢复供电。

(2) 检查进线线头是否松动，重新接线。

(3) 检查工作绕组是否断路、短路（与三相异步电动机定子绕组的检查方法相同），找出故障点，修复或更换断路绕组。

## 任务小结

本任务通过学习单相异步电动机的常见故障及其处理方法，培养从电动机的故障现象判断故障原因的技能及故障处理能力，并通过相关理论知识学习，进一步掌握单相电动机的工作原理及反转控制和调速控制方法。

## 一、单相异步电动机的反转

单相异步电动机反转必须要旋转磁场反转，改变旋转磁场的方法如下。

**1. 改变接线**

即把工作绕组或启动绕组中的一组首端和末端与电源的接线对调。因为异步电动机的转向是从电流相位超前的绕组向电流相位落后的绕组旋转的，如果把其中的一个绕组反接，等于把这个绕组的电流相位改变了 180°，假若原来这个绕组是超前 90°，则改接后就变成了滞后 90°，结果旋转磁场的方向随之改变。

**2. 改变电容器的连接**

有的电容运行单相电动机是通过改变电容器的接法来改变电动机转向的，如洗衣机电动机需经常正、反转，其控制方式如图 6—12 所示。

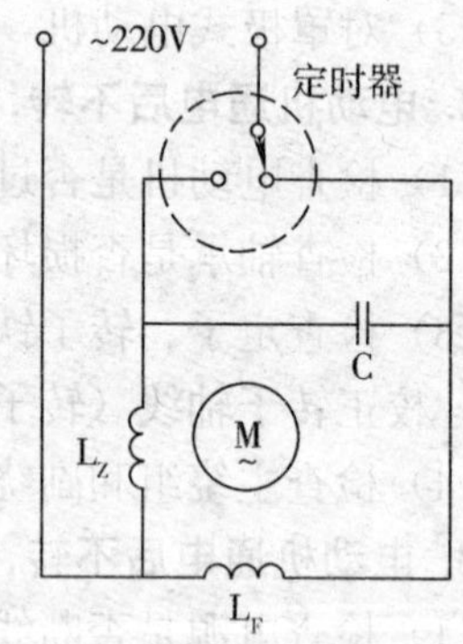


图 6—12 洗衣机电动机的正、反转控制

当定时器开关处于图中所示位置时，电容器串联在 $L_Z$ 绕组上，电流 $I_{LZ}$超前于 $I_{LF}$相位约 90°；经过一定时间后，定时器开关将电容器从 $L_Z$ 绕组切断，串联到 $L_F$ 绕组，则电流 $I_{LF}$ 超前于 $I_{LZ}$相位约 90°。从而实现了电动机的反转。这种单相异步电动机的工作绕组与启动绕组可以互换，所以工作绕组、启动绕组的线圈匝数、粗细、占槽数都应相同。

因为罩极式异步电动机的旋转磁场是根据主磁极和罩极的相对位置来决定的，不能随意控制反转。所以它一般用于不需改变转向的场合。

## 二、单相异步电动机的调速

单相异步电动机和三相异步电动机一样，应用在恒转矩负载的转速调节是较困难的。应用在风机型负载情况下，调速一般有串电抗器调速、绕组内部抽头调速、晶闸管调速。现将各自的调速原理、特点介绍如下：

**1. 串电抗器调速**

将电抗器与电动机定子绕组串联，利用电抗器上产生的电压降，使加到电动机定子绕组上的电压下降，从而将电动机转速由额定转速往下调。其电路原理如图 6—13 所示。

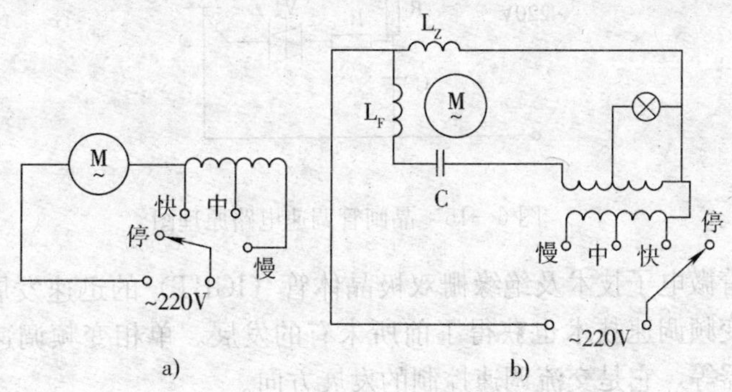


图 6—13　串电抗器调速电路原理图

a）调节整机电压　b）调节启动绕组电压

这种调速方法简单、操作方便；但只能有级调速，且电抗器上消耗电能，目前已基本不用。

**2. 绕组内部抽头调速**

电动机定子铁心嵌放有工作绕组 $L_Z$、启动绕组 $L_F$ 和中间绕组 $L_L$，通过开关改变中间绕组与工作绕组及启动绕组的接法，从而改变电动机内部气隙磁场的大小，使电动机的输出转矩也随之改变，在一定的负载转矩下，电动机的转速也变化。其电路原理如图 6—14 所示。

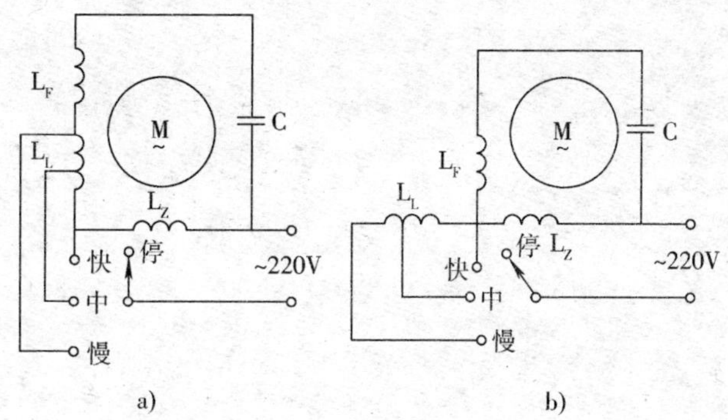


图 6—14　绕组内部抽头调速电路原理图

a）内置抽头　b）外置抽头

这种调速方法不需电抗器，材料省、耗电少，但绕组嵌线和接线复杂，电动机和调速开关接线较多，且是有级调速。

**3. 晶闸管调速**

利用改变晶闸管的导通角改变加在单相异步电动机上的交流电电压，从而调节电动机的转速。其电路原理如图 6—15 所示。

这种调速方法可以做到无级调速，节能效果好；但会产生一些电磁干扰，大量用于风扇调速。

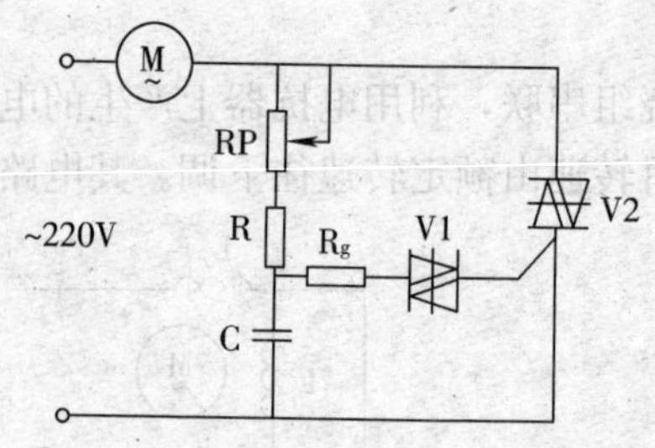

图 6—15　晶闸管调速电路原理图

近年来，随着微电子技术及绝缘栅双极晶体管（IGBT）的迅速发展，作为交流电动机主要调速方式的变频调速技术也获得了前所未有的发展。单相变频调速已在家用电器上应用，如变频空调器等，它是交流调速控制的发展方向。

课题七

# 同步电机运行与维护

## 任务1　同步发电机的使用与维护

### 学习目标

1. 了解同步发电机的结构，掌握同步发电机的工作原理；
2. 学会正确使用和维护同步发电机。

### 工作任务

在交流电机中，转子转速严格等于同步转速 $n_s = 60\ f_1/p$ 的交流电机称为同步电机。同步电机的主要运行方式有三种，即作为发电机、电动机和补偿机运行。作为发电机运行是同步电机最主要的运行方式，现代发电厂中所发出的交流电几乎全部是同步发电机产生的。作为电动机运行是同步电机的另一种重要的运行方式，对于有恒速要求的生产机械，就可以采用同步电动机作为动力。同步电机也可作为同步补偿机用，向电网发出无功功率，以达到改善电网功率因数或者调节电网电压的目的。

本任务将通过观看录像的方式，学习同步发电机的使用与维护方法，了解同步发电机的结构，并掌握其工作原理。

### 任务实施

#### 一、运行前的检查

1. 同步发电机与原动机连接之前，应用手转动转轴，观察其转动是否灵活、有无相擦现象。

2. 检查外部是否清洁，内部有无杂物等。

3. 检查接线有无松散，螺栓是否松动。

4. 检查电刷压力是否合适、刷握是否牢固、电刷和集电环接触是否良好。

5. 检查接地是否良好。

6. 测量各部分的绝缘电阻器，如绝缘电阻器的电阻过低，应进行干燥处理。

7. 检查开关、灭弧装置是否良好。

## 二、运行中的监视

1. 监听运行声音是否正常、有无振动和焦味。

2. 仔细观察发电机温升是否过高。

3. 应经常观察集电环和电刷之间有无不正常的火花。

4. 应随时注意配电屏上各种仪表指示的变化情况。

## 三、维护

1. 经常对集电环、电刷和刷握进行清洁、紧固，使之接触良好。

2. 对硅整流元件、印制电路板要经常清洁、保持干燥、通风良好。

3. 要定期清洗轴承和更换润滑油。

### 任务小结

本任务旨在学习同步发电机的使用与维护方法，接下来将进一步探究同步发电机的结构、应用及工作原理。

## 一、同步发电机的工作原理

同步电机是根据导体切割磁力线感应电动势这一基本原理工作的。因此，同步发电机应具有产生磁力线的磁场和切割该磁场的导体。通常前者是转动的，称为转子，后者是固定的，称为定子（或称电枢），定、转子间有气隙。同步发电机的结构形状如图 7—1 所示。图 7—2 为同步发电机的工作原理图，定子上有三相对称绕组，每相有相同的匝数和空间分布，其轴线在空间互差 120°电角度。转子上有磁极和励磁绕组，励磁绕组中通以直流电流励磁，产生恒定方向的磁场。当原动机驱动发电机转子以转速 $n$（r/min）旋转时，磁力线将切割定子绕组的导体，根据电磁感应定律，定子绕组中将感应出交变电动势。

每经过一对磁极，感应电动势就交变一周，若电机有 $p$ 对磁极，则感应电动势的频率为：

$$f=\frac{pn}{60}$$

图 7—1　同步发电机的外形结构

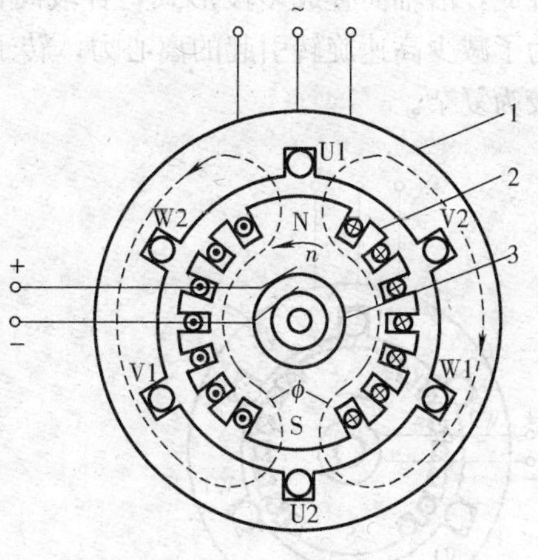


图 7—2　同步发电机的工作原理图

1—定子　2—转子　3—集电环

因三相绕组在空间位置上有 120°电角度的相位差，其感应电动势在时间相位上也存在 120°的相位差。若在三相绕组的出线端接上三相负载，便有电能输出，定子电流与磁场相互作用产生的电磁转矩与原动机的驱动转矩相平衡，即发电机将机械能转换成电能。

由式 $f=\frac{pn}{60}$可知：同步发电机定子绕组感应电动势的频率取决于它的极对数 $p$ 和转子的转速 $n$。可见，同步发电机极对数 $p$ 一定时，转速 $n$ 与电枢电动势的频率 $f$ 间具有严格不变的关系，即当电力系统频率 $f$ 一定时，发电机的转速 $n=60\ f/p$ 为恒值，这就是同步发电机的主要特点。我国标准工频为 50 Hz，因此同步发电机的磁极对数与转速成反比，即 $p=\frac{3\ 000}{n}$。汽轮发电机转速较高，极对数少，如转速 $n=3\ 000$ r/min 的汽轮发电机，极对数 $p$ 为 1。水轮发电机转速较低，极对数较多，如转速 $n=125$ r/min 的水轮发电机，极对数 $p$ 为 24。

## 二、同步发电机的基本结构及应用

由于同步发电机主磁极绕组的电压、电流、容量比较小，便于从电刷和集电环上引入，所以同步发电机的结构一般采用旋转磁极式。按转子磁极的形状同步发电机又可分为隐极式和凸极式两种，无论是隐极式还是凸极式，其基本结构均包括定子和转子两大部分。一般隐极式结构在汽轮发电机中采用，而凸极式结构则通常在水轮发电机中采用。

同步发电机主要用做发电机，现代发电厂中所有发出的交流电能几乎全部是同步发电机产生的。同步发电机的定子铁心一般用厚 0.5 mm 的硅钢片叠成，铁心上嵌有三相绕组，绕组的排列和接法与三相异步电动机的定子绕组相同。转子分为隐极式和凸极式两种，分别适用于汽轮发电机和水轮发电机。

**1. 汽轮发电机的特点**

汽轮发电机转子结构为隐极式结构（见图 7—3 和图 7—4）。转子外形常做成一个细长的圆柱体，励磁绕组嵌放在其表面圆周上铣出的槽内。定子铁心由 0.5 mm 或其他厚度的硅钢片叠成，沿轴向叠成多段形式，各段间留有通风槽。高转速汽轮发电机转子圆周线速度高，为了减少高速旋转引起的离心力，转子做成细长的隐极式圆柱体，但隐极式结构的加工工艺较为复杂。

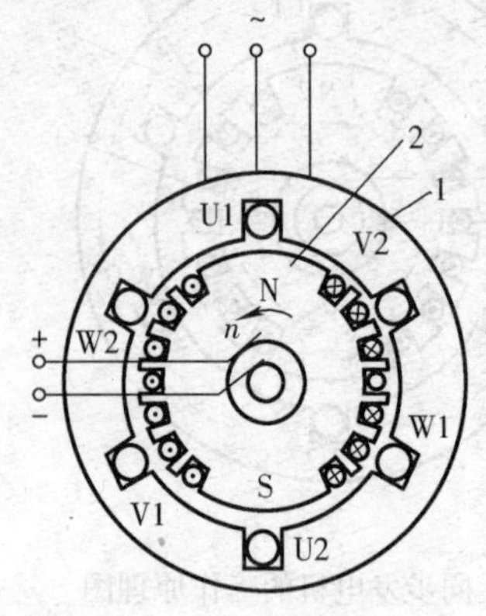


图 7—3　隐极式发电机结构简图

1—定子　2—隐极式转子

图 7—4　隐极式发电机转子结构实物图

隐极式发电机的气隙是均匀的，转子呈圆柱形，转子上没有凸出的磁极。沿着转子本体圆周表面上，开有许多槽，这些槽中嵌放着励磁绕组。

**2. 水轮发电机的特点**

水轮发电机转子结构为凸极式结构（见图 7—5 和图 7—6）。转子磁极由厚度为 1～2 mm 的钢板冲片叠成，磁极两端有磁极压板，磁极与磁极轭部采用 T 形或鸽尾形连接。定子铁心由扇形硅钢片叠成，定子铁心中留有径向通风沟。由于水轮机的转速较低，要发出工频电能，发电机的极数就比较多。因此水轮发电机的特点是极数多，直径大，轴向长度短。凸极式结构的加工工艺较为简单。

凸极式发电机的气隙是不均匀的，极弧底下气隙较小，极间部分较大。凸极式转子上有明显凸出的成对磁极和励磁绕组。

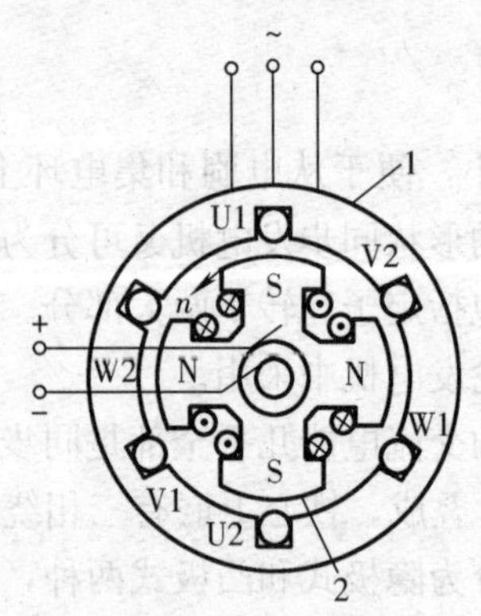


图 7—5　凸极式发电机结构简图

1—定子　2—凸极式转子

图 7—6　凸极式发电机转子结构实物图

（三峡水利发电机转子吊装现场）

# 任务2　同步电动机的拆装与维护

## 学习目标

1. 学会小型永磁式同步电动机的拆卸与安装；
2. 了解同步电动机的基本结构及结构特点；
3. 学会正确使用同步电动机的方法及其注意事项；
4. 掌握同步电动机的工作原理、启动方法及其特性与用途。

## 工作任务

同步电动机属于交流电机，定子绕组与异步电动机相同。它的转子旋转速度与定子绕组所产生的旋转磁场的速度是一样的，所以称为同步电动机。正由于这样，同步电动机的电流在相位上是超前于电压的，即同步电动机是一个容性负载。为此，在很多时候，同步电动机可用以改进供电系统的功率因素。

本任务将进行小型永磁式同步电动机的拆卸和安装，学习同步电动机的维护方法。

## 任务实施

### 一、同步电动机的拆装

**1. 同步电动机的拆卸**

准备一台小型同步电动机和一套简单工具（如螺钉旋具、尖嘴钳等），其拆卸过程见下表。

| 步骤 | 图示 | 说明 |
| --- | --- | --- |
| 准备一台小型永磁式同步电动机 |  | 认真阅读该永磁式同步电动机的铭牌参数及理解各参数含义 |

续表

| 步骤 | 图示 | 说明 |
| --- | --- | --- |
| 拆卸后端盖及转子 | | 取出后端盖上的4个螺钉，将后端盖连同转子取下即可以看到该永磁式同步电动机的整个构造 |
| 观察转子结构 | | 认真观察转子结构，特别是铁心和绕组的结构；同时观察转轴和轴承是否完好无损及轴承是否缺油 |
| 观察定子结构 | | 认真观察定子结构，留意其绕组和铁心的结构 |

**2. 同步电动机的安装**

由于小型同步电动机的结构简单，其拆卸与安装工艺都很简单，拆卸后的重新安装过程在此不再描述。

## 二、同步电动机的维护

微型同步电动机由于功率小，密封好，通常作为自动控制元件，其使用和维护相对较简单。

1. 通电前，检查转轴是否灵活，有无卡阻现象。
2. 运行过程中，监听声音是否正常，有无振动和焦味。
3. 检查接线有无松散，机壳是否松动。
4. 对于有齿轮减速装置的同步电动机，要定期加齿轮油。

## 任务小结

本任务进行了对小型永磁式同步电动机的拆卸与安装技能训练活动及解读同步电动机的维护方法，了解同步电动机的基本结构及结构特点；通过解读同步电动机的维护方法懂得了如何正确使用及注意事项。

接下来探究同步电动机的工作原理、启动方法、特性与用途。

## 一、同步电动机的工作原理

### 1. 定子旋转磁场与转子励磁磁场的关系

同步电动机的定子结构和三相异步电动机是一样的，当通入三相对称电流时，它将产生一个同步速度旋转的正弦分布磁场，而这时转子上也有一个直流励磁正弦分布的磁场。当三相同步电动机正常工作时，转子也是以同步转速旋转，故两个磁场在空间上的位置是相互固定的，它们之间的作用也是固定的。

根据这两个磁场的相对位置不同，可分成下表中的三种情况。

| 磁场相对位置 | 物理学能量、力矩关系 | 磁场相对位置图示 |
|---|---|---|
| 转子磁场超前定子磁场 $\theta$ 角 | 这时转子磁场吸引着定子作同步转速运转，从物理学的能量、力矩平衡关系看，转子的（机械）驱动力矩应等于定子磁场的（电磁）阻力矩。转子做的功（机械功）应等于定子中产生的功（电功）。转子的功是由原动机提供的，同步电动机处于发电机运行状态 | $\theta$ N S $n_1$ O |
| 转子磁场落后定子磁场 $\theta$ 角 | 这时定子磁场吸引着转子作同步转速运转，从物理学的能量、力矩平衡关系看，是定子磁场做功，转子输出机械功，即同步电动机工作在电动机状态。当转子的负荷增加时，拉力就会增大，磁力线会被拉长，转子落后的角度就会增加，所以 $\theta$ 角也称为功角 | $\theta$ S N S $n_1$ O |

续表

| 磁场相对位置 | 物理学能量、力矩关系 | 磁场相对位置图示 |
| --- | --- | --- |
| 转子磁场与定子磁场的夹角 $\theta$ 为零 | 这时定子磁场和转子磁场正好重合，虽然相互吸引，但这个吸引力是经过转子的轴心的，所以不会产生力矩，因此也就不会输出功率。当空载时，虽然转子没有输出功率，但同步电动机总有一定的摩擦力矩、空气阻力矩等，所以 $\theta$ 角不可能完全为零，但 $\theta$ 角很小 | N<br>$n_1$<br>S<br>O |

**2. 失步现象**

从前面分析看出，电动机运行时，定子磁场驱动转子磁场转动。两个磁场之间存在着一个固定的力矩，这个力矩的存在是有条件的，必须两者的转速要相等，即同步才行，所以这个力矩也称为同步力矩。一旦两者的转速不相等，则同步力矩就不存在了，电动机就会慢慢停下来，这种转子转速与定子旋转磁场不同而造成同步力矩的消失、转子慢慢停下来的现象，称为“失步现象”。

为什么失步时，电动机就没有旋转力矩呢？因为当转子转速与定子旋转磁场不同步时，两者的相对位置就会起变化，即 $\theta$ 角就会变化。当转子落后定子磁场角度为 0°～180°时，定子磁场对转子产生的是驱动力；当转子落后定子磁场角度为 180°～360°时，定子磁场对转子产生的是阻力矩，所以平均力矩为零。每当转子比定子磁场慢一圈时，定子对转子做的功半圈是正功（使转子前进），半圈是负功（使转子后退），平均下来，做功为零。由于转子没有得到力矩和功率，因此就慢慢停下来了。

同步电动机发生失步现象时，定子电流迅速上升，是很不利的，应尽快切断电源，以免损坏电动机。

综上所述，当电源频率一定时，同步电动机的转子转速一定为同步转速才能正常运行。这就是同步电动机的特点，也是它的优点。因此，同步电动机可应用于不需调速，要求转速稳定性较高的场合，如大型空气压缩机、水泵等。

## 二、同步电动机的启动方法

同步电动机启动时，定子上立即建立起以同步转速 $n_s$ 旋转的旋转磁场，而转子因惯性的作用不可能立即以同步转速旋转，因此励磁磁场与定子旋转磁场就不能保持同步状态，而产生失步现象。所以同步电动机在启动时，没有启动力矩，如果不采取其他措施，是不能自行启动的。

同步电动机的启动有辅助电动机启动法、调频启动法、异步启动法等几种方法。各种启动方法的区别见下表。

| 启动方法 | 启动过程和原理 | 特点 |
|---|---|---|
| 辅助电动机启动法 | 选用与同步电动机极数相同的异步电动机（容量为同步电动机的5%～15%）作为辅助电动机，启动时先由异步电动机驱动同步电动机启动，接近同步转速时，切断异步电动机的电源；同时接通同步电动机的励磁电源，将同步电动机接入电网，完成启动 | 只能用于空载启动，由于设备多，操作复杂，已基本不用 |
| 调频启动法 | 启动时将定子交流电源的频率降到很低的程度，定子旋转磁场的同步转速因而很低，转子励磁后产生的转矩即可使转子启动，并很容易进入同步运行。逐渐增加交流电源频率，使定子旋转磁场的转速和转子旋转同步上升，直到额定值 | 性能虽好，但变频电源比较复杂，目前采用不多。随变频技术的发展，调频启动法将更趋完善 |
| 异步启动法 | 依靠转子极靴上安装的类似于异步电动机的笼型绕组的启动绕组产生异步电磁转矩，把同步电动机当成异步电动机启动 | 是目前同步电动机最常用的启动方法 |

异步启动法的具体启动过程，如图 7—7 所示，先合上开关 QS2 在Ⅰ的位置，在同步电动机励磁回路中串接一个约 10 倍于励磁绕组电阻的附加电阻 R，将励磁绕组回路闭合。然后合上开关 QS1，给定子绕组通入三相交流电，则同步电动机将在启动绕组作用下，异步启动。当转速上升到接近于同步转速（约 0.95$n$）时，迅速将开关 QS2 由Ⅰ位合至Ⅱ位，给转子通入直流电流励磁，依靠定子旋转磁场与转子磁极之间的吸引力，将同步电动机牵入同步速度运行。转子到达同步转速以后，转子笼型启动绕组导体与定子磁场之间就处于相对静止状态，笼型绕组中的导体中因没有感生电流而失去作用，启动过程随之结束。

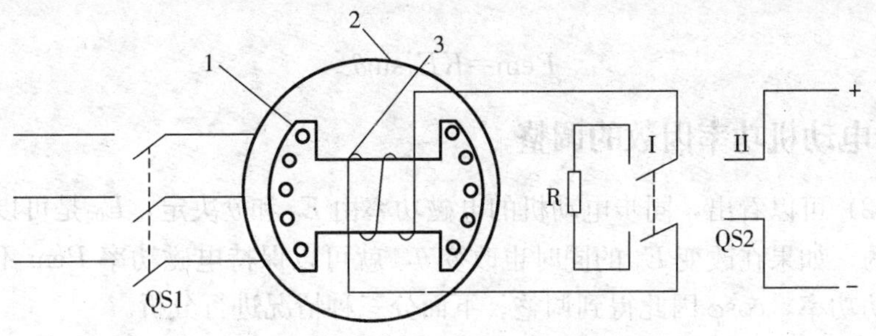


图 7—7　同步电动机异步启动电路图

1—笼型启动绕组　2—同步电动机　3—同步电动机励磁绕组

同步电动机异步启动时，同步电动机的励磁绕组切忌开路。因为刚启动时，定子旋转磁场相对于转子的转速很大，而励磁绕组的匝数又很多，因此会在励磁绕组中感应出很高的电动势，可能会破坏励磁绕组的绝缘，造成人身和设备安全事故。但也不能将励磁绕组直接短接，否则会使同步电动机的转速无法上升到接近同步转速，使同步电动机不能正常启动。

## 三、同步电动机的电压平衡方程式

图 7—8 所示为同步电动机的等效电路图。图中 $r_1$ 是定子绕组电阻，X 是定子绕组的感抗，$E_0$ 是转子产生的磁场因旋转切割定子绕组而产生的反电动势（$E_0$ 与 $I$ 方向相反）。所以电源电压 $U$ 要与这三个电压平衡，如果 $r_1$ 阻值很小，可以忽略，就有电压平衡方程式：

$$\dot{U} = \dot{I}r_1 + j\dot{I}X + \dot{E}_0 \approx j\dot{I}X + \dot{E}_0 \quad (7—1)$$

根据式（7—1）可画出相量图，如图 b 所示。

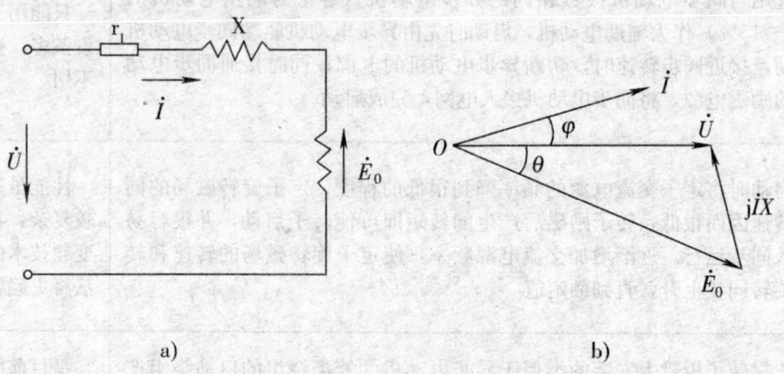


图 7—8　同步电动机等效电路图及相量图

a）等效电路图　b）定子 $\dot{U}$、$\dot{I}$、$\dot{E}_0$ 的相量图

## 四、同步电动机的电磁功率

同步电动机的电磁功率（即电能转化为机械能的功率）只与两个因素有关。一个因素是转子的励磁，励磁大，吸引力大，功率就大。因励磁大，产生的反电动势 $E_0$ 就大，所以励磁的大小可以用 $E_0$ 来表示。另一个因素是功角 $\theta$，在同样的磁场作用下，$\theta$ 越大，定转子磁极间的拉力就越大，产生的功率也就越大。所以，同步电动机的电磁功率 $P$em 可以用式（7—2）表示：

$$P\text{em} = KE_0\sin\theta \quad (7—2)$$

## 五、同步电动机功率因数的调整

由式（7—2）可以看出，同步电动机的电磁功率由 $E_0$ 和 $\theta$ 决定，$E_0$ 是可以通过改变转子励磁来改变的。如果在改变 $E_0$ 的同时也改变 $\theta$，就可以保持电磁功率 $P$em 不变，而改变了电动机的无功功率，$\cos\varphi$ 因此得到调整。下面分三种情况进行分析。

| 励磁情况 | 励磁特点 | 相量图 |
|---|---|---|
| 正常励磁 | 当励磁大小恰当时，$U$ 与 $I$ 同相位，$\varphi=0$，$\cos\varphi=1$，电动机只有有功功率 $P$em，而无功功率为零 | $UI\cos\varphi$＝常数；$\varphi$=0；O；$\dot{I}$；$\dot{U}$；$\theta$；$j\dot{I}X$；$E\sin\theta$＝常数；$\dot{E}_0$ |

续表

| 励磁情况 | 励磁特点 | 相量图 |
| --- | --- | --- |
| 过励磁 | 当 $E_0$ 增大时，$I$ 超前 $U$ 一个 $\varphi$ 角。这时同步电动机为容性负载，可以中和电网中的感性负载，使电网中的功率因素提高 | |
| 欠励磁 | 当 $E_0$ 减小，工作在欠励磁状态时，$I$ 就会落后 $U$，成为感性负载，同步电动机就和异步电动机一样了，这对电网不利，所以一般都不工作在这个状态 | |

由上表可以看出，因为励磁的变化，引起 $\cos\varphi$ 的变化，而输入有功功率 $\sqrt{3}UI\cos\varphi$ 和电磁功率 $KE_0\sin\theta$ 都保持不变，但无功功率却变化了。

总之，同步电动机的无功功率、功率因数是可以通过改变励磁来调节的，这是一个很大的优点。如果把这样的同步电动机安装在大量感性负载的工厂附近，就可减少工厂和发电厂之间的线路传输损耗了。

## 六、同步补偿机

过励状态下的同步电动机可以输出电容性的无功功率，可以提高电网的功率因数，人们利用这一特性制造了一种同步电动机，它不带任何机械负载，专门在过励状态下空载运行，只向电网输出容性无功功率，这种同步电动机称为同步补偿机，也称为同步调相机。

从同步电动机过励磁情况可知，当电动机不输出有功功率时，$E_0\sin\theta\approx0$，$UI\cos\varphi\approx0$，即 $\theta\approx0$，$\varphi\approx90°$，就可得到图 7—9 所示的同步补偿机的电压、电流相量图。可见同步补偿机是在过励磁状态下空载运行，电流 $I$ 将超前电压 $U$ 为 90°。同步补偿机在运行时能够输出较大的容性无功功率，这就相当于给电网并联了一个大容量的电容器，使电网的功率因数得到提高。

同步补偿机在使用时，一般应将其接在用户端，以就近向用户提供容性无功功率，使线路上的感性无功电流大大减少，从而达到降低电网线路损耗的目的。

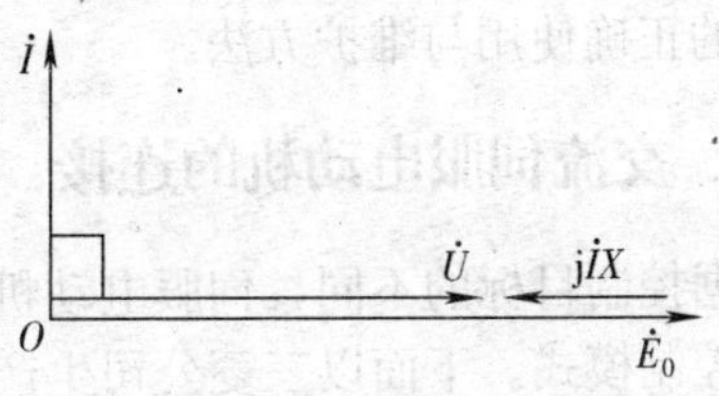


图 7—9　同步补偿机相量图

# 课题八

# 特种电机维护

## 任务 1　伺服电动机的连接与维护

1. 了解交流伺服控制系统的组成结构及掌握系统的连接方法；
2. 掌握交流和直流伺服电动机的正确使用与维护方法；
3. 了解伺服电动机的结构特点及分类情况，懂得伺服电动机的工作原理。

本任务将通过对交流伺服控制系统主要器件（包括型号为 MR—J2S 系列 100 A 以下交流伺服电动机、专用驱动器）的了解，学习交流伺服控制系统的电路接线；并通过观看录像的方式，学习直流伺服电动机和交流伺服电动机的正确使用和维护方法。

交流伺服控制系统主要包括交流伺服电动机、专用交流伺服驱动器及专用接口电缆。在本任务中主要完成交流伺服控制系统接线训练及通过观看录像的方式，解读交流和直流伺服电动机的正确使用与维护方法。

### 一、交流伺服电动机的连接

根据控制目标的不同，伺服电动机可分为三种控制模式：速度控制模式、位置控制模式和转矩控制模式。下面以三菱公司生产的交流伺服系统为例，了解交流伺服系统的组成并掌握系统中各器件间的连接方法。

**1. 交流伺服驱动器与伺服电动机的连接**

如图 8—1 所示，经交流伺服驱动器调整过的电源送至伺服电动机，而由编码器反馈回的转矩和转向信号送至伺服驱动器的 CN2 端口。

编码信号
伺服电动机电源

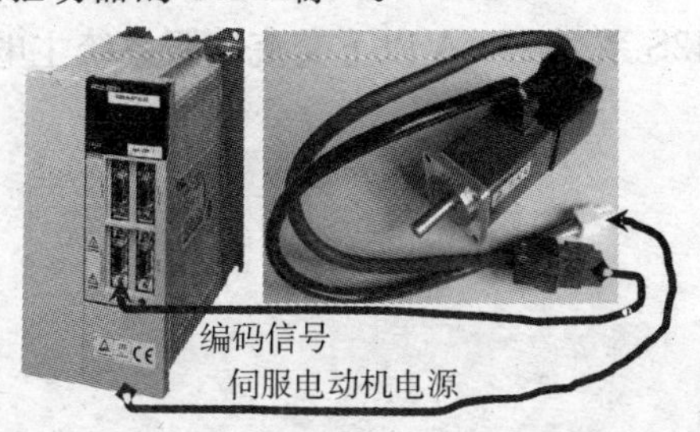

图 8—1　交流伺服驱动器与伺服电动机实物连接图

**2. 认识交流伺服驱动器面板结构和端口功能**

图 8—2 所示为 MR－J2S 系列 100 A 以下交流伺服驱动器面板结构和端口功能解释。将交流伺服驱动器实物与图 8—2 进行对照，并在实物中找出与图中对应的结构和端口。

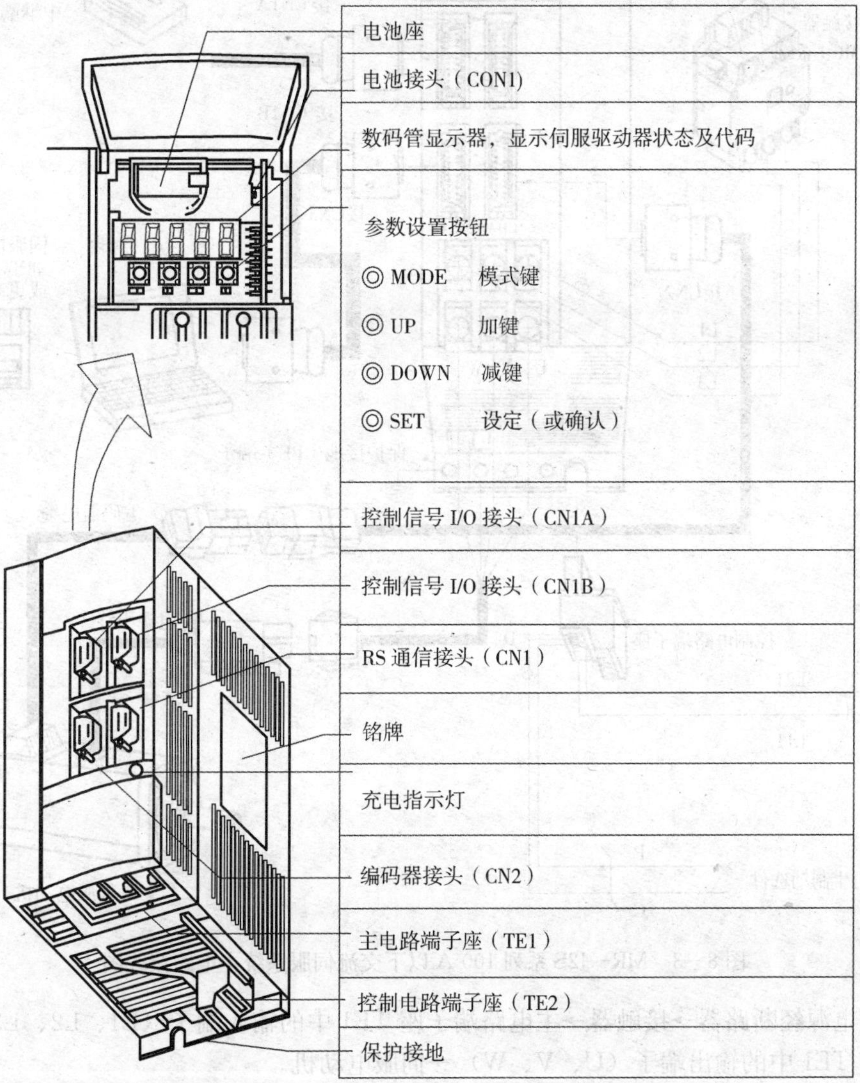

电池座
电池接头（CON1）
数码管显示器，显示伺服驱动器状态及代码
参数设置按钮
◎ MODE　模式键
◎ UP　加键
◎ DOWN　减键
◎ SET　设定（或确认）
控制信号 I/O 接头（CN1A）
控制信号 I/O 接头（CN1B）
RS 通信接头（CN1）
铭牌
充电指示灯
编码器接头（CN2）
主电路端子座（TE1）
控制电路端子座（TE2）
保护接地

图 8—2　交流伺服驱动器面板结构及端口功能

**3. MR—J2S 系列 100 A 以下交流伺服系统主电路接线**

图 8—3 所示为 MR—J2S 系列 100 A 以下交流伺服系统主电路接线图。主电路接线步骤如下：

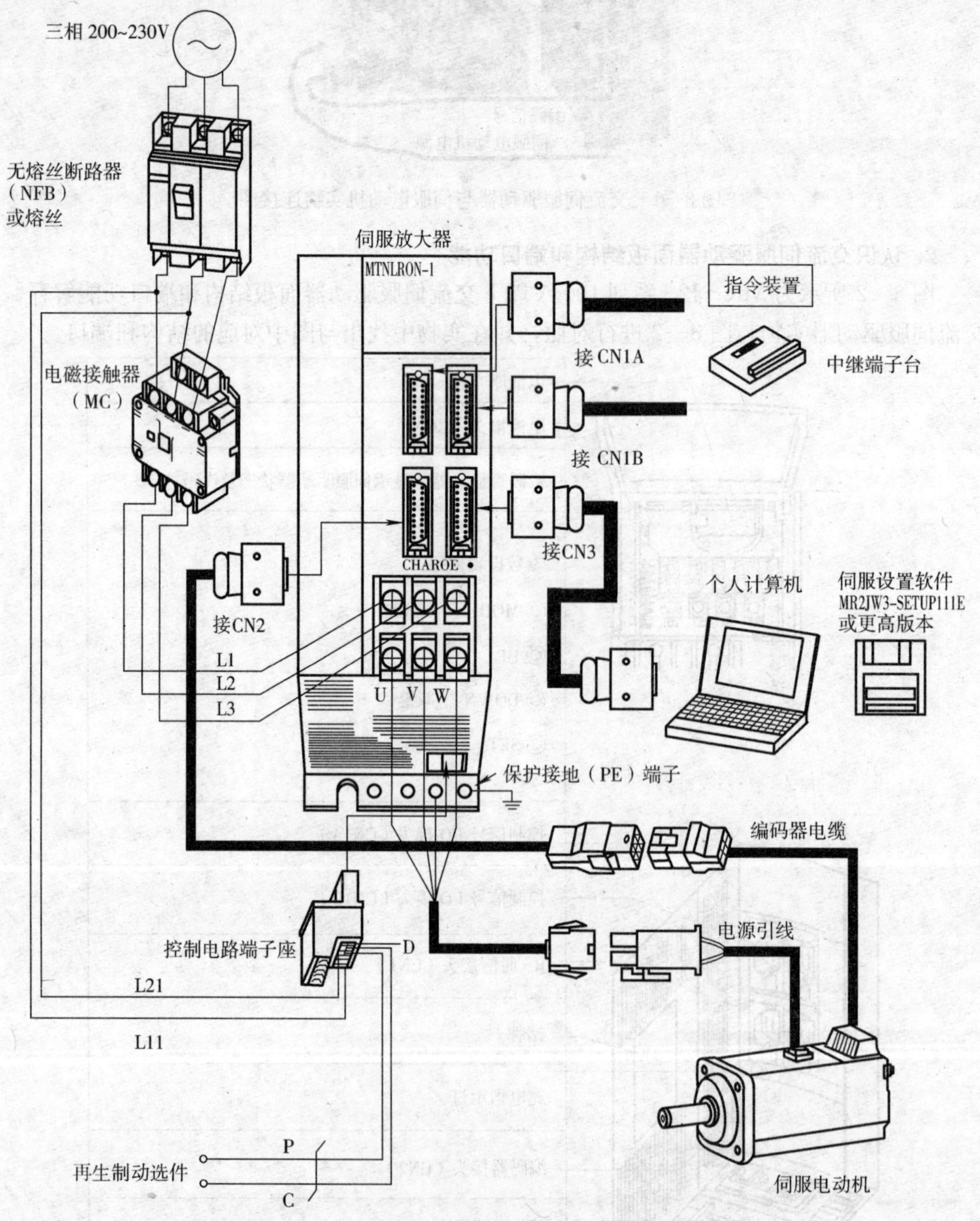


图 8—3　MR—J2S 系列 100 A 以下交流伺服系统主电路接线图

三相电源经断路器→接触器→主电路端子座 TE1 中的输入端子（L1、L2、L3）→主电路端子座 TE1 中的输出端子（U、V、W）→伺服电动机。

注：控制电路电源是在断路器输出侧引出两根相线至控制电路端子座 TE2 中端子 L11、L12。

下表给出交流伺服驱动器端子文字符号含义。

| 符号 | 信号名称 | 符号 | 信号名称 | 符号 | 信号名称 |
|---|---|---|---|---|---|
| SON | 伺服开启 | EMG | 外置紧急停止 | OP | 编码器 Z 相脉冲 |
| LSP | 正转行程末端 | RS1 | 正转选择 | MBR | 电磁制动器连锁 |
| LSN | 反转行程末端 | RS2 | 反转选择 | LZ | 编码器 Z 相脉冲（差动驱动） |
| CR | 清除 | PP | 正向/反向脉冲串 | LZR | |
| SP1 | 速度选择 1 | NP | | LA | 编码器 A 相脉冲（差动驱动） |
| SP2 | 速度选择 2 | PG | | LAR | |
| PC | 比例控制 | NG | | LB | 编码器 B 相脉冲（差动驱动） |
| ST1 | 正向转动开始 | TLC | 转矩限制中 | LBR | |
| ST2 | 反向转动开始 | VLC | 速度限制中 | VDD | 内部接口电源输出 |
| TL | 转矩限制选择 | RD | 准备完毕 | COM | 数字接口公共端输入 |
| RES | 复位 | ZSP | 零速 | OPC | 集电极开路电源输入 |
| LOP | 控制切换 | INP | 定位完毕 | SG | 数字接口公共端 |
| VC | 模拟量速度指令 | SA | 速度到达 | P15R | 直流 15 V 电源输出 |
| VLA | 模拟量速度限制 | ALM | 故障 | LG | 控制公共端 |
| TLA | 模拟量转矩限制 | WNG | 警告 | SD | 屏蔽端 |
| TC | 模拟量转矩指令 | BWNG | 电池警告 | | |

## 二、伺服电动机的使用和维护

### 1. 直流伺服电动机使用和维护

（1）直流伺服电动机的特性与温度有关，寿命与使用环境温度、海拔高度、湿度、空气质量、冲击、振动及轴上负载等有关，选择时应综合考虑。

（2）电磁式电枢控制直流伺服电动机在使用时，要先接通励磁电源，然后再施加电枢控制电压。电动机运行过程中，一定要避免励磁绕组断电，以免电枢电流过大和超速。

（3）采用晶闸管整流电源时，要带滤波装置。

（4）输入控制信号的放大器的输出阻抗要小，防止机械特性变软。

（5）运行中的直流伺服电动机，当控制电压消失或减小时，为了提高系统的快速响应性能，可以在电枢两端并联一个电阻，以便和电枢形成回路。

### 2. 交流伺服电动机使用和维护

交流伺服电动机因没有电刷之类的滑动接触，机械强度高，可靠性好，寿命长。只要选用恰当，使用正确，故障率通常很低。但要注意以下几点。

（1）励磁绕组经常接在电源上，要防止过热现象。为此，交流伺服电动机要安装在有足够大散热面积的金属固定面板上，电动机与散热板应紧密接触，通风良好，必要时可以用风扇冷却。电动机与其他发热器件尽量隔开一定距离。

（2）输入控制信号的放大器的输出阻抗要小，防止机械特性变软。

（3）信号频率不能超过其额定范围，否则，机械特性也会变软，还可能产生“自转”现象。

## 任务小结

本任务通过由型号为 MR－J2S 系列 100 A 以下交流伺服电动机构成的伺服控制系统的接线训练，了解 MR－J2S 系列 100 A 以下交流伺服驱动器面板结构和端口功能，并掌握交流伺服系统的基本连接方法及三种控制模式（速度模式、位置模式和转矩模式）。通过解读直流和交流伺服电动机的使用与维护知识，掌握如何正确使用交直流伺服电动机的方法。接下来了解伺服电动机的结构特点、分类情况和伺服电动机的工作原理。

伺服电动机在自动控制系统中用做执行元件，故又称为执行电动机，它的任务是将电信号转换为轴上的角位移或角速度的变化，具有一种服从控制信号的要求而动作的职能。在信号到来之前，转子静止不动；信号到来之后，转子立即转动；当信号消失，转子能及时自行停转。伺服电动机广泛应用于须精密控制行程的电气传动系统中，如数控系统。伺服电动机通过编码器反馈回来的脉冲判断电动机转距（转过的角度）和转向，然后再通过计算，得知电动机的转速和所控制机械的位置。

常用的伺服电动机有两大类，用交流电源工作的称为交流伺服电动机，以直流电源工作的称为直流伺服电动机。

## 一、结构与原理

### 1. 交流伺服电动机

（1）结构。交流伺服电动机在结构上与异步测速发电机相似，其实物图和结构图分别如图 8—4 和图 8—5 所示。

交流伺服电动机的定子绕组多制成两相的，它们在空间相差 90°电角度。定子有内、外两个铁心，均用硅钢片叠成。在外定子铁心的圆周上装有两个对称绕组，一个称为励磁绕组，与交流电源相连，由固定电压励磁；另一个称为控制绕组，接在伺服放大器的输入信号电压端，所以交流伺服电动机又称两相伺服电动机。

转子采用了空心杯转子，但转子的电阻比一般异步电动机大得多，细而长。装在内、外定子之间，由铝或铝合金的非磁性金属制成，壁厚 0.2～0.8 mm，用转子支架装在转轴上。惯性小，能极迅速和灵敏地启动、旋转和停止。

图 8—4　交流伺服电动机实物图

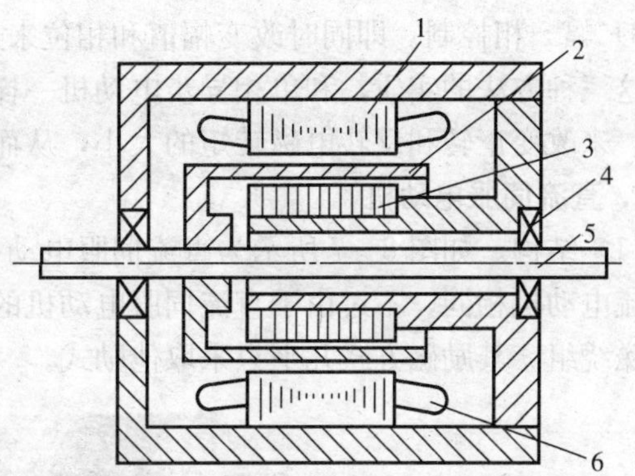


图 8—5　交流伺服电动机的内部结构

1—外定子　2—空心杯转子　3—内定子铁心　4—轴承　5—转轴　6—绕组

（2）原理。交流伺服电动机的工作原理与单相异步电动机相似，当它在系统中运行时，励磁绕组 $L_L$ 固定地接到交流电源上，通过改变控制绕组 $L_K$ 上的控制电压来控制转子的转动。图 8—6 所示为交流伺服电动机原理图。

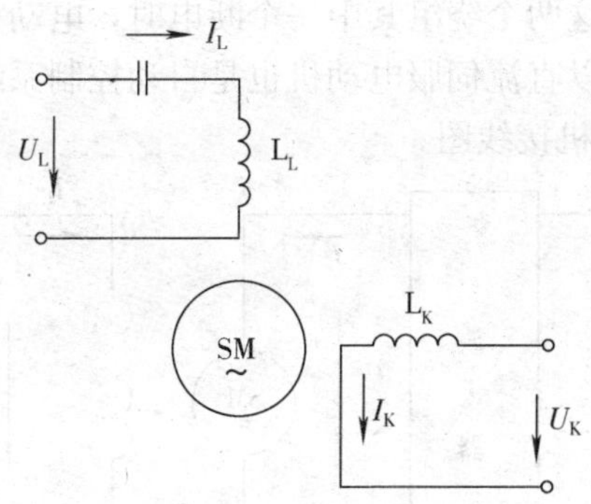


图 8—6　交流伺服电动机的工作原理图

（3）“自转”现象的防止。两相异步电动机正常运行时，若转子电阻较小，当控制电压变为零时，电动机便成为单相异步电动机会继续运行（称为“自转”现象），而不能立即停转。而伺服电动机在自动控制系统中是起执行命令的作用的，因此，不仅要求它在静止状态下能服从控制电压的命令而转动，而且要求它在受控启动以后，一旦信号消失，即控制电压等于零，电动机能立即停转。

增大转子电阻可以防止“自转”现象的发生，当转子电阻增大到足够大时，两相异步电动机的一相断电（即控制电压等于零）时电动机会停转。

为了使转子具有较大的电阻和较小的转动惯量，交流伺服电动机的转子有三种形式：高电阻率导条的笼型转子、非磁性空心转子和铁磁性空心转子。

（4）交流伺服电动机的控制方法。交流伺服电动机的控制方法有以下三种：

1）幅值控制。即保持控制电压的相位不变，仅仅改变其幅值来进行控制。

2）相位控制。即保持控制电压的幅值不变，仅仅改变其相位来进行控制。

3）幅一相控制。即同时改变幅值和相位来进行控制。

这三种方法的实质，和单相异步电动机一样，都是利用改变正转与反转旋转磁通大小的比例，来改变正转和反转电磁转矩的大小，从而达到改变合成电磁转矩和转速的目的。

**2. 直流伺服电动机**

（1）结构。如图 8—7 所示为直流伺服电动机实物图。直流伺服电动机的结构与普通小型直流电动机相同，不过由于直流伺服电动机的功率不大，也可由永久磁铁制成磁极，可省去励磁绕组。其励磁方式几乎只采取他励式。

图 8—7　直流伺服电动机实物图

（2）原理。直流伺服电动机的工作原理和普通直流电动机相同。只要在其励磁绕组中有电流通过且产生了磁通，当电枢绕组中通过电流时，这个电枢电流与磁通相互作用而产生转矩使伺服电动机投入工作。这两个绕组其中一个断电时，电动机停转。它不像交流伺服电动机那样有“自转”现象，所以直流伺服电动机也是自动控制系统中一种很好的执行元件。图 8—8 为电磁式直流伺服电动机接线图。

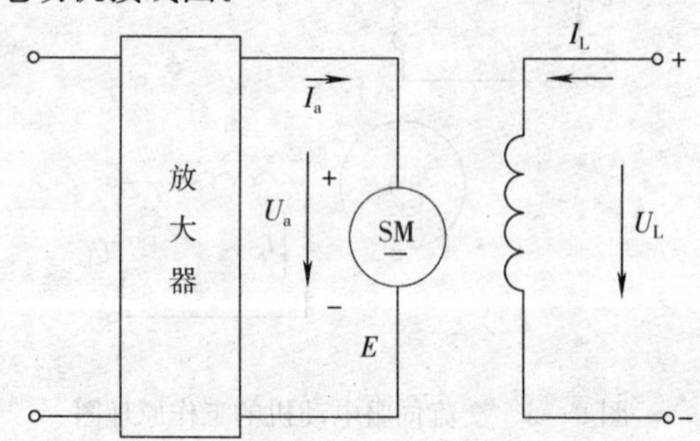


图 8—8　电磁式直流伺服电动机接线图

## 二、工作特性

伺服电动机的工作特性由机械特性和调节特性来表征，见下表。

| 伺服电动机种类 | 工作特性 | |
|---|---|---|
| | 机械特性图及特性描述 | 调节特性图及特性描述 |
| 交流伺服电动机 | $n$, $U_{KN}$, $O$, $T$<br>控制电压一定时，负载增加转速下降 | $n$, $U_{KN}$, $0.8U_{KN}$, $0.6U_{KN}$, $0.4U_{KN}$, $O$, $T_{fz1}$, $T_{fz2}$, $T$<br>负载一定时，控制电压越高，转速越高 |
| 直流伺服电动机 | $n$, $U_L$= 常数, $U_a$, $O$, $T$<br>励磁电压和电枢电压一定时，负载增加转速下降 | $n$, $U_L$= 常数, $U_a$, $0.8U_a$, $0.6U_a$, $0.4U_a$, $O$, $T$<br>在一定负载转矩下，当磁通不变时，电枢电压升高，转速升高 |

## 三、应用

伺服电动机是自动控制系统和计算装置中广泛应用的一种执行元件，其作用是把所接收的电信号转换成为电动机转轴的角位移或角速度。下表给出几种类型伺服电动机的性能和应用。

| 电动机名称 | 型号 | 性能特点 | 适用范围 | 外形图 |
|---|---|---|---|---|
| 一般直流伺服电动机 | SY<br>SZ | 该电动机具有体积小、质量轻、伺服性能好、力能指标高等优点 | 广泛用于自动控制系统中作执行元件，亦可作驱动元件 | |

续表

| 电动机名称 | 型号 | 性能特点 | 适用范围 | 外形图 |
|---|---|---|---|---|
| 杯形电枢永磁直流伺服电动机 | SYK | 转动惯量和电动机时间常数小，总损耗小，效率高，启动、停止迅速、换向性能好、运行平稳 | 广泛应用于计算机外部设备、音响设备、办公设备、仪器仪表、电影摄影机和录像机等 | |
| 永磁交流伺服电动机 | ST | 具有良好的控制性能，系统的动态和静态性能好。电动机能够在四象限宽调速运行 | 适用于精密数控机床、工业机器人、雷达以及特殊环境条件控制的关键执行部件 | |
| 笼型转子交流伺服电动机 | SL | 具有良好的可控性，电动机运行平稳、结构简单、成本低、运行可靠 | 广泛应用于各种自动控制系统、随动系统和计算装置中 | |

# 任务 2　步进电动机的拆装与维护

1. 了解步进电动机的结构及其特点，掌握步进电动机的拆装与检测方法；
2. 掌握步进电动机的正确使用与维护方法；
3. 了解步进电动机的工作原理。

本任务将进行小型步进电动机的拆卸与装配，并通过观看录像学习步进电动机的正确使用与维护方法。

## 任务实施

### 一、步进电动机的拆卸与装配

#### 1. 步进电动机的拆卸

| 步骤 | 图示 | 说明 |
|---|---|---|
| 拆卸前端盖螺钉 |  | 准备一台小型步进电动机，其型号为“57BYGH250A”。用螺钉旋具将步进电动机前端盖的4个螺钉拆卸下来 |
| 取出前端盖 | 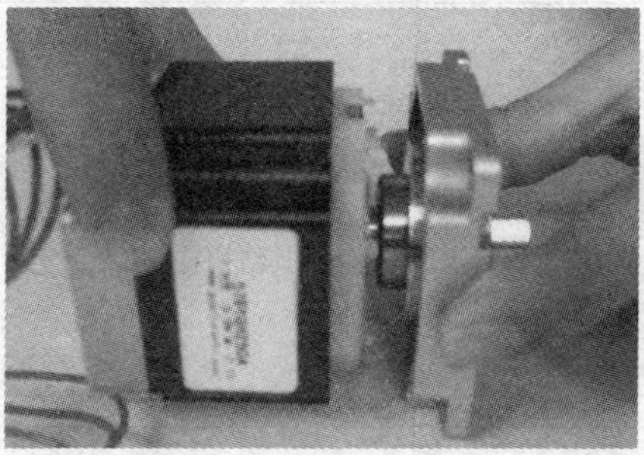 | 待螺钉取下后，顺着转轴方向将端盖拔出来。在前端盖与轴承分离过程中，轴承簧垫可能会掉下来，应当注意将其妥善保管好 |
| 拆卸转子 |  | 待前端盖拆卸后取出转子，因转子是永磁铁心，所以在拔取过程中应注意用力的方向 |
| 拆卸后端盖 |  | 待前端盖和转子拆卸后就只剩定子和后端盖了。用手轻摇后端盖便可将定子和后端盖分离出来 |

续表

| 步骤 | 图示 | 说明 |
| --- | --- | --- |
| 拆卸完毕清点部件 | 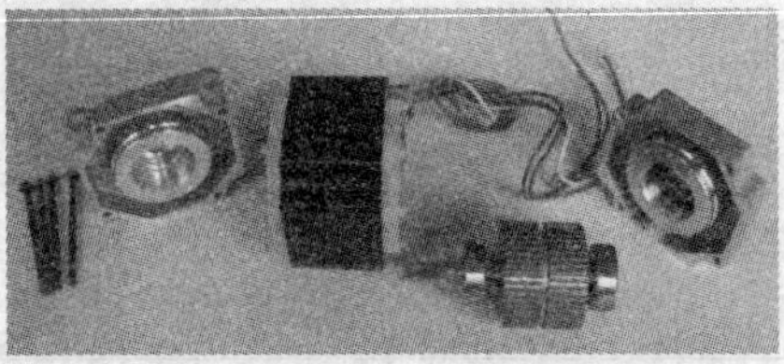  | 拆卸完毕将各部件摆放整齐并进行清点，以便减少重装过程中的困难 |
| 研究步进电动机定子结构 | 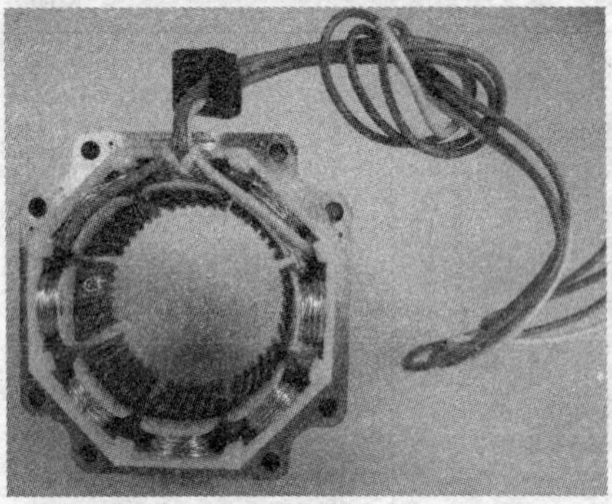  | 认真观察步进电动机的定子，留意其绕组和铁心的结构（图中明显可看出是两相绕组），并清点定子铁心磁极个数 |
| 研究步进电动机转子结构 |   | 认真观察步进电动机的转子，清点铁心磁极个数，结合定子铁心磁极个数和步进电动机工作原理分析其结构特点 |
| 研究步进电动机端盖结构 |   | 端盖的机械工艺要求很高，因为它们直接影响到转轴同心度和间隙问题。在观察过程中应注意保持端盖的洁净度 |

**2. 步进电动机的装配**

| 步骤 | 图示 | 说明 |
| --- | --- | --- |
| 机械性能试验 | 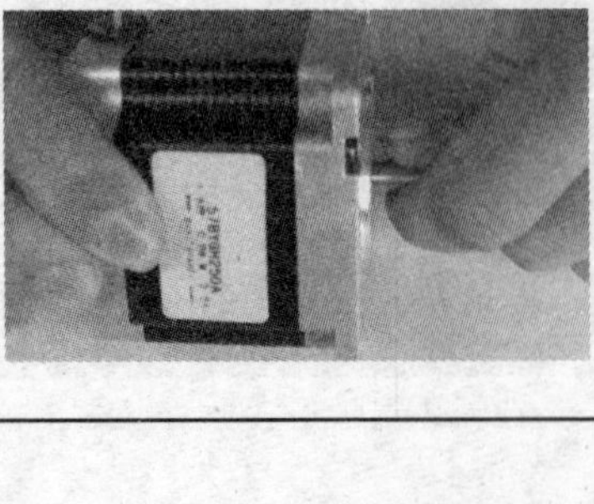  | 待步进电动机重新安装好后，首先要对转轴的灵活性进行试验，方法很简单，用手旋转转轴看转动是否灵活。值得注意的是因其转子是永磁铁，所以在转动时力度可能稍大些 |

续表

| 步骤 | 图示 | 说明 |
| --- | --- | --- |
| 绕组直流电阻值测试 | | 在拆卸与安装过程中绕组有可能会损坏，因此在安装好后对绕组的完好性进行检测是必要的。分别测量两相绕组的直流电阻值（图中测得其中一相绕组直流电阻值为 1.2 Ω，属正常范围） |
| 绕组对外壳的绝缘电阻值测试 | | 用万用表的“×200 MΩ”挡简易测量两相绕组各自对外壳的绝缘电阻值（图中测得其中一相绕组对外壳的绝缘电阻值为 194.5 MΩ，属正常范围） |

## 二、步进电动机的使用和维护

### 1. 步进电动机的正确使用

图 8—9 所示为步进电动机系统组成图。其中步进电动机是由专门的驱动器来驱动的，驱动器的作用是在步进脉冲和方向电平的控制下向步进电动机输出各相电压及通电顺序。

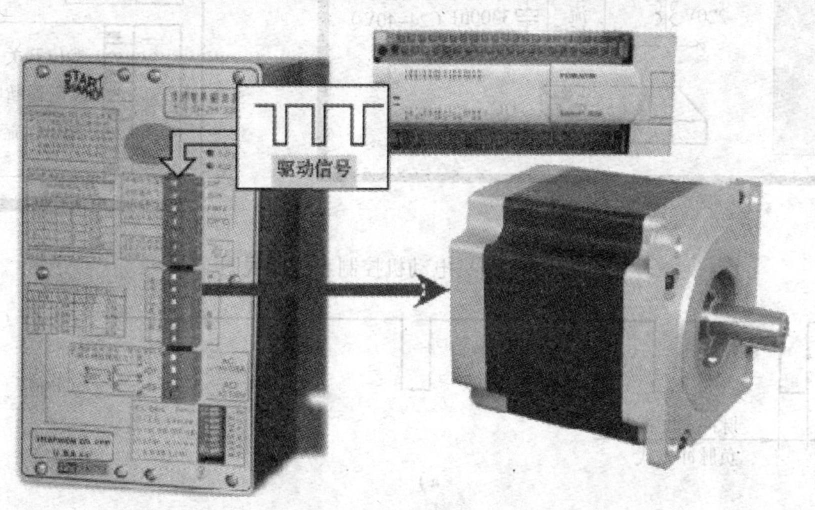


图 8—9　步进电动机系统组成图

图 8—10 所示为步进电动机控制系统接线图，图中示出了步进电动机、步进电动机驱动器、控制脉冲发生电路和电源电路的连接关系。图 8—11 所示为步进驱动器步进控制脉冲（CP）的波形图，其中图 8—11a 为当输出为共阳极电路时步进控制脉冲（CP）的波形图，而图 8—11b 为当输出为共阴极电路时步进控制脉冲（CP）的波形图。

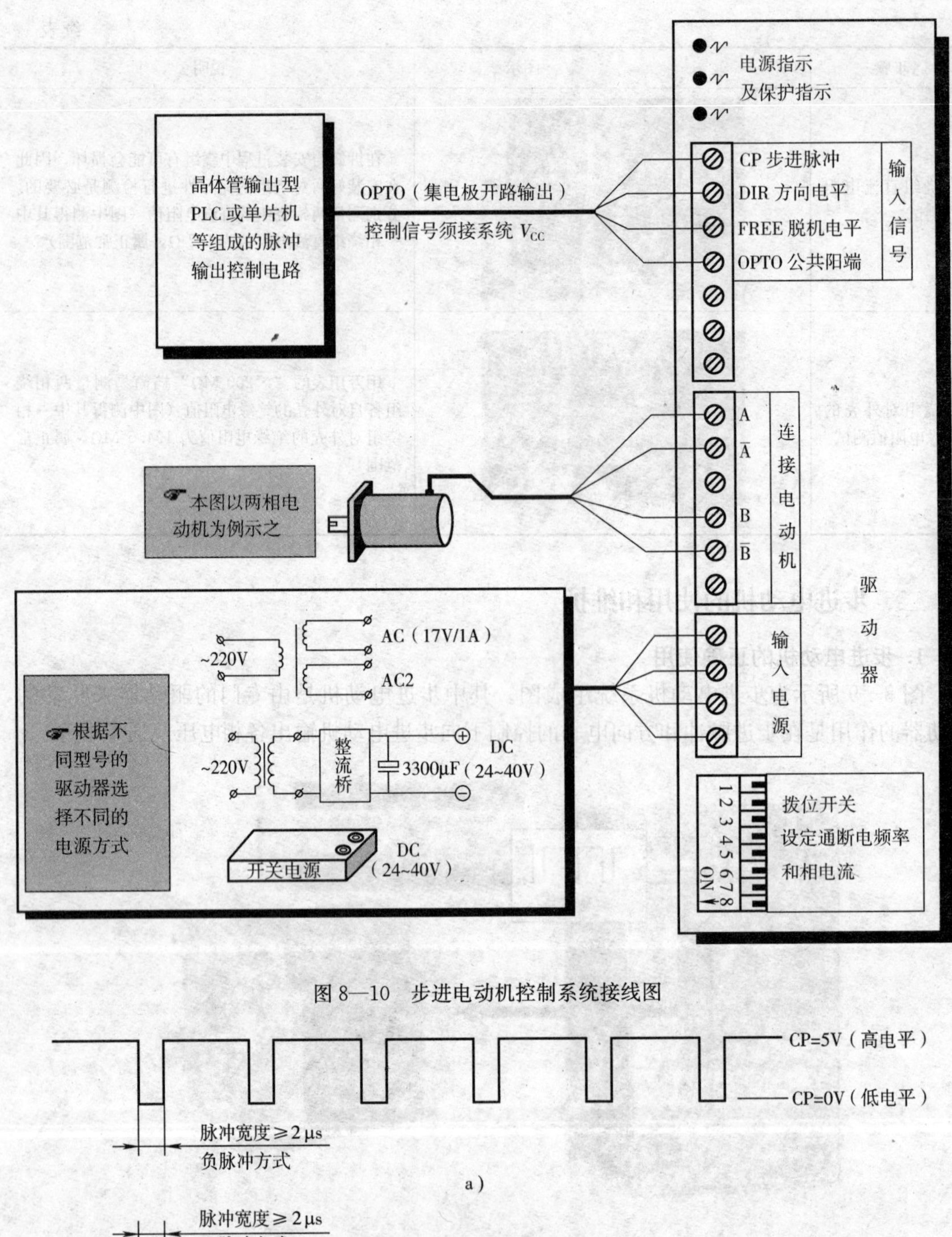


图 8—10　步进电动机控制系统接线图

CP=5V（高电平）

CP=0V（低电平）

脉冲宽度≥2 μs

负脉冲方式

a）

脉冲宽度≥2 μs

正脉冲方式

CP=5V（高电平）

CP=0V（低电平）

b）

图 8—11　步进驱动器步进脉冲波形图

a）共阳极电路步进控制脉冲　b）共阴极电路步进控制脉冲

**2. 步进电动机的维护**

（1）步进电动机的引出线通常是用不同颜色加以区别，其中颜色特别的一根是公共引出线，另外几根是各相绕组的首端。对三相步进电动机而言，如果要反向转动，只需将任意两相接线对调一下接线位置即可。

（2）对于大转动惯量的负载来说，启动和停止频率不宜选择过高。启动时，应在设定的启动频率下启动，再逐渐上升到运行频率；停止前，应将频率逐渐降低到启动频率以下才能停止。

（3）工作过程中，应尽量使负载均匀，避免负载突变引起的动态误差。

（4）对于有强迫冷却的步进电动机，要注意冷却装置是否正常运行。

（5）发现失步时，应首先检查负载是否过大，电源电压是否正常，各相电流是否相等，指令安排是否合理；再检查驱动电源输出是否正常，波形是否正常；最后根据引起失步的原因处理。在处理过程中，不宜任意更换元件和改变其规格。

（6）负载的转动惯量对步进电动机的启动及运行频率有较大的影响，选用时应注意厂家所给出的允许负载转动惯量。

## 任务小结

本任务是通过对小型步进电动机的拆卸与装配技能训练活动和解读步进电动机的使用与维护内容，深入了解步进电动机的结构及其特点，同时掌握步进电动机的拆装与检测方法、步进电动机的正确使用与维护方法。

接下来继续探究步进电动机相关问题，更深入地探讨步进电动机的工作原理。

一般电动机是连续旋转的，而步进电动机是一种“一步一步”地转动的电动机，因其转矩性质和同步电动机的电磁转矩性质一样，所以本质上也是一种磁阻式同步电动机或永磁式同步电动机。由于电源输入是一种电脉冲（脉冲电压），电动机接受一个电脉冲就相应地转过一个固定角度，故而也称脉冲电动机，图 8—12 所示为步进电动机实物图。在自动控制系统中，利用步进电动机所具有的这种特性，可将电脉冲信号转变为转角位移量。由于控制精度高，步进电动机常用于较为精密的电气传动控制系统，例如裁线机、烫印机等要求较为准确的行程控制的场合。

图 8—12 步进电动机实物图

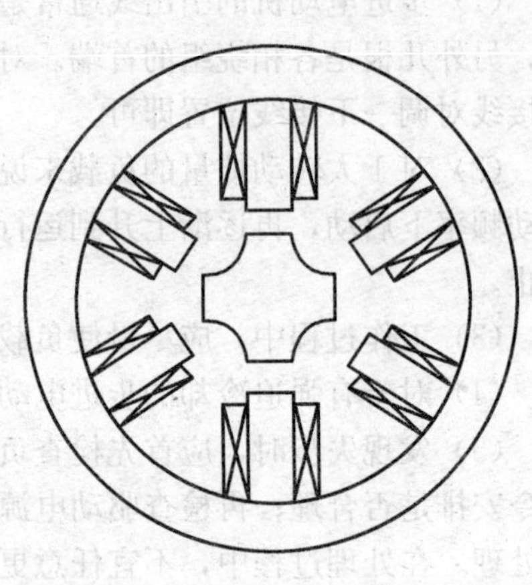

图 8—13 步进电动机结构示意图

## 一、步进电动机的结构和种类

### 1. 基本结构

步进电动机主要由定子、转子、端盖等构成（见图 8—14）。一般定子相数为两相～六相，每相两个绕组套在一对定子磁极上，称为控制绕组，转子上是无绕组的铁心。三相步进电动机定子和转子上分别有 6 个和 4 个磁极，如图 8—13 所示。

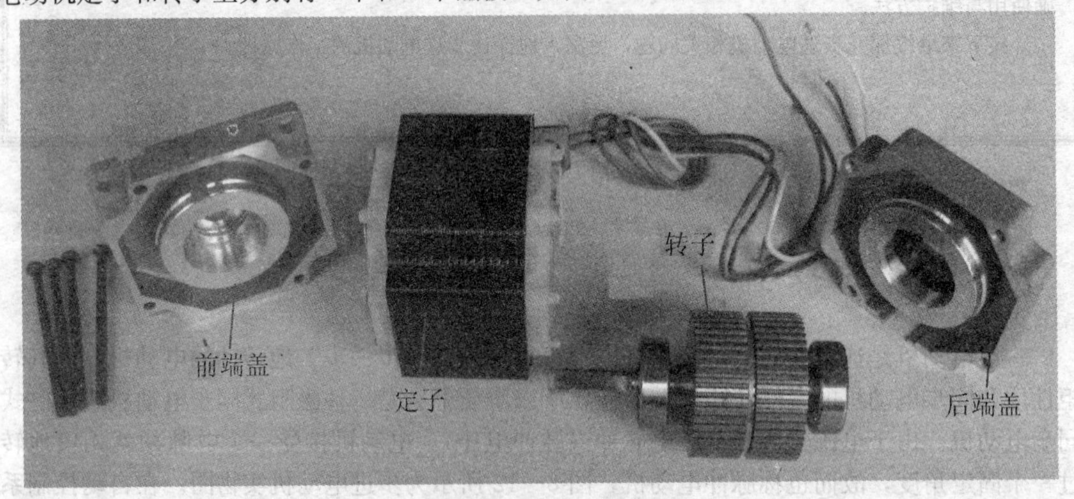


图 8—14 步进电动机实物解体图

### 2. 步进电动机的种类

步进电动机的结构形式和分类方法较多，通常按励磁方式分为反应式、永磁式、感应子式（混合式）三大类，见下表。

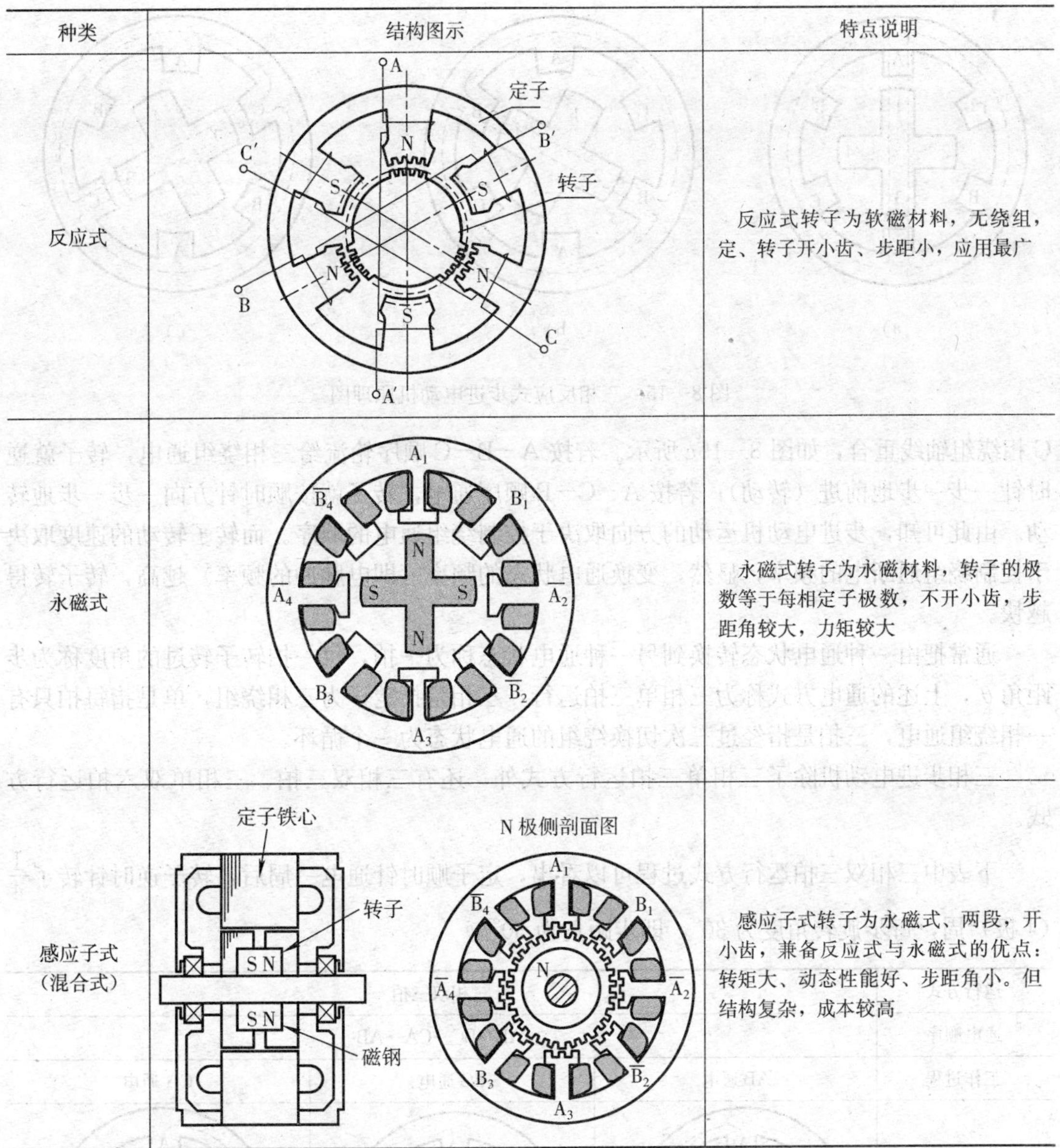

| 种类 | 结构图示 | 特点说明 |
| --- | --- | --- |
| 反应式 | A 定子 B′ C′ 转子 N S S N N S B C A′ | 反应式转子为软磁材料，无绕组，定、转子开小齿、步距小，应用最广 |
| 永磁式 | $A_1$ $\overline{B_4}$ $B_1$ N S S N $\overline{A_4}$ $\overline{A_2}$ $B_3$ $\overline{B_2}$ $A_3$ | 永磁式转子为永磁材料，转子的极数等于每相定子极数，不开小齿，步距角较大，力矩较大 |
| 感应子式（混合式） | 定子铁心 转子 S N S N 磁钢 N 极侧剖面图 $A_1$ $\overline{B_4}$ $B_1$ N $\overline{A_4}$ $\overline{A_2}$ $B_3$ $\overline{B_2}$ $A_3$ | 感应子式转子为永磁式、两段，开小齿，兼备反应式与永磁式的优点：转矩大、动态性能好、步距角小。但结构复杂，成本较高 |

## 二、步进电动机的工作原理

下面以反应式步进电动机为例分析其工作原理。

图 8—15 所示是三相反应式步进电动机原理示意图，当 A 相绕组通电时，由于磁力线力图通过磁阻最小的路径，转子将受到磁阻转矩作用，必然转到其磁极轴线与定子极轴线对齐，磁力线便通过磁阻最小的路径。此时两轴线间夹角为零，磁阻转矩为零，即转子极 1、3 磁极轴线与 A 相绕组轴线重合，这时转子停止转动，位置如图 8—15a 所示。当 A 相断电、B 相通电时，根据同样的机理，转子将按逆时针方向旋转。

转过空间角 30°，使得转子 2、4 磁极轴线与 B 相绕组轴线重合，如图 8—15b 所示。同样，B 相断电、C 相通电时，转子再按逆时针方向转过空间角 30°，使转子 1、3 磁极轴线与

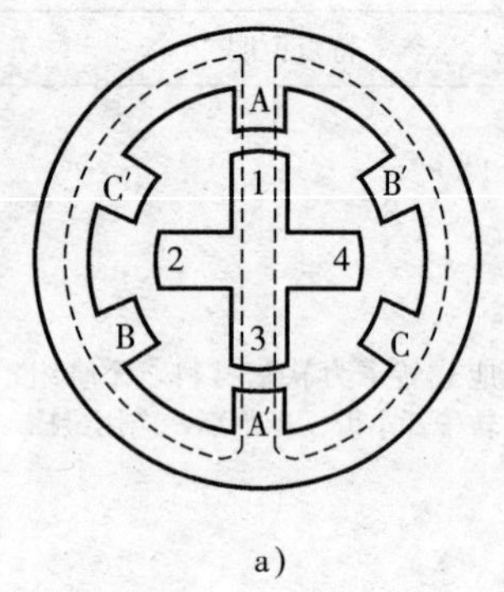


a)

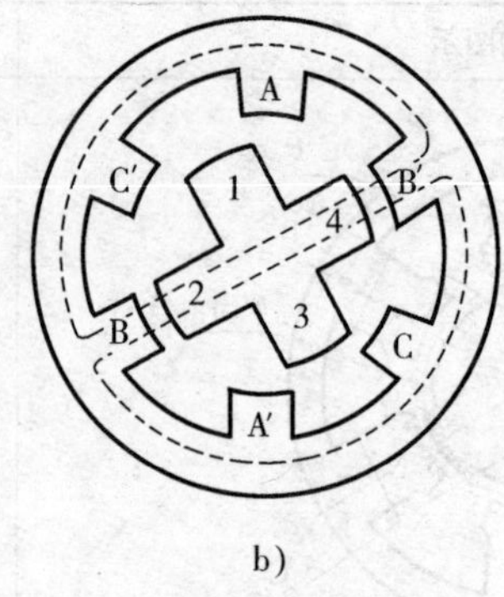


b)

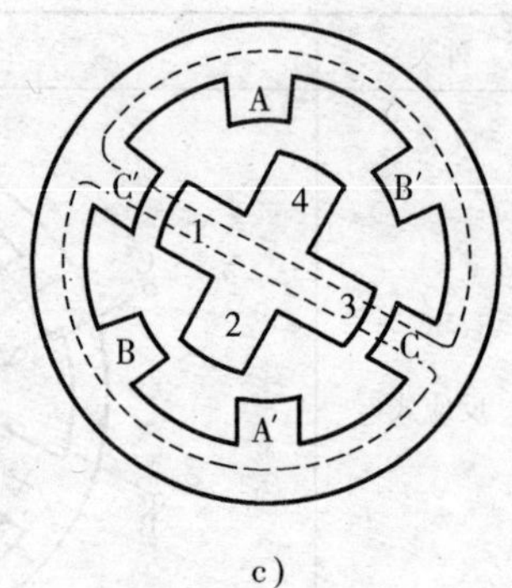


c)

图 8—15　三相反应式步进电动机原理图

C 相绕组轴线重合，如图 8—15c 所示。若按 A－B－C 顺序轮流给三相绕组通电，转子就逆时针一步一步地前进（转动）；若按 A－C－B 顺序通电，转子就按顺时针方向一步一步地转动。由此可知，步进电动机运动的方向取决于控制绕组通电的顺序。而转子转动的速度取决于控制绕组通断电的频率，显然，变换通电状态的频率（即电脉冲的频率）越高，转子转得越快。

通常把由一种通电状态转换到另一种通电状态称为一拍，每一拍转子转过的角度称为步距角 $\theta_s$，上述的通电方式称为三相单三拍运行，三相是指定子为三相绕组，单是指每拍只有一相绕组通电，三拍是指经过三次切换绕组的通电状态为一个循环。

三相步进电动机除了三相单三拍运行方式外，还有三相双三拍、三相单双六拍运行方式。

下表中三相双三拍运行方式过程可以看出，定子顺时针通电一周后，转子逆时针转了 $\frac{1}{4}$（4 极）周，每步旋转角度为 30°，即步距角为 30°。

| 运行方式 | 三相双三拍 | | |
|---|---|---|---|
| 通电顺序 | AB→BC→CA→AB | | |
| 工作过程 | AB 通电 | BC 通电 | CA 通电 |
| 图示 | | | |
| 转子转动特点 | AA′磁场对 1、3 齿有磁拉力，BB′磁场对 2、4 齿有磁拉力，转子停在两磁拉力平衡的位置上 | BB′磁场对 2、4 齿有磁拉力，CC′磁场对 3、1 齿有磁拉力，转子停在两磁拉力平衡的位置上。相对于 AB 通电，转子转了 30° | CC′磁场对 3、1 齿有磁拉力，AA′磁场对 4、2 齿有磁拉力。转子停在两磁拉力平衡的位置上。相对于 BC 通电，转子又转了 30° |

下表中从三相单双六拍运行方式过程可以看出，定子顺时针通电一周后，转子逆时针转了$\frac{1}{4}$（4 极）周，每步旋转角度为 15°，即步距角为 15°。

| 运行方式 | 三相单双六拍 | | | |
|---|---|---|---|---|
| 通电顺序 | AB→B→BC→C→CA→A→AB | | | |
| 工作过程 | AB 通电 | B 通电 | BC 通电 | “C→CA→A” 略 |
| 图示 | | | | 总之，每个循环周期，有六种通电状态，所以称为三相六拍，步距角为 15° |
| 转子转动特点 | AA′磁场对 1、3 齿有磁拉力。BB′磁场对 2、4 齿有磁拉力，转子停在两磁拉力平衡的位置上 | BB′磁场对 2、4 齿有磁拉力，转子 2、4 齿和 B 相对齐，相对于 AB 通电，转子转了 15° | BB′磁场对 2、4 齿有磁拉力。CC′磁场对 1、3 齿有磁拉力，转子停在两磁拉力平衡的位置上。相对于 B 通电，转子又转了 15° | |

## 三、小步距角的步进电动机

上述的三相反应式步进电动机的步距角太大，通常不能满足生产中小位移的要求，为此必须增加拍数和转子齿数。实际采用的步进电动机的步距角多为 3° 和 1.5°，步距角越小，机加工的精度越高。下面介绍一种最常见的小步距角三相反应式步进电动机。

三相反应式步进电动机典型结构示意图如图 8—16 所示。定子仍然为三对，每相一对，不过每个定子磁极的极靴上各有 5 个小齿，转子圆周上均匀分布着 40 个小齿，转子的齿距等于 36°/4＝9°，齿宽、齿槽各 4.5°。为使转、定子的齿对齐，定子磁极上的小齿，齿宽和齿槽与转子相同。

假设是三相单三拍通电工作方式。

1. A 相通电时，定子 A 相的 5 个小齿和转子对齐。此时，B 相和 A 相空间角差 120°，含$\frac{120°}{9°}=13\frac{1}{3}$齿。A 相和 C 空间角相差 240°，含$\frac{240°}{9°}=26\frac{2}{3}$个齿。所以，A 相的转子、定子的 5 个小齿对齐时，B 相、C 相不能对齐，B 相的转子、定子相差$\frac{1}{3}$个齿（3°），C 相的转子、定子相差$\frac{2}{3}$个齿（6°）。

2. A 相断电、B 相通电后，转子只需转过$\frac{1}{3}$个齿（3°），使 B 相转子、定子对齐。

同理，C 相通电再转 3°……

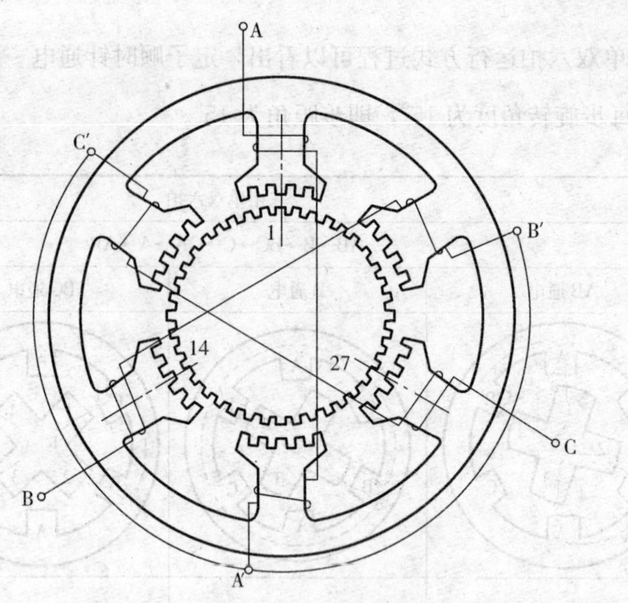


图 8—16　三相反应式步进电动机结构图

（图中状态为 A 相通电时位置）

若工作方式改为三相六拍，则每通一个电脉冲，转子只转 1.5°。

由工作原理可知，每改变定子绕组的 1 次通电状态，转子就转过 1 个步距角 $\theta_S$，若转子齿数为 $Z_R$，步距角 $\theta_S$ 的大小与转子齿数 $Z_R$ 和拍数 $N$ 的关系如下：

$$\theta_S = \frac{360°}{Z_R N} \qquad (8—1)$$

因为每输入一个脉冲，转子转过 $\frac{1}{Z_R N}$ 转，若脉冲电源的频率为 $f$，步进电动机的转速为：

$$n = \frac{60f}{Z_R N} \qquad (8—2)$$

式（8—2）说明，步进电动机转速由控制脉冲频率 $f$、拍数 $N$、转子齿数 $Z_R$ 决定，与电源电压、绕组电阻及负载无关，这是它抗干扰能力强的重要原因。

由式（8—2）可见，步进电动机的转速与脉冲电源频率保持着严格的比例关系。因此在恒定脉冲电源作用下，步进电动机可作为同步电动机使用，也可在脉冲电源控制下很方便地实现速度调节，因此，步进电动机转过的机械角度 $\theta$ 与脉冲个数 $N_1$ 的关系为式（8—3）所示。

$$\theta = N_1 \theta_S \qquad (8—3)$$

这个特点在许多工程实践中是很有用的，如在一个自动控制系统中，用步进电动机带动管道阀门，为了控制流量，要求阀门能按精确的角度开闭。这样就要求能对步进电动机进行精确的角度控制。

**【例 8—1】**　一台三相反应式步进电动机，采用三相六拍运行方式，转子齿数 $Z_R=40$，脉冲电源频率为 800 Hz。

（1）写出一个循环的通电顺序；

（2）求步进电动机的步距角 $\theta_S$；

（3）求步进电动机的转速 $n$；

（4）求步进电动机每秒转过的机械角度 $\theta$。

**解** （1）因为该步进电动机采用三相六拍运行方式，完成一个循环的通电顺序为：AB－B－BC－C－CA－A。

（2）三相六拍运行方式时，$N=6$，故步距角为：

$$\theta_S=\frac{360°}{Z_R N}=\frac{360°}{40\times6}=1.5°$$

（3）步进电动机的转速：

$$n=\frac{f\theta_S}{6°}=\frac{800\times1.5°}{6°}=200\ \text{r/min}$$

（4）每秒转过的机械角度：

$$\theta=800\times1.5°=1\ 200°$$

## 四、步进电动机的特点和应用

步进电动机在近十年中发展很快，这是由于电力电子技术的发展解决了步进电动机的电源问题。最近新型永磁材料研制上的突破，又促进步进电动机进一步发展。由于步进电动机的步距（转速）不受电压波动和负载变化的影响，也不受环境条件（温度、压力、冲击和振动等）的限制，而只与脉冲频率成正比，所以它能按照控制脉冲数的要求，立即启动、停止、反转。在不丢步运行的情况下，角位移的误差不会长期积累，所以步进电动机主要用于开环系统，能实现高精度的角度开环控制。然而，由于开环控制的频率不能有动调节，低速时会发生振动现象，这是值得重视和研究的问题。尽管如此，目前步进电动机的应用范围已很广，在数控、工业控制、数模转换和计算机外围设备、工业自动线、印刷机、遥控指示装置、航空系统中，都已成功地应用了步进电动机。

# 任务 3　测速发电机的维护

1. 了解直流和交流测速发电机的正确使用与维护方法；
2. 掌握测速发电机的分类、工作原理、用途、特点。

本任务将通过观看录像的方式，学习直流测速发电机和交流测速发电机的正确使用与维

护方法。

测速发电机是一种检测电机转速的元件。它能将转速变换成电信号，输出的电信号与转速成正比。

## 一、直流测速发电机的使用和维护

1. 在使用中，为保证其线性误差不超过规定值，转速不应超过产品的最大线性工作转速，负载电阻不应小于规定的负载最小电阻。

2. 为了减少由于温度变化所引起的输出电压误差，可在电磁式直流测速发电机的励磁回路中，串联一个温度系数为负值的电阻器，以作温度补偿。

3. 当电刷与换向器间产生的火花给系统带来干扰时，可在直流测速发电机的输出端并联一电容器或接一滤波电路。

4. 直流测速发电机在出厂前已经将电刷位置调整到合适位置，以保证输出电压对称度符合要求，使用中不允许松动刷架系统的紧固螺钉。

5. 永磁直流测速发电机不允许将电枢从电机定子中抽出，以免失磁。

6. 使用场合不允许有强的外磁场的存在，以免影响测速发电机输出特性的稳定。

7. 选型时应充分注意该测速发电机的负载状况，应用时不允许超出测速发电机的最大允许负载电流，以免引起输出特性变坏或失磁。

8. 应注意由于电机自身发热或环境温度的变化会导致输出斜率的降低或升高。

9. 应使直流测速发电机工作的环境条件符合规定的使用要求。

## 二、交流测速发电机的使用和维护

1. 选用交流测速发电机时，应根据它在系统中所起的作用提出不同的技术要求。如作计算元件用时，应着重考虑其线性误差要小，电压稳定性要好；作校正元件用时，应着重考虑其电动势要大，对线性误差不宜提出过分的要求。

2. 交流测速发电机的主要技术数据很多都是空载时的指标，只有在负载电阻阻抗远大于测速发电机的输出阻抗时，才能直接应用这些数据，否则需重新测定。

3. 交流测速发电机的输入阻抗比较小，所以励磁电源的内阻抗也应该尽量小一些。励磁电源与交流测速发电机之间的连接导线不宜太长。

4. 由于产品装配中紧固螺钉紧固不牢，造成电机在运输和使用过程中紧固螺钉松动，导致内外定子间相对位置变化，会使剩余电压增加，需重新紧固松动的螺钉。

5. 由于装配时接线标志混乱或使用中接线错误，导致输出电压相位倒相和剩余电压与出厂要求不符，需改变接线。

6. 由于空心杯转子异步测速发电机是一种无接触式交流电机，通常不需特殊维护。对于因内外定子相对位置改变而引起剩余电压的增加，不应自行调整，需送制造厂调整。

7. 应正确处理异步测速发电机的输出斜率与其短路输出阻抗间的关系。一般说来，在一定几何尺寸下，满足一定线性误差要求的异步测速发电机，随着其输出斜率的提高，它的短路输出阻抗将急剧增加。

8. 异步测速发电机在出厂前都经过严格调试，以使其剩余电压（零速输出电压）达到要求，调试后已用红色磁漆将紧固螺钉点封，使用中严禁拆卸，否则剩余电压将急剧增加以致无法使用。

9. 空心杯转子异步测速发电机是一种精密控制元件，使用中应注意保证它和驱动它的伺服电动机之间连接的高同心度和无间隙传动，否则会使该测速发电机损坏或导致系统误差增加。此外应按照各品种规定的安装方式安装测速发电机，安装中应使测速发电机各部分受力均匀，以避免剩余电压的增加。

10. 异步测速发电机可以在超过它的最大线性工作转速1倍左右的转速下工作，但应注意，随着工作转速范围的扩大，其线性误差、相位误差都将增大。

11. 电源电压和频率的波动都会引起异步测速发电机输出电压和相位移的变化，在精密系统中，必须保持电源电压和频率的稳定。

12. 使用中应严格按照规定的接线标志接线，低电位端应与机壳共同接地。

13. 应按照规定的使用环境条件使用。

### 任务小结

本任务是通过解读直流和交流测速发电机的使用与维护内容，懂得直流和交流测速发电机的正确使用与维护方法。

接下来探究测速发电机的分类、工作原理、用途、特点。

## 一、测速发电机的分类

测速发电机分为直流和交流两大类，见下表。

| | | |
|---|---|---|
| 测速发电机 | 直流测速发电机 | 永磁式直流测速发电机 |
| | | 电磁式直流测速发电机 |
| | 交流测速发电机 | 同步测速发电机 |
| | | 异步测速发电机 |

几种测速发电机的性能和适用范围见下表。

| 名称 | 型号 | 性能特点 | 适用范围 | 图示 |
|---|---|---|---|---|
| 空心杯转子异步测速发电机 | CK系列 | 本系列测速发电机惯量小，能快速动作；输出电压的频率不随转速的变化而改变；输出特性线性度好、精度高，运行可靠、无无线电干扰 | 在反馈稳速系统中作为阻尼元件，达到使系统稳定运行的目的；在计算解答装置中作为微、积分元件等 | |
| 永磁直流测速发电机 | CY系列 | 由永久磁钢励磁，无须励磁电源，使用方便、效率高，它是一种速度检测元件，能将机械转速转换为电气信号，其输出的直流电压大小与转速成正比 | 在自动控制系统中可作测速元件，阻尼元件和解算元件 | |
| 带温度补偿永磁直流测速发电机 | CYB系列 | 它与一般直流测速发电机相比，在提供一定的功率情况下，具有较高的精度。环境温度在0～55℃范围内变化时。测速发电机的空载输出电压变化不大于0.05%/10℃ | 可用于数控装置的速度控制、控制系统中阻尼及普通的速度指示用 | |
| 高灵敏度直流测速发电机 | CYD系列 | 具有电机直径大、轴向尺寸小、结构简单、紧凑、耦合刚度好、分辨力高、灵敏度高等优点；输出斜率高、反应快；线性误差小、低速精确度高；可靠性好、寿命长 | 广泛应用于惯性导航的稳定平台、雷达天线驱动系统、陀螺仪实验台的稳定与跟踪系统、单晶炉直接驱动低速伺服系统 | |
| 电磁式直流测速发电机 | ZCF系列 | 系封闭自冷式具有换向器的他激直流发电机，具有线性误差小、运行可靠、尺寸小、质量轻等特点 | 用于自动控制系统及计算解答装置中，作为测速和反馈等元件 | |

## 二、测速发电机的用途和基本要求

### 1. 主要用途

测速发电机具有测速、阻尼和计算等功能。在调速系统中，作为测速元件，构成负反馈